新编**采矿**实用技术丛书

主　编　唐敏康
副主编　杜　效　张春雷

矿井
运输与提升

钟春晖　丁元春　编著

化学工业出版社

·北京·

本书参照国内最新设计标准围绕我国矿山建设常用设备进行介绍，主要介绍了井下运输设备，包括矿车、电机车、带式输送机的类型、基本结构、选型计算、技术上的使用特点；矿井提升设备，包括竖井提升设备的构造、选型设计、运动学和动力学等。使读者能够运用最新的相关标准对矿井运输与提升系统进行计算、设计及设备选型。书末还附有最新的常用设备选型参数表，方便查阅。

本书可供矿山领域技术人员参考，也可作为采矿工程专业及相关专业的教材用书。

图书在版编目（CIP）数据

矿井运输与提升/钟春晖，丁元春编著·—北京：化学工业出版社，2013.4（2015.1重印）
（新编采矿实用技术丛书）
ISBN 978-7-122-16577-0

Ⅰ.①矿… Ⅱ.①钟…②丁… Ⅲ.①井下运输②矿井提升 Ⅳ.①TD5

中国版本图书馆 CIP 数据核字（2013）第 030049 号

责任编辑：刘丽宏　　　　　　　　　　文字编辑：汲永臻
责任校对：吴　静　　　　　　　　　　装帧设计：刘丽华

出版发行：化学工业出版社（北京市东城区青年湖南街 13 号　邮政编码 100011）
印　　装：北京虎彩文化传播有限公司
710mm×1000mm　1/16　印张 15½　字数 322 千字　2015 年 1 月北京第 1 版第 2 次印刷

购书咨询：010-64518888　　　　　　　售后服务：010-64518899
网　　址：http://www.cip.com.cn
凡购买本书，如有缺损质量问题，本社销售中心负责调换。

定　　价：49.00 元　　　　　　　　　　　　　　　版权所有　违者必究

丛书前言

20世纪以来，矿产资源被人类持续、大规模、掠夺性地开发，资源枯竭与社会需求的矛盾日显突出。如何保持矿产资源的可持续发展和利用已成为国家层面上的重要课题，而作为矿业工作者，我们的责任就在于如何更科学、合理、高效地开采矿业。

采矿工业是一种最基础的原材料工业，在人类现代文明的进程中，采矿业是最早兴起的工业之一。采矿工程是一个庞大而且复杂的系统工程，牵涉面很广，综合性很强。除采矿方法本身以外，它由开拓、运输提升、供电、排水、充填、供气、供水和通风系统等8大系统构成，缺一不可。采矿生产是从地壳中将可利用物质开采出来的行为、过程或作业，直接为矿物加工工程提供矿石，然后成为能源、冶金、化工、建材等行业的原料。而要完成这样一种工程行为，劳动者和管理者必须对采矿工艺流程和支撑采矿工程的相关专业知识有足够的了解和掌握。

《新编采矿实用技术丛书》（下简称《丛书》）是在原《采矿实用技术丛书》的基础上重新编著的。《丛书》根据我国矿山企业生产的发展特点和实际需求进行改编，增加了采矿生产技术的最新研究成果，并新增了矿山法律法规解读和矿山数字化方面的内容。全书共有11个分册，即《矿床地下开采》、《矿床露天开采》、《矿山地压测试技术》、《井巷工程》、《矿山工程爆破》、《矿井运输与提升》、《矿井通风与防尘》、《矿山安全工程》、《矿山工程机械》、《计算机在矿业中的应用》和《矿山安全生产法规读本》。

《丛书》结合矿山生产实际，强调实用性与可操作性。从采矿的基础知识入手，深入浅出，图文并茂，通俗易懂，可读性强。《丛书》分册作者具有多年的教学和科研实践经验，从而使图书的内容更符合矿山技术人员的需求，也为生产管理人员提供了有益的借鉴。

《丛书》适合矿山采矿工程技术人员、劳动者、矿山企业领导、技术和安全生产管理人员阅读，也可作为矿山企业采矿工程的培训教材。同时，也可选作矿业类大专院校相关专业教材或教学参考书。

编者

前言

国民经济的高速发展促进了矿业经济的发展，同时也对矿山开发提出了更高的要求。我国地下矿山为数众多，运输与提升系统是地下采矿八大系统之一，其成本约占地下开采矿石总成本的 30%～40%，因此，对地下矿山而言，矿山运输与提升系统设计是否合理在一定程度上决定矿山的生产能力及经济效益，在矿山开发中具有举足轻重的作用。

《矿井运输与提升》是《新编采矿实用技术丛书》的一种。

本书内容包括井下运输设备及矿井提升设备两部分。井下运输设备主要介绍矿车、电机车、带式输送机的类型、基本结构、选型计算、技术上的使用特点，以及井底车场线路设计等；矿井提升设备部分主要介绍竖井提升设备的构造、选型设计、运动学和动力学。

本书围绕我国矿山建设常用设备进行介绍，尽量参照国内最新设计标准，并考虑到当前矿山生产设备的更新换代，对涉及内容进行了适当充实，使读者能够运用最新的相关标准对矿井运输与提升系统进行计算、设计及设备选型。书末还附有最新的常用设备选型参数表，方便广大工程技术人员查阅。本书可作为采矿工程专业及相关专业的教材用书。

本书在编著过程中得到江西理工大学资源与环境工程学院采矿教研室的大力支持，同时参考了许多书籍和论文，在此向有关单位及作者致以衷心的感谢。

由于编者水平有限及时间仓促，书中不足之处难免，敬请同行专家和读者批评指正。

编著者

目录

第7章
竖井单绳提升　　　　　　　　　　　　　　　　　　　157

附录 ——————————————————————— 226

参考文献 ——————————————————————— 236

第 **1** 章

矿井轨道

轨道运输一般是指机车运输，是目前我国金属矿山井下长距离运输的主要方式，担负的基本任务是运送矿石、废石、材料、设备和人员等。它是矿井运输系统的重要组成部分，同时也是决定矿山生产能力的主要因素之一。轨道运输的运距不受限制，运输成本低，便于矿石分类运输。但轨道运输是不连续的，生产效率取决于运输设备、调度及管理水平，适用的巷道坡度不能太大（一般为 3‰～5‰），线路坡度太大时运输安全难以保证。

轨道运输的主要设备有轨道、矿车、牵引设备和辅助机械设备等，其中牵引设备绝大多数矿山都以电机车尤其以架线式电机车为主。

1.1 轨道结构

轨道的作用是把车轮的集中载荷传播、分散到巷道的底板上，使列车沿轨道平稳、高速运行。架线式电机车的轨道不仅是电机车、矿车的运行轨迹，同时也是回电电流的导体，是架线电机车供电牵引网络的重要组成部分。铺设轨道是为了减小车辆运行的阻力。轨道铺设应牢固而平稳，并具有一定的弹性，以缓和车辆运行的冲击，延长轨道和车辆的使用年限。

轨道铺设的质量，是列车能否正常行驶的关键。因此，轨道线路应力求平直，在拐弯的地方，在可能的情况下尽可能采用较大的曲线半径，减少列车运行阻力，同时避免过多的线路起伏，以免增加列车运输的困难。

矿井轨道是由上部建筑和下部建筑所组成。上部建筑包括钢轨、轨枕、道床和连接零件；下部建筑就是巷道底板。一般巷道底板应为稳定、坚硬岩石，当巷道穿过软弱岩层时，应对底板进行处理，否则，巷道底板的不稳定会使轨道变形而遭到破坏。矿井标准窄轨的结构见图 1-1。

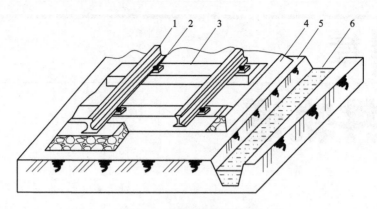

图 1-1　标准窄轨的结构

1—钢轨；2—道钉；3—轨枕；4—道床；5—底板；6—水沟

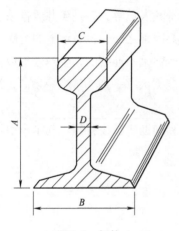

图 1-2　钢轨

A—钢轨高度；B—轨底；

C—轨头宽度；D—轨腰厚度

1.1.1　钢轨

钢轨是上部建筑的重要组成部分之一。它不仅引导车辆运行，而且直接承受载荷，并经轨枕将载荷传递给道床及巷道底板。钢轨也形成平滑而坚固的轨道，减小了列车的运行阻力。

钢轨断面一般是工字形，钢轨由轨头、轨腰和轨底组成。如图 1-2 所示。钢轨要承受机车、车辆的压力及冲击载荷，必须具有足够的强度、硬度和韧性以及良好的焊接性能。

钢轨的型号是以每米长度的质量（kg/m）表示。矿用标准钢轨的规格见表 1-1。钢轨质量越大，强度越大，稳定性越好。钢轨型号的选择与运输量、机车质量、矿车容积、使用地点、行车次数和行车速度有关，一般可按表 1-2 选取。

表 1-1　矿用标准钢轨的规格

钢轨型号 /(kg/m)	断面尺寸/mm				断面面积 /mm²	理论质量 /（kg/m）	标准长度 /m
	高	底宽	顶宽	腰厚			
轻轨　8	65	54	25	7	1076	8.42	5～10
11	80.5	66	32	7	1431	11.20	6～10
15	91	76	37	7	1880	14.72	6～10
18	90	80	40	10	2307	18.06	7～12
24	107	92	51	10.9	3124	24.46	7～12
重轨　38	134	114	68	13	4950	38.733	12.5
43	140	114	70	14.5	5700	44.653	12.5,25

表 1-2　运输量与机车质量、矿车容积、轨距、轨型的一般关系

运输量 /（10^4t/a）	机车质量 /t	矿车容积 /m^3	轨距 /mm	钢轨型号 /（kg/m）
<8	1.5	0.5~0.6	600	8
8~15	1.5~3	0.6~1.2	600	8~11
15~30	3~7	0.7~1.2	600	11~15
30~60	7~10	1.2~2.0	600	15~18
60~100	10~14	2.0~4.0	600,762	18~24
100~200	14,10、20 双机车牵引	4.0~6.0	762,900	24~38
>200	14,10、20 双机车牵引	>6.0	762,900	38

注：选择主平硐的运输设备时亦按年运输量选取，并取表中的上限值。

1.1.2　轨枕

　　轨枕用于固定和支承钢轨，使两根钢轨始终保持一定的距离，防止轨道产生横向和纵向移动，保持轨道的稳定性，并将钢轨的压力较均匀地传递给道床。

　　轨枕有木质的、钢筋混凝土的和金属的三种。

　　木质轨枕能很好地保证轨道的稳定性，加工制作方便，具有足够的强度和弹性，以及钢轨在轨枕上的固定简便等，但木质轨枕容易腐朽，所以，通常应进行防腐处理，以延长它的使用年限。木轨枕规格见表 1-3。

表 1-3　木轨枕规格

轨距 /mm	轨型 /（kg/m）	长度 /mm	宽度/mm		高度 /mm
			上宽	下宽	
600	15、18	1200 1200	150 120	150 150	120 120
	24	1200 1200	160 130	160 160	140 140
762	15、18	1500 1500	150 120	150 150	120 120
	24	1500 1500	160 130	160 160	140 140
900	15、18	1600 1600	150 120	150 150	120 120
	24	1600 1600	160 130	160 160	140 140
允许偏差		±20	−10	−10	±10

　　钢筋混凝土轨枕使用寿命长，维修费用少；抗压强度高；抗腐蚀性能好；取材和制造均方便。但它的质量大、导电；增大轨道的整体刚度；铺设及修理的劳动强

度大。为节省宝贵的木材资源，主要运输巷道尽可能用钢筋混凝土轨枕，为了减少钢筋混凝土的导电性，可在垫板和轨枕之间放置绝缘板，例如橡胶、压缩木板和夹布胶木等制成的绝缘垫。钢筋混凝土轨枕主要规格见表1-4。

表1-4 钢筋混凝土轨枕主要规格

轨型 / (kg/m)	轨枕厚 /mm	顶面宽 /mm	底面宽 /mm	长度/mm		
				轨距 600	轨距 762	轨距 900
11、15	130	120	140	1200		
18	130	160	180	1200		
18	150	180	200		1350	
24	145	170	200			1700
38	145	170	200			1700

金属枕价格较高。目前我国地下矿山不采用这种轨枕。

轨枕间距一般小于0.8m。两根钢轨接头处应悬空，且轨枕间距应较一般间距缩短一些。

1.1.3 道床

由道渣层组成的道床承受钢轨传来的压力，并均匀地分布到轨道的下部建筑上去。道床将轨道的上部建筑和下部建筑连接成一个整体，防止轨道的纵、横向移动，以保持线路纵、横剖面的正常状态。为了保证道床的这些性能良好，除道渣材料质量符合要求外，道床应具有一定的厚度。

道床材料必须是坚固、不潮解、不积水的材料。最好的道床料是碎石。碎石粒度为20～40mm。在水平及倾角10°以下的巷道内，轨枕下面的道床厚度不得小于150mm；在倾角大于10°的斜巷内，应在底板上挖轨枕沟，其深度约为轨枕厚的2/3，轨枕下面的道床厚度不得小于50mm。道床上部的宽度，应超出轨枕50～100mm。

1.1.4 连接零件

连接零件的用途是在纵向把钢轨接在一起，并将钢轨固定在轨枕上。连接零件有鱼尾板（道夹板）、螺栓、垫板及道钉。

钢轨之间的连接是用鱼尾板及螺栓。在钢轨两端的轨腰上和鱼尾板上有椭圆形孔眼，以适应钢轨因温度变化而引起的伸长或缩短。为此，在钢轨接头处应留有不大于5mm的间隙。钢轨接头应放在两根彼此靠近的轨枕之间。否则，会因列车往来行驶使处于接头下面的轨枕反复受到两个方向不同的偏心冲击而松动。

用架线式电机车运输时，为了减少钢轨接头处的电压降，一般在鱼尾板内镶有接触铜片，或者用导线焊接上。

钢轨接头是轨道最薄弱的地方。使用鱼尾板和螺栓连接时，不仅需要经常检查和维护钢轨接头，而且当车辆行经钢轨接头时会产生冲击和振动，使钢轨接头和车辆的磨损加快，车辆不能平稳运行，降低车辆运行的安全性，缩短车辆的寿命。焊接接头能避免上述缺点，即把 4～5 节钢轨焊接成一组，而每组间再用鱼尾板及螺栓连接。这样可以因车辆运行平稳而提高车辆运行速度，减少车轮与轨头的撞击次数，并可提高钢轨的导电性能。其缺点是不易拆卸和修理。这种焊接钢轨一般用于服务年限长、生产能力较大的井底车场或主要运输巷道中。

钢轨与轨枕的连接是通过道钉钉入轨枕后用钉头将轨底紧紧压在轨枕上面。

当使用电机车牵引大容积矿车时，为加强钢轨与轨枕之间的连接，并增大轨枕受压面积，在钢轨接头处、弯道和道岔处，应在钢轨与轨枕之间铺设铁垫板。

1.2　轨距和轨道的坡度

1.2.1　轨距

轨距是指直线轨道上两条钢轨轨顶内侧垂直平面间的距离（见图 1-3）。我国金属矿井下的标准轨距为 600mm、762mm 和 900mm。新设计的矿山，必须采用标准轨距。采用标准轨距，对于矿车的统一、提高矿车的制造质量以及巷道的标准化都有重大意义。标准轨距的选择见表 1-2。

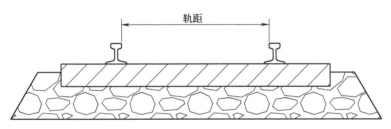

图 1-3　轨道的轨距

为使机车车辆的轮对在沿着钢轨滚动时不会被楔住，轨顶内侧垂直平面与车轮轮缘之间必须留有一定的间隙，所以

$$S_g = S_t + \delta = b + 2t + \delta \tag{1-1}$$

式中，S_g 为轨距，mm；S_t 为轮缘距，mm；δ 为轮缘间隙，mm；b 为车轮轮缘内侧间距，mm；t 为轮缘厚度，mm。

若轮缘距的装配公差为 $^{+\Delta S_t}_{-\Delta S'_t}$ mm，轨距铺设的容许偏差为 $^{+\Delta S_g}_{-\Delta S'_g}$ mm，一个车轮轮缘的允许磨损值为 Δt mm，则轮缘间隙的最小及最大值分别为

$$\delta_{min} = \delta - \Delta S_t - \Delta S'_g \tag{1-2}$$

$$\delta_{max} = \delta + \Delta S'_t + \Delta S_g + 2\Delta t \tag{1-3}$$

例如，对于 600mm 轨道，轨距为 600^{+3}_{-2} mm，轮缘距为 594^{+2}_{-4} mm，一个车轮轮缘的容许磨损量为 6mm，则轮缘间隙的最小及最大值分别为：

$$\delta_{min} = 6 - 2 - 2 = 2mm$$

$$\delta_{\max}=6+4+3+2\times6=25mm$$

1.2.2 轨道的坡度

轨道线路的坡度是线路纵断面上相邻两点的高度差与这两点间的水平距离之比，通常以千分数表示。

设一条线路的起点标高为 H_1（m），终点标高为 H_2（m），两点间的线路水平距离为 L（m），则这条线路的平均坡度（i_p）为：

$$i_p=\frac{1000(H_2-H_1)}{L}=\frac{1000(i_1l_1+i_2l_2+\cdots+i_nl_n)}{l_1+l_2+\cdots+l_n} \tag{1-4}$$

式中，i_1、i_2、i_3 为各段线路的坡度，‰；l_1、l_2、l_3 为各段线路的长度，m。

轨道线路的坡度主要是由井下排水的需要决定的，一般为 3‰～10‰。如果坡度小于 3‰，巷道排水较困难；坡度过大，电机车将难以牵引车组上坡运行，而且制动困难、不安全，轨道与车辆轮缘磨损严重。

随着轨道坡度的增加，空列车上坡时的运行阻力增加，重列车下坡时的运行阻力减小。最理想的轨道线路坡度就是等阻坡度。所谓等阻坡度，就是重列车下坡时的运行阻力等于空列车上坡时的运行阻力的线路坡度。因为重列车与空列车运行阻力相等，所以所需牵引力也相等。这对于充分利用牵引电动机的容量有很大意义。

在设计井下轨道线路时，一般按 3‰的坡度考虑。

1.3 弯道和道岔

1.3.1 弯道

1.3.1.1 弯道的表示及铺设

在轨道平面图上，弯道的转角，即两直线线路的夹角 α，如图 1-4 所示。

已知中心角（即转角）α 及弯道半径 R，即可计算出相应的曲线段弧长 L（$\overset{\frown}{MN}$）和切线长度 T。由几何关系得出下列公式：

曲线段弧长

$$L=\frac{\pi\alpha R}{180} \tag{1-5}$$

切线长度

$$T=R\tan\frac{\alpha}{2} \tag{1-6}$$

弯道特征用中心角 α、曲线半径 R、曲线段弧长 L、切线长度 T 等参数来表示，在设计图中应集中标注并标出曲线的中心 O。井下铺设弯道所用的弯轨是在地面预先用弯道器弯好的。内、

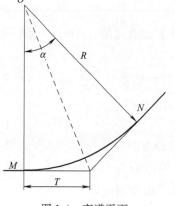

图 1-4　弯道平面

外轨的半径较弯道中线的半径各相差轨距的 1/2。

铺设弯道时，内、外轨的对应接缝布置在同一半径上，以使车辆在运行过程中轮对在两轨道上同时冲击。但是，直道与弯道的连接处的接缝不应布置在弯道的起（终）点，以免车辆进入弯道时产生过大的冲击。由于弯道外轨的长度大于内轨的长度，所以内轨应适当截短。截短量与所用钢轨长度、弯道半径及轨距有关。使用电机车运输时，为了保持弯道的轨距，弯道上的两轨道需用拉杆连接。拉杆间距在 1.5～3m 之间选取。在半径小于 12m 的弯道上，在内轨的内侧应装设护轮轨，且应使护轮轨高出主轨 15～20mm。弯道上的轨枕应按半径方向铺设。弯道的铺设作业顺序与直道相同，但要考虑外（内）轨抬高和轨距加宽。

1.3.1.2　最小弯道半径

车辆在弯道上运行时，由于离心力的作用，使轮缘与轨道间的阻力增加，而离心力和弯道阻力的大小与车辆运行速度、弯道半径和车辆轴距等因素有关。因此，最小弯道半径应根据车辆运行速度和轴距大小来确定。

当转角小于或等于 90°，两轴车辆的运行速度小于 1.5m/s 时，最小弯道半径不得小于轴距的 7 倍；运行速度大于 1.5m/s 时，最小弯道半径不得小于轴距的 10 倍；运行速度大于 3.5m/s 时，最小弯道半径不得小于轴距的 15 倍。当转角大于 90°时，最小弯道半径均按大于轴距的 10～15 倍计算。

如为列车运行时，则以机车或矿车的最大轴距来计算最小弯道半径。计算结果如有小数，应取以米为单位的较大整数。

使用大容量的有转向架的四轴车辆的弯道半径可参考几个矿山实例选取，见表 1-5。

表 1-5　有转向架的四轴车辆通过弯道半径实例

使用地点	矿车形式	固定架轴距/mm	转向架间距/mm	弯道半径/m
凤凰山铜矿	底卸式(7m³)	850	2400	30～35
凤凰山铜矿	梭式(7m³)	850	4800	16
冬瓜山铜矿	底侧卸式(10m³)	900	3100	45～60
梅山铁矿	底侧卸式(10m³)	900	2200	55

1.3.1.3　轨距加宽

在弯道上运行的车辆，由于车轴是固定在车架上，不可能与弯道半径取得一致方向，所以容易发生轨头将车轮缘楔住以及车辆运行阻力和磨损剧烈增加的现象。因此，必须在弯道处将轨距适当加宽，使这些现象基本消除。轨距加宽值见表 1-6。

加宽轨距时，外轨不动，只将内轨向弯道曲线中心方向移动规定的距离。轨距的加宽是在与曲线段两端相衔接的直线逐渐进行的，到曲线段与直线段的切点上，轨距就加宽到规定数值，在整个曲线段内应保持规定的加宽值。从直线段开始加宽轨距点起到直线段与曲线段的切点为止的线路长度，称为轨距加宽递减距离。轨距加宽递减距离一般按轨距加宽值的 100～300 倍计算。

表 1-6   轨距加宽值

弯道半径/m	轴 距/mm									
	400	500	600	800	1000	1100	1200	1300	1400	1600
4	10	10								
5	5	10	10	20						
8	5	5	10	15	25	30				
12	5	5	5	10	15	20	25	25	30	
15		5	5	10	15	15	20	20	25	30
20		5	5	10	10	15	15	15	20	25
25			5	5	10	10	15	15	15	20
30					.10	10	10	10	15	15
40					5	10	10	10	10	15

1.3.1.4   外轨抬高

当车辆行经弯道时，将产生作用于车辆重心的离心力，使车轮轮缘挤压外轨或内轨。其结果加剧了轮缘和钢轨的磨损，并使运行阻力增加，严重时将发生脱轨甚至翻车事故。为了消除离心力的上述影响，应将弯道外轨抬高，使车辆在弯道运行时，离心力与矿车重量的合力垂直轨道平面，如图 1-5 所示。这样就使车辆不再受横向力作用的影响而顺利通过弯道。

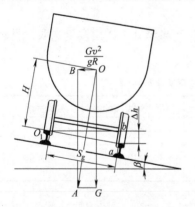

图 1-5   外轨抬高计算

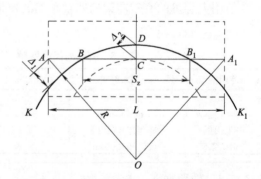

图 1-6   车辆在弯道上的运行轨迹

在弯道上运行时，车辆的离心力

$$T=\frac{Gv^2}{R} \quad (N) \tag{1-7}$$

式中，G 为车辆的质量，kg；v 为车辆过弯道的速度，m/s；R 为弯道半径，m。

轨道平面的倾斜角为 β，因为三角形 OAB 与 o_1ab 相似，所以：

$$\frac{Gv^2}{gR} : G = \Delta h : S_g \cos\beta$$

又因 β 很小，可以认为 $\cos\beta \approx 1$，故：

$$\Delta h = \frac{S_\mathrm{g} v^2}{gR} \tag{1-8}$$

式中，Δh 为外轨抬高量，mm；S_g 为已经加宽了的弯道轨距，mm；g 为重力加速度，$g = 9.8 \mathrm{m/s}^2$。

外轨抬高的方法是增加外轨下面的道床厚度。在铺设与弯道外轨两端衔接的直线段钢轨时，应将它作成 3‰～10‰ 的下坡，在整个弯道内保持计算的外轨抬高量。用 3‰～10‰ 的下坡所铺的这段钢轨长度，称为外轨抬高递减距离。外轨抬高递减距离一般按外轨抬高量的 100～300 倍计算。

条件相符时，弯道外轨抬高量可按表 1-7 选取。

表 1-7　弯道外轨抬高量

弯道半径/m	轨距 900mm				轨距 600mm			
	决定于列车运行速度（km/h）的外轨抬高量/mm							
	3	5	10	15	3	5	10	15
8	15	25			10	15		
10	15	20	70			10	50	
12		15	60			10	40	
14		15	50			10	35	
16		15	45			10	30	
18		15	40			10	25	
20		15	35				25	
25		15	30	65			20	45
30			25	55			15	35

1.3.1.5　轨道间距及巷道加宽

如图 1-6 所示。当车辆在弯道上运行时，车厢中心线 $\overline{AA_1}$ 的两端点就凸出于轨道中心线 $\overset{\frown}{KK_1}$ 之外，其偏倚量为 Δ_1；车厢中心线中点 C 偏移于轨道中心线 $\overset{\frown}{KK_1}$ 内侧，偏移量为 Δ_2。因此，线路中心线与巷道支柱之间的间距应适当加宽。加宽值按式(1-8)、式(1-9) 计算。由三角形 AOC 知：

$$(R + \Delta)^2 = \left(\frac{L}{2}\right)^2 + (R - \Delta_2)^2$$

$$R^2 + 2R\Delta_1 + \Delta_1^2 = \frac{L^2}{4} + R^2 - 2R\Delta_2 + \Delta_2^2$$

因 Δ_1^2 及 Δ_2^2 数值很小可略去不计，而 $\Delta_2 = \frac{S_z^2}{8R}$，经过整理后得：

$$\Delta_1 = \frac{L^2 - S_z^2}{8R} \tag{1-9}$$

如为双轨线路，则两线路的中心线间距应按式(1-10) 计算值加宽

$$\Delta = \Delta_1 + \Delta_2 = \frac{L^2}{8R} \tag{1-10}$$

式中，L 为车厢长度，mm；S_z 为车辆或机车轴距，mm；R 为弯道半径，mm；Δ_1、Δ_2 为偏移量，mm；Δ 为两轨道线路中心线间距，mm。

一般情况下，曲线段两轨道线路中心线间距可按两直线段线路中心线间距再加宽 300mm。

曲线段巷道的净宽，通常对其外侧和内侧分别加宽 200mm 和 100mm。加宽的范围除曲线段外，尚应包括与其相邻的一段直线巷道。

1.3.2 道岔

轨道线路是由若干直线段和曲线段连接而成，线路的连接通常都用道岔。道岔是引导单个矿车或列车从一条线路驶向另一条线路的转向装置。

1.3.2.1 道岔的类型

道岔的类型很多，按线路间的相对位置，道岔可分为单开道岔、对称道岔、渡线道岔和菱形道岔等，如图 1-7 所示。在矿井轨道中使用最普遍的是单开道岔。单开道岔是由主道分向副道的道岔部分，分左开道岔和右开道岔两种。矿用道岔有 2 号，3 号，4 号，5 号，6 号，7 号，8 号，9 号辙叉，钢轨型号有 15kg/m，18kg/m，22kg/m，24kg/m，30kg/m，38kg/m，43kg/m。对称道岔是指将一条线路分为两条中线对称于原线路中线的道岔，又称双开道岔。对称道岔多用于装车站和井底车场。将两条平行线路连接起来的道岔称为渡线道岔。

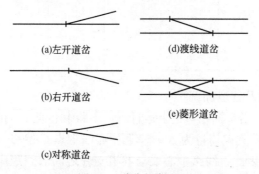

图 1-7 道岔的类型

按操作方法不同，道岔分为手动的和机械操纵的道岔、弹簧道岔和远距离操纵的道岔等。

道岔标号是用轨距、轨型、道岔型号及道岔曲线半径等表示。例如，624-1/4-12 右（左）道岔，6 表示轨距为 600mm，24 指轨型为 24kg/m，1/4 是道岔型号，12 指道岔曲线半径为 12m，右是右开道岔（左是左开道岔）。道岔尺寸见表 1-8。

1.3.2.2 单开道岔的构造

图 1-8 为单开道岔（右开道岔）示意图。尖轨（岔道尖）就是将短钢轨的一端刨削成尖形，使之能与基本轨工作边紧贴。尖轨尖端的另一端称尖轨轨跟。轨跟与

表 1-8　道岔尺寸

道岔形式	道岔标号	辙岔角	主要尺寸/mm				O点至警冲标距离 c/mm
		α	a	b	a+b	S[1]	
单开道岔	615-1/3-6 右(左)	18°55′30″	3063	2597	5660		
	615-1/4-12 右(左)	14°15′	3200	3390	6590		7200
	618-1/3-6 右(左)	18°55′30″	2302	2655	4957		
	618-1/4-11.5 右(左)	14°15′	2724	3005	5729		7200
	624-1/3-6 右(左)	18°55′30″	2293	2657	4950		
	624-1/4-12 右(左)	14°15′	3352	3298	6650		7200
对称道岔	615-1/3-12 对称	18°55′30″	1882	2618	4500		5400
	618-1/3-11.65 对称	18°55′30″	3195	2935	6130		5400
	624-1/3-12 对称	18°55′30″	1944	2496	4440		5400
渡线道岔					2a+b		
	615-1/4-12 右(左)	14°15′	3200	4725	11125	1200	
	615-1/4-12 右(左)	14°15′	3200	4922	11322	1250	
	615-1/4-12 右(左)	14°15′	3200	5483	11883	1400	
	618-1/3-6 右(左)	18°55′30″	2302	3500	8104	1200	
	618-1/4-12 右(左)	14°15′	2722	5514	10958	1400	
	624-1/4-12 右(左)	14°15′	3352	5709	12413	1450	

① S 值指渡线道岔中两线路的中心距。

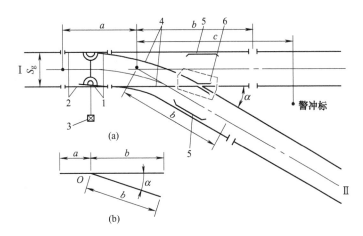

图 1-8　单开道岔
1—尖轨；2—基本轨；3—转辙器；4—过渡轨；5—护轮轨；6—辙岔

过渡轨铰接，利用转辙器来完成尖轨的摆动，并实现车辆的转辙。

　　尖轨是道岔的重要零件之一，它承受通过道岔的运行车辆的剧烈冲击，因而尖轨应具有足够的强度。尖轨可用普通钢轨制造，也可用断面强度加大了的特殊钢轨制造。尖轨的高度可与基本轨高度相同，也可略低于基本轨。

尖轨分为直线尖轨和曲线尖轨两种。曲线尖轨可缩短道岔总长度，但必须为左开道岔和右开道岔分别制造，即无互换性。直线尖轨可用于左、右开道岔，且制造简单。

辙岔位于两过渡轨的交岔处。它能让车轮轮缘顺利通过。辙岔由岔心和翼轨组成，两者焊接在一块钢板上形成一个整体。

为了防止车辆在辙岔上脱轨，在辙岔的两对侧的基本轨旁，设置护轮轨。护轮轨用普通钢轨制造，中间部分成直线，两端弯成一定角度。

转辙器是移动尖轨尖端使之紧靠一根基本轨而同时离开另一根基本轨，使车辆实现换向的操纵机构。手动转辙器是由水平拉杆、双臂杠杆和带重锤的手柄组成。手动转辙器结构简单，但需要专人管理。

图 1-8 中的 α 角是辙岔岔心角。为了便于计算和制造，通常用辙岔型号 M 表示辙岔的技术特征。用岔心角的半角正切值的两倍表示道岔型号 M，即：

$$M = 2\tan\frac{\alpha}{2} \tag{1-11}$$

常用的道岔型号有 1/3、1/4 和 1/5 等三种。

警冲标是用来指示车辆停车时相邻两条线路的最小安全距离，以防止停留在该线路上的车辆与邻线路上的车辆发生侧面冲撞的标志。过标以后，相邻两车彼此都在对方的安全限界之外，不会发生刮蹭现象。

1.3.2.3　道岔的选择

道岔是线路连接系统中的基本元件，其作用是使车辆由一条线路驶向另一条线路。选择的道岔种类是否合适，对列车运行速度、行车安全和集中控制程度以及对采区和井底车场运输通过能力有很大的影响。

选择道岔时应考虑以下几个方面。

（1）与基本轨的轨距相适应　如基本轨的轨距是 600mm，就应选用 600mm 轨距的道岔；选用 762mm 及 900mm 轨距时也一样。

（2）与基本轨的轨型相适应　基本轨是哪种型号，道岔也应选用哪种型号。有时也可以采用比基本轨轨型高一级的道岔，但不允许采用低一级的道岔。如基本轨线路轨型为 18kg/m，道岔的轨型也应选用 18kg/m，有时也可以选用 24kg/m 的，但不能选用 15kg/m 的。

（3）与行驶车辆的类别相适应　多数标准道岔都能行驶电机车和矿车，少数标准道岔由于曲线半径过小或岔心角过大，只能允许行驶矿车。

（4）与车辆的行驶速度相适应　有的道岔允许行驶速度可在 1.5~3.5m/s 之间，而有的道岔则限制在 1.5m/s 以下。一般曲线半径越小，岔心角越大，允许车辆行驶的速度就越小。

根据所采用的轨道类型、轨距、曲线半径、电机车类型、行车速度、行车密度、车辆运行方向、车场集中控制程度及调车方式的要求，选择电动的、弹簧的或手动的各种型号道岔。

道岔的选择见表 1-9。

表 1-9　道岔选择表

机车质量 /t	机车车辆最小 转弯半径 /m	平均运 行速度 /（m/s）	轨距/mm		
			600	762	900
			道岔型号		
<2.5	5	0.6~2.0	1/3	1/3	
3~4	5.7~7	1.2~2.3	1/4	1/4	
6.5~8.5	7~8	2.9~3.5	1/4	1/4	
10~12	10	3.0~3.5	1/4	1/4	1/4
14~16	10~15	3.5~3.9	1/5	1/5	1/5
16~20	10~15	3.5~3.9	1/5	1/5	1/5

在轨道平面图计算中，道岔是用单线表示的，如图 1-8（b）所示，它给出了道岔所在地点两条线路中心交点 O 的实际位置、岔心角 α、道岔起点到 O 点的距离 a 和道岔终点到 O 点的距离 b 的尺寸。

如果列车运行方向固定，可以采用弹簧道岔。弹簧道岔是利用弹簧力量使一个尖轨尖端贴一根基本轨，而另一个尖轨尖端离开另一根基本轨。如果在图 1-8 单开道岔中，用压簧代替转辙器，使尖轨常处于图示位置，从 Ⅰ 线左方来车只能驶向 Ⅱ 线，从 Ⅱ 线右方来车只能驶往 Ⅰ 线左方，但从 Ⅰ 线右方来车却可用轮缘挤开尖轨驶向 Ⅰ 线左方。

1.4　线路分岔连接点的平面布置和计算

1.4.1　单向分岔点连接

单向分岔点连接是曲线与单开道岔的连接。为了保证曲线段外轨抬高和轨距加宽，应在道岔与曲线段之间插入一直线段，其长度一般取外轨抬高递减距离。这样将增加巷道长度和体积。因此，在井下线路设计中应尽量缩短插入直线段长度，可以在曲线本身的范围内逐渐垫高外轨和加宽轨距，但在道岔和曲线段之间也必须加入一最小的插入段 d，$d=200\sim300\text{mm}$。

如图 1-9 所示，若已知曲线半径 R，转角 β，道岔尺寸 a、b 及角 α，则各连接尺寸为：

$$\alpha_1=\beta-\alpha, T=R\tan\frac{\alpha_1}{2}$$

取 $d=200\sim300\text{mm}$，得：

$$m=a+\frac{(b+d+T)\sin\alpha_1}{\sin\beta}$$

$$n=T+\frac{(b+d+T)\sin\alpha}{\sin\beta}$$

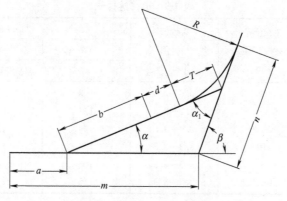

图 1-9　单向分岔点连接

1.4.2　双线单向连接

双线单向连接是用单向道岔使双轨线路过渡成单轨线路。

如图 1-10 所示，已知平行线路中心线之间的距离 S，道岔尺寸 a、b 及角 α，曲线半径 R；则得：

$$\alpha = \alpha_1, \quad T = R\tan\frac{\alpha}{2}$$

$$d = \frac{S}{\sin\alpha} - (b + T)$$

若 $d \geqslant 200 \sim 300$mm，则连接是可能的，其连接尺寸为：

$$L = (a + T) + (b + d + T)\cos\alpha$$

按所得尺寸，便可绘出连接部分平面图。

1.4.3　双线对称连接

如图 1-11 所示，其已知条件及要求与双线单向连接相同。

$$T = R\tan\frac{\alpha}{4}$$

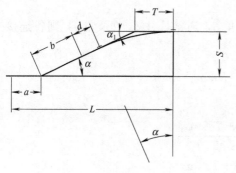

图 1-10　双线单向连接

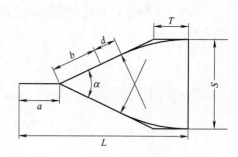

图 1-11　双线对称连接

$$d = \frac{S}{2\sin\frac{\alpha}{2}} - (b+T)$$

若 $d \geqslant 200 \sim 300\text{mm}$，则连接是可能的，其连接尺寸为：

$$L = a + \frac{S}{2\tan\frac{\alpha}{2}} + T$$

1.4.4　三角岔道连接

如图 1-12 所示，三角岔道的上部是对称道岔，且为任意数。若 β 等于 $90°$，则构成了对称的三角岔道。

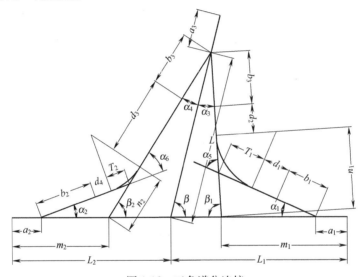

图 1-12　三角道岔连接

已知 β 角，曲线半径 R，道岔尺寸 a_1、a_2、a_3、b_1、b_2、b_3 及角 α_1、α_2、α_3、α_4；并取 $d_1 = d_2 = d_4 = 200 \sim 300\text{mm}$；求三角岔道的尺寸。

$$\beta_1 = 180° - (\beta + \alpha_3), \quad \beta_2 = \beta - \alpha_1$$

$$\alpha_5 = \beta_1 - \alpha_1, \quad \alpha_6 = \beta_2 - \alpha_2$$

$$T_1 = R\tan\frac{\alpha_5}{2}, \quad T_2 = R\tan\frac{\alpha_6}{2}$$

$$m_1 = a_1 + (b_1 + d_1 + T_1)\frac{\sin(\beta_1 - \alpha_1)}{\sin\beta_1}$$

$$n_1 = T_1 + (b_1 + d_1 + T_1)\frac{\sin\alpha_1}{\sin\beta_1}$$

$$L_1 = m_1 + (n_1 + d_2 + b_3)\frac{\sin\alpha_3}{\sin\beta}$$

$$m_2 = a_2 + (b_2 + d_4 + T_2)\frac{\sin(\beta_2 - \alpha_2)}{\sin\beta_2}$$

$$n_2 = T_2 + (b_2 + d_4 + T_2)\frac{\sin\alpha_2}{\sin\beta_2}$$

$$L = (n_1 + d_2 + b_3)\frac{\sin\beta_1}{\sin\beta}$$

$$d_3 = (n_1 + d_2 + b_3)\frac{\sin\beta_1}{\sin\beta_2} - (n_2 + b_3)$$

如果 $d_3 \geqslant 200 \sim 300\mathrm{mm}$，则计算可以结束，连接是可能的。

$$L_2 = m_2 + (n_2 + d_3 + b_3)\frac{\alpha_4}{\sin\beta}$$

如果 $d_3 < 200 \sim 300\mathrm{mm}$，则必须从左部开始重新计算，步骤同上。

1.4.5 线路平移的连接

如图 1-13 所示，这种连接亦称反向曲线的连接。在反向曲线之间，必须插入的直线段 d 为车辆最大轴距 S_z 加上两倍鱼尾板长度；以保证车辆平稳地通过反向曲线。

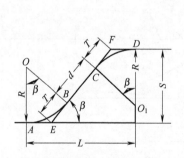

图 1-13 线路平移的连接

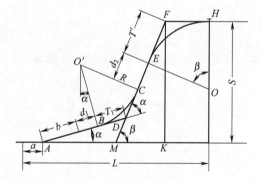

图 1-14 分岔平移连接

已知线路平移距离 S，曲线半径 R；求连接尺寸。

① 取 $d \geqslant S_z + 2$ 倍鱼尾板长，m。

② 确定 β。向垂线上投影 $AOBCO_1D$ 线，并令向上为正，则：

$$R - R\cos\beta + d\sin\beta - R\cos\beta + R = S$$

化简得： $\qquad 2R\cos\beta - d\sin\beta = P$，式中 $P = 2R - S$

将上式除以 d 得：

$$\frac{2R}{d}\cos\beta - \sin\beta = \frac{P}{d}$$

导入辅助角 $\delta = \arctan\dfrac{2R}{d}$，用 $\tan\delta$ 代入上式，并将各项乘以 $\cos\delta$ 得：

$$\sin\delta\cos\beta - \sin\beta\cos\delta = \frac{P}{d}\cos\delta$$

或 $\qquad\qquad\qquad\qquad\qquad \sin(\delta - \beta) = \dfrac{P}{d}\cos\delta$

故
$$\beta=\delta-\arcsin\left(\frac{P}{d}\cos\delta\right)$$

β 角不得大于 $90°$，如大于 $90°$，则取 $\beta=90°$。

③ 确定连接长度。

$$L=2R\sin\beta+d\cos\beta$$

$$T=R\tan\frac{\beta}{2}$$

求出 T，即可确定 E、F 点，连接 E、F 两点，截取 $EB=CF=T$，便可确定 B、C 点，这样即可绘图。

1.4.6　分岔平移连接

如图 1-14 所示，已知平行线路中心距 S，曲线半径 R，道岔尺寸 a、b 及角 α；连接尺寸即可求出。

① 取 $d_2=S_z+2$ 倍鱼尾板长，并取 $d_1=200\sim300$mm。

② 确定转角 β（确定方法与 1.4.5 同）。

$$\beta=\delta-\arcsin\left(\frac{P}{d_2}\cos\delta\right)$$

$$P=(b+d_1)\sin\alpha+R(1+\cos\alpha)-S$$

$$\delta=\arctan\frac{2R}{d_2}$$

若求出的 β 大于 $90°$，则取 $\beta=90°$。

③ 确定连接尺寸。

$$\alpha_1=\beta-\alpha,\ T_1=R\tan\frac{\alpha_1}{2}$$

$$AD=b+d_1+T_1$$

$$AM=AD\frac{\sin\alpha_1}{\sin\beta}=(b+d_1+T_1)\frac{\sin\alpha_1}{\sin\beta}$$

$$DM=AD\frac{\sin\alpha}{\sin\beta}=(b+d_1+T_1)\frac{\sin\alpha}{\sin\beta}$$

$$MK=\frac{S}{\tan\beta}$$

$$T'=R\tan\frac{\beta}{2}$$

$$L=a+AM+MK+T'$$

④ 作图。自 H 点截取 $HF=T'$，从 F 点作垂线得 K 点。按 KM 长得 M 点，连接 F 和 M 两点。按 MD 长得 D 点，按 MA 长得 A 点。自 D 及 F 点截取对应曲线的切点得 B、C 及 E 点，并作曲线。

第 2 章

矿用车辆

2.1 概述

2.1.1 矿用车辆的分类

矿用车辆是数量很大的矿井运输设备之一。矿用车辆足够的力学强度和寿命、合理的技术参数和良好的使用状态，对矿井生产的技术、经济指标有很大影响。

井下矿用车辆不仅数量大，而且类型也较多。矿用车辆可按下述方法分类。

① 按用途不同分为货车、人车和专用车。用于运输矿石、废石、材料、机械设备及其零部件的车辆统称为货车。按货物性质不同，货车又包括运送散货载的矿车、木材车和运设备的平板车。矿用车辆中，最主要的也是数量最多的是运送散货载的矿车。

用于斜井和井下主要巷道运送人员的车辆称为人车。

专用车辆主要包括：修理车、炸药车、消防车、卫生车以及其他专用车。

② 按矿车构造及卸载方式不同，分为固定车厢式、翻斗式、侧卸式、底卸式和梭式五种矿车。

③ 按车厢容积的大小，矿车分为小型的、中型的、大型的。在金属矿山，矿车容积小于 $1m^3$ 称小型的；大于 $1.0m^3$ 小于 $2.5m^3$ 称中型的；大于 $2.5m^3$ 称大型的。

2.1.2 矿用车辆的主要结构参数及构造

矿车的主要结构参数是：容积、载重、轨距、外形尺寸、轴距、自重。矿车自重与载重之比是矿车特征的重要标志，这个比值称为车皮系数，其值越小越好。矿车车厢容积与矿车外形体积（矿车长、高、宽的乘积）之比值称为容积系数，其值越大越好。

提高矿车装载量，使用大型矿车，是矿井轨道运输的发展趋势之一。使用大型矿车的优点是：有利于减小车皮系数，减小运行阻力系数，大大增加车组单位长度的装载量，可以提高自卸矿车或翻车机的效率，减少因卸载而造成的列车停顿时间。因此，必然会使列车的有效装载量增加，往返全程所需时间减少，在一定的生产能力的情况下，有可能减少所需往返行驶的列车数，以及简化运输工作组织，在某种情况中也有可能用单轨巷道替代双轨巷道。

对矿车的要求是有高度的坚固性，能经受静负荷和动负荷（如装载、运行的冲击）的作用；在容积一定的条件下，矿车外形尺寸应尽可能小；运行阻力要小；有足够的稳定性；在使用方面，要求摘挂钩方面，卸载干净，清扫容易，润滑简单。

原冶金部已制定了冶金矿山窄轨矿车系列型谱。新设计的矿山必须采用系列的标准矿车。

运输松散货载用的矿车由车厢、车架、轮轴、缓冲器和连接器组成。

① 车厢的作用是装承货载。车厢由钢板焊接而成。其位置应尽可能低些，以保证矿车稳定；车厢必须坚固刚硬，卸载方便，制造修理简单。

② 车架是矿车的构造基础，车厢、轮轴、缓冲器和连接器均安装在车架上。它不仅承受静压力和张力，而且承受很大的冲击力，故要求它特别坚固。车架由槽钢和角钢焊接而成。

③ 轮轴由一根车轴和两个车轮组成。为了减少矿车的运行阻力，轮轴采用滚柱轴承和滚珠轴承。滚柱轴承能承受更大的垂直压力和动力负荷，所以多用于大容积的矿车中。车轮用铸钢做成，车轮内侧有轮缘，轮缘与钢轨间留有一定间隙。车轮与钢轨接触的踏面做成锥形，以使轮对保持沿轨道中心运行，减少机械磨损，降低运行阻力。

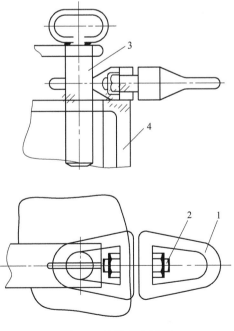

图 2-1 转轴式连接器
1—套环；2—小轴；3—插销；4—车架

④ 缓冲器的作用是直接承受矿车相互撞击时的冲击力，并保证摘挂矿车工人的安全。因此，缓冲器必须突出车厢 100mm 以上。缓冲器有钢性的和弹性的。后者是用弹簧、橡皮垫或木材做成，缓冲性能好，多用于大容积矿车上。

⑤ 连接器的用途是把单个矿车连接成车组，并传递牵引力。因此，连接器必须有足够的坚固性。连接器的种类很多，其中广泛使用的转轴式连接器如图 2-1 所示，它由小轴 2 和用小轴连接的两个套环 1 所组成，后者可以套在车架 4 的插销 3 上。这种连接器用在列车不必摘钩便进行卸载的矿车上。使用这种连接器时，要求翻车机的旋转中心与连接器的小轴中心重合。

2.2 矿车的主要类型

矿车类型很多，按照矿车的结构及卸载方式分主要有固定车厢式矿车、翻斗式矿车、侧卸式矿车、底卸式矿车和梭式矿车。"冶金"矿车的规格见表 2-1。

（1）固定车厢式矿车 图 2-2 为 YGC0.7（6）型矿车，其中"YGC"表示冶金类固定车厢式矿车，"0.7"表示车厢容积 0.7m^3，括号中的"6"表示矿车轨距为 600mm。其基本组成为车厢、车架、缓冲器、连接器和行走机构。固定车厢式矿车的车厢固定在车架上。车厢是由钢板焊接而成，车厢底通常制成半圆形。车架槽钢一般采用矿车专用异形槽钢，能承受牵引力、制动力、矿车之间的碰撞力和钢轨冲击力。缓冲器装在车架两端，用以缓和两车之间的冲击力。连接器是连接机车和矿车的部件，常用的有插销链环和回转链，大型矿车采用兼具缓冲器作用的自动车钩。行走机构是由 4 个车轮和 2 根轴组成的两个轮对，车轮采用铸钢。矿车和物料的总和超过 20t 时，一般应增加轮对数目。对多于两个轮对的矿车，为便于通过弯道将两个轮对组成一个有转盘的小车，这种小车称为转向架。固定车厢式矿车的优点是：结构简单，容易制造，使用可靠，车皮系数小，容积系数较大，坚固耐

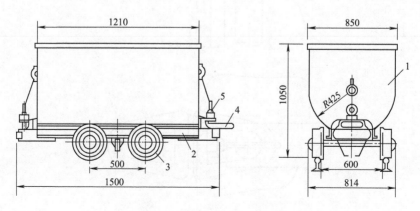

图 2-2　YGC0.7（6）型矿车

1—车厢；2—车架；3—轮轴；4—连接器；5—插销

表 2-1　"冶金"矿车的规格

类别	矿车型号	容积/m³	最大载重/t	轨距/mm	外形尺寸/mm			轴距/mm	车厢长/mm	卸载倾角/(°)	自重/t
					长	宽	高				
固定车厢式	YGC0.5(6)	0.5	1.25	600	1200	850	1000	400	910	—	0.45
	YGC0.7(6)	0.7	1.75	600	1500	850	1050	500	1210	—	0.50
	YGC1.2(6)	1.2	3	600	1900	1050	1200	600	1500	—	0.72
	YGC1.2(7)	1.2	3	762	1900	1050	1200	600	1500	—	0.73
	YGC2(6)	2	5	600	3000	1200	1200	1000	2650	—	1.33
	YGC2(7)	2	5	762	3000	1200	1200	1000	2650	—	1.35
	YGC4(7)	4	10	762	3700	1330	1550	1300	3300	—	2.62
	YGC4(9)	4	10	900	3700	1330	1550	1300	3300	—	2.90
	YGC10(7)	10	25	762	7200	1500	1550	4500(850)	6780	—	7.00
	YGC10(9)	10	25	900	7200	1500	1550	4500(850)	6780	—	7.08
翻斗式	YFC0.5(6)	0.5	1.25	600	1500	850	1050	500	1110	40	0.59
	YFC0.7(6)	0.7	1.75	600	1650	980	1200	600	1160	40	0.71
	YFC0.7(7)	0.7	1.75	762	1650	980	1200	600	1160	40	0.72
侧卸式	YCC0.7(6)	0.7	1.75	600	1650	980	1050	600	1300	40	0.75
	YCC1.2(6)	1.2	3	600	1900	1050	1200	600	1600	40	1.00
	YCC2(6)	2	5	600	3000	1250	1300	1000	2500	42	1.83
	YCC2(7)	2	5	762	3000	1250	1300	1000	2500	42	1.88
	YCC4(7)	4	10	762	3900	1400	1650	1300	3200	42	3.29
	YCC4(9)	4	10	900	3900	1400	1650	1300	3200	42	3.3
底卸式	YDC4(7)	4	10	762	3900	1600	1600	1300	3415	50	4.32
	YDC6(7)	6	15	762	5400	1750	1650	2500(800)	4540	50	6.32
	YDC6(9)	6	15	900	5400	1750	1650	2500(800)	4540	50	6.38
底侧卸式	YDCC2-6	2	5	600	3050	1200	1310	1000		50	
	YDCC4-7	4	10	762	3500	1450	1700	1300		50	
	YDCC6-9	6	15	900	3833	1900	1800	1300		50	
梭式矿车	S_4	4	10	600	6025	1280	1620	3000(800)			6.00
	S_6	6	15	600	7014	1450	1700	3600(800)			8.00
	S_8	8	20	600	9540	1570	1700	5400(800)			10.00
	JS_6	6		600	7040	1450	1650	3800(550)			6.8
	SD_4	4	10	600	6250	1270	1740	2350(700)			6.4

用、维修简便。缺点是必须有专用的卸载设备，卸载效率较低。

（2）翻斗式矿车　图 2-3 为 YFC0.7（6）型翻斗式矿车。该类矿车车厢用钢板焊制，车厢断面为 V 形或 U 形。在车厢的两端壁各铆有一个弧形钢环，使车厢支于车架上，由于钢环的中心稍低于装有货载时的车厢重心，故打开车厢定位装置后，稍加外力便可把车厢翻转卸载。卸载倾角达 40°。翻斗式矿车能用人力或专设的卸载架向任意一侧翻转卸载。

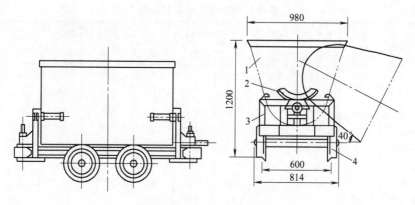

图 2-3   YFC0.7（6）型矿车
1—车厢；2—钢环；3—车架；4—轮轴

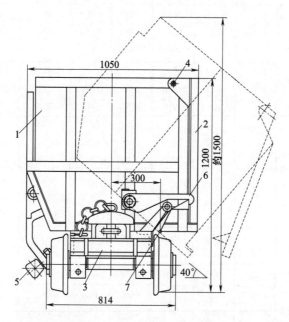

图 2-4   YCC1.2（6）型矿车
1—车厢；2—侧门；3—车架；4—侧门的铰轴；5—卸载辊轮；6—门挂钩；7—铰轴

（3）侧卸式矿车   图 2-4 为 YCC1.2（6）侧卸式矿车。该类矿车车厢的一侧用铰轴与车架相连，车厢的另一端装有卸载辊轮。卸载时，辊轮沿曲轨过渡装置及卸载曲轨上坡段上升，使车厢倾斜，活动侧门打开而卸载，卸载倾角达 40°。当辊轮沿倾斜卸载曲轨的下坡段运行时，车厢复位并关闭侧门。当列车以低速通过卸载地点，整个车组便卸载完毕。改变曲轨过渡装置的位置，也可以使侧卸式矿车的辊轮不上卸载曲轨而通过卸载地点不产生卸载动作。

（4）底卸式矿车和底侧卸式矿车   图 2-5 为底卸式矿车结构及在卸载站的卸载情况。车厢的两侧壁上焊有支承翼板，车底的一端与车厢端壁铰接，车底的另一端装设一个卸载轮。为使车厢悬空，卸载曲轨上方的两边各安装一列托轮，支持车厢两侧的支承翼板。当矿车进入卸装站时，因为矿仓上方不设轨道，车厢的支承翼板被托轮支撑，使车厢悬空，所以矿车底部失去支持而被矿石压开，车底连同转向架一起绕铰轴转动进行卸载。卸载过程中，车底另一端的卸载轮便在卸载曲轨上运行并起定位作用。卸载以后矿车继续运行，车底便被卸载曲轨抬起而复位。卸载曲轨布置（如图 2-5 所示）是布置在轨道中心线上。机车的两侧也有翼板。当它进入卸载站时，也会失去轨道支持，因而失去牵引力。当靠近机车的矿车处于曲轨卸载段时，由于矿石及车底的重力分力作用，曲轨对矿车产生反作用力，故能推动列车前进。当第一辆矿车开始处于曲轨复位段位，第二辆矿车早已进入曲轨卸载段，产生水平推动列车前进，使第一列矿车爬上复位段。当最后一列车沿曲轨复位段上爬时，虽无后继矿车的推力，但电机车早已走上轨道而产生牵引力。

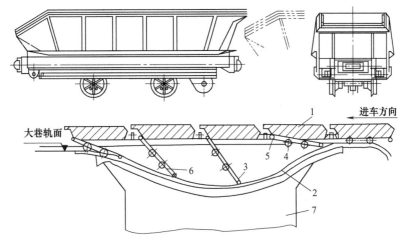

图 2-5　底卸式矿车结构及在卸载站的卸载

1—车厢；2—卸载曲线；3—卸载轮；4—轮对；5—底门转轴；6—底门；7—矿仓

这种底卸式矿车使用较普遍，但当这种矿车卸载时，卸载曲轨必然承受卸出矿石的冲击。为避免这种现象，可以使用底侧卸式矿车，它主要由车厢、车架、翼板、轮轴、缓冲器和卸载站托辊组成。底门的一侧铰接在较长边的车架上，而与带有铰链侧相对应的底门另一侧设有卸载轮，利用矿车车底上的卸载轮，使进入卸载站的矿车边运行边在矿车的侧底部自动卸载，从而达到卸载平稳、迅速之目的，而在侧面翻转的底门又能较好地挡护物料下滑时对曲轨的摩擦、损害。

（5）梭式矿车　梭式矿车简称梭车，主要由装有运输机的槽形车厢和走行部分组成，用矿山机车牵引在轨道上行驶。车体设置在 2 个转向架上，在车厢底板上装有刮板或链板运输机，用风或电力驱动，也有风电两用的。将石碴从车厢的装碴端装入，连续转动的刮板或链板运输机就能自动地将它转载到卸碴端；待整个梭车装满，由矿山机车牵引至卸碴场，开动运输机，即可将石碴自动卸下。梭车可单车使用，也能若干辆串套搭接组成梭式列车运行。用梭车代替斗车配合装碴机出碴，可减少调车和出碴时间，加快巷道掘进速度。

梭车基本上综合了斗车的灵活、结构简单和槽式列车容积大、能连续转载、自动卸碴的优点，它可在 12～15m 小半径弯道上运行，既不用搭排架就可在卸碴线的前端卸碴，又能安全可靠地向两侧卸碴，使卸碴不受弃碴场地的限制。因此，梭车在世界各国矿山巷道开挖中使用较为普遍，在隧道及地下工程施工中也常采用。

国内生产的梭车定型产品，容积有 $4m^3$、$6m^3$、$8m^3$ 三种。铁路隧道根据其施工特点要求，宜发展单个的大容积梭车，已研制的梭车容积最大达 $16m^3$。

2.3 人车

在水平和倾斜巷道中，采用人车运送人员，对于减小非生产时间，改善矿工劳动条件以及提高所有行经巷道人员的安全性，都有重大意义。

《金属非金属矿山安全规程》(GB 16423—2006) 规定：采用电机车运输的矿井，由井底车场或平硐口到作业地点所经平巷长度超过 1500m 时，应设专用人车运送人员。运送人员的列车行车速度不得超过 3m/s；人员上下车的地点，应有良好的照明和发车电铃；如有两个以上的开往地点，应设列车去向灯光指示牌；架线式电机车的滑触线应设分段开关，人员上下车时，应切断电源；调车场应设区间闭锁装置；人员上下车时，其他车辆不应进入乘车线；不应同时运送爆炸性、易燃性和腐蚀性物品或附挂处理。

① 供人员上、下的斜井，垂直深度超过 50m 的，应设专用人车运送人员。斜井用矿车组提升时，不应人货混合串车提升。

② 专用人车应有顶棚，并装有可靠的断绳保险器。列车每节车厢的断绳保险器应相互连接，并能在断绳时起作用。断绳保险器应既能自动，也能手动。

③ 运送人员的列车，应有随车安全员。随车安全员应坐在装有断绳保险器操纵杆的第一节车内。

④ 斜井运输人员时，斜井长度不大于 300m 时，人车的运行最高速度不应超过 3.5m/s；斜井长度大于 300m 时，不超过 5m/s。

人车规格见表 2-2、表 2-3。

表 2-2   平巷人车规格

型号	轨距/mm	牵引高度/m	最大速度/(m/s)	最大牵引力/kN	外形尺寸/mm			乘车人数/人	弯道半径/m
					长	宽	高		
PRC6 PRC12 PRC18	600 600 762 (900)	0.38	3	30	3100 4280 4280 4280	1020 1020 1300 1300	1580 1552 1552 1552	6 12 18 18	单列 8m,组列 12m(4 台)

表 2-3　斜井人车规格

型号	XRC6-6/3D	XRC8-6/3D	XRC10-6/6DS	XRC10-6/6DW	XRC15-6/6DS	XRC15-6/6DW	XRB12-6/6	XRB15-6/6	XRB15-9/6
巷道倾斜角	6°~30°						10°~40°		
最大牵引力	30kN		60kN						
最大速度	3m/s		4m/s						
弯道半径 水平方向	12m						16m		
弯道半径 垂直方向	12m								
转向架中心距	1.25m		3.2m						
轨距	600mm								900mm
载人数	6	8	10	10	15	15	12	15	15
净重 头车	1100kg	1215kg	1495kg	1517kg	1595kg	1617kg	2.1t	2.2t	2.48t
净重 尾车	1113kg	1213kg	—	—	—	—	1.25t	1.0t	1.373t
外形尺寸 长	3.621m	3.84m	5.021m	5.24m	5.021m	5.24m	5.021m	4.321m	5.021m
外形尺寸 宽	1.05m	1.05m	1.05m	1.05m	1.216m	1.216m	1.040m	1.240m	1.350m
外形尺寸 高	1.47m	1.47m	1.47m	1.47m	1.47m	1.47m	1.495m	1.495m	1.495m

2.4 矿车运行阻力

2.4.1 基本阻力

　　矿车沿水平的直线轨道等速运行时所产生的阻力称为基本阻力。它主要由轴承摩擦阻力、车轮沿轨道的滚动摩擦阻力、车轮沿轨道的滑动摩擦阻力等构成。基本阻力的大小决定于矿车的结构和参数，以及轨道状况和运行速度等。很明显，基本阻力的主要部分与矿车重量成正比。设矿车重量为 G_c，则其基本阻力为：

$$F_1 = G_c \omega \qquad (2\text{-}1)$$

　　式中，ω 为矿车的基本阻力系数，它的大小与轴承类型、矿车容积以及轨面状态等因素有关。矿车的基本系数为无量纲的数。采用滚动轴承的矿车，在清洁轨道上运行时的 ω 值见表 2-4。采用滑动轴承的矿车，其 ω 值应按表中的数值增加 1/3。

表 2-4　矿车的基本阻力系数

容积 /m³	单 个 矿 车		组 成 列 车	
	重车	空车	重车	空车
0.5	0.007	0.009	0.009	0.011
0.7~1.0	0.006	0.008	0.008	0.010
1.2~1.5	0.005	0.007	0.007	0.009
2	0.0045	0.006	0.006	0.007
4	0.004	0.005	0.005	0.006
10	0.0035	0.004	0.004	0.005

注：矿车启动阻力系数为基本阻力系数的 1.5 倍。

　　为了定期检查矿车行走部分的工作状况，可以设置试验坡来测定其 ω 值。如图 2-6 所示，试验坡由倾斜和水平两段轨道组成。矿车沿倾斜段轨道（开始速度为零）自动下滑，并在水平段轨道上运行 l_2 距离，就完全停止。矿车的运动方程式为：

$$G_c h = G_c (l_1' \cos\beta + l_2) \omega$$

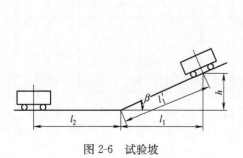

图 2-6　试验坡

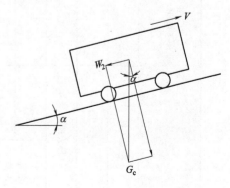

图 2-7　矿车在坡道上运行时的分力

$$=G_c(l_1+l_2)\omega$$

故　　　　　　　　　　　　　　$$\omega=\frac{h}{l_1+l_2} \qquad (2-2)$$

因 h 和 l_1 为定值，故 l_2 越大则 ω 越小。当矿车的 ω 值过大时，则应检修矿车或更换轴承。

2.4.2　附加阻力

矿车运行于不同的线路（上、下坡及弯道等）和在不同的运行状态（起动和制动）中另需克服附加阻力。

2.4.2.1　坡道阻力

如图 2-7 所示，矿车在坡道上运行时，由于矿车重量（G_c）沿倾斜方向的分力所引起的运行阻力，称为附加坡道阻力，即：

$$F_2=\pm G_c \sin\alpha$$

当 α 很小时，$\sin\alpha=\tan\alpha=i$，所以：

$$F_2=\pm G_c \sin\alpha=\pm G_c \tan\alpha=\pm G_c i \qquad (2-3)$$

式中，＋表示上坡，－表示下坡。i 为坡道阻力系数，用无纲量数表示（例如 0.005）。有时也以 mm/m（例如 0.005=5mm/m）表示轨道的倾斜度。

2.4.2.2　惯性阻力

矿车以加速度或减速度运行时须克服的附加惯性阻力为：

$$F_a=\pm K \frac{G_c}{g}a=\pm 1.075 \frac{G_c}{9.8}a$$
$$=\pm 0.11 G_c a=\pm G_c \omega_a \qquad (2-4)$$

式中，a 为矿车运行的加速度或减速度，m/s^2；K 为考虑车轮转动惯量的系数，平均取 1.075；ω_a 为惯性阻力系数，$\omega_a=0.11a$，为无纲量数。

矿车运行有时加速有时减速，故 a 值可能为正也可能为负，当 $a>0$，惯性力方向与矿车运行方向相反，惯性阻力为正；当 $a<0$，惯性力方向与矿车运行方向相同，惯性阻力为负。

2.4.2.3　弯道阻力

矿车在弯道运行时须克服的附加弯道力为：

$$F_3=G_c \omega_w \qquad (2-5)$$

式中　ω_w 为弯道阻力系数，按经验公式，$\omega_w=k \dfrac{35}{1000}\dfrac{1}{\sqrt{R}}$，用无纲量数表示；$k$ 为系数，外轨抬高时，$k=1$，不抬高时，$k=1.5$；R 为弯道半径，m。

矿车运行的总阻力通式为：

$$F=G_c(\omega\pm i\pm 0.11a+\omega_w)=G_c \omega_c \qquad (2-6)$$

式中，ω_c 为总阻力系数。

2.4.3　矿车自溜运行

矿车沿倾斜轨道向下运行时，其下滑力为：

$$P'=G_c(i-\omega) \tag{2-7}$$

当 $i=\omega$，$P'=0$，矿车等速运行；当 $i<\omega$，$p'<0$，矿车减速运行；当 $i>\omega$，$p'>0$，矿车加速运行。

为保证矿车启动运行，要求启动段的线路坡度 $i \geqslant (2.5 \sim 3)\omega$。

忽略车轮转动惯量的影响时，在下滑力 P' 的作用下，矿车的运行加速度 a 由下式计算：

$$G_c(i-\omega)-\frac{G_c a}{g}=0$$

即 $$a=g(i-\omega) \tag{2-8}$$

矿车在长度为 L 的区段上运行时，其初速度 v_c 与末速度 V_m 的关系为：

$$v_m=v_c+at \tag{2-9}$$

矿车在长度为 L 的区段上运行时间为：

$$t=\frac{2L}{v_c+v_m} \tag{2-10}$$

将 a、t 值代入 (2-9) 式，则得：

$$v_m=\sqrt{v_c^2+2gL(i-\omega)} \tag{2-11}$$

矿车自溜运行速度不得超过规定：在弯道上 1t 矿车运行速度为 2.5m/s；2t 为 2m/s。在直线上运行速度小于 3m/s。接近阻车器时的速度在 $0.75 \sim 1$m/s 之间。

当 $v_c=0$，则

$$v_m=\sqrt{2gL(i-\omega)} \tag{2-12}$$

当 $v_m=0$，则

$$v_c=\sqrt{2gL(\omega-i)} \tag{2-13}$$

若 v_m、v_c、L 和 ω 为已知，则所需线路坡度为：

$$i=\frac{v_m^2-v_c^2}{2gL}+\omega \tag{2-14}$$

长度为 L、坡度为 i 的线路高差为：

$$h=iL \tag{2-15}$$

矿车在自溜运行系统中的高度损失，可采用机车爬坡或爬车机来恢复。

2.5 矿车的选择和矿井矿车数的计算

矿车的容积按运输量的大小来选择，见表 1-2。根据具体条件，结合需要与可能，应尽量选用较大容积的矿车。它与小容积矿车比较，具有减少矿车数量，减少维修量，车皮系数（矿车的自重与有效荷载的比值）小，容积系数（矿车的有效容积与矿车外形尺寸的比值）大并为矿山扩大产量留有余地等优点。

矿车类型的选择，应主要考虑提升的方式，运输量的大小，货载的黏结性，矿物贵重程度，含水量大小及卸载要求等因素。除杂用车辆外，全矿的车型力求最少，以一种或两种为宜，以减少组车、调车和维修的复杂性。

当采用罐笼提升时，采用固定车厢式矿车最为普遍。它具有结构简单、坚固耐用、自重小等优点；但其卸载方式比较复杂、卸载硐室工程大。

废石运输一般是采用 0.7m³ 以下的翻斗车，因为这种矿车能在废石场卸载线的任何地点卸载。如用 2m³ 以下固定式矿车运矿，且废石场是深谷不需经常移动卸载点时，可考虑采用同一种矿车运输矿石及废石。当掘进废石量很大时，亦可选用梭式矿车运输废石。当矿石量不大、废石量也不大时，也可选用翻斗式矿车运输矿石和废石。

目前，新设计的大、中型地下矿山，如采用箕斗提升时，一般选用底卸式或侧卸式矿车运输矿石。底卸式矿车有卸载干净、效率高及使用可靠等优点。其缺点是车辆外形尺寸大，车皮系数较大，卸载站结构复杂。它适用于矿石有黏结性、年产量较大且围岩稳固的矿山使用。

侧卸式矿车也有卸载方便、效率高等点，但其活动侧壁易漏粉矿，装卸载时要求矿车有固定方向。不宜在粉矿多、矿物贵重和含水量大的矿山使用。

矿井矿车数的计算常用定点分布法。当确定工作机车的台数后，在需要同时工作的各个段的平面图上，按生产实际需要注明矿车分布情况：运行中的矿车车辆数，装载点、井底车场、材料库、井筒内、地表车场等处的车辆数相加，并乘以检修和备用系数，即得矿井所需的矿车总数：

$$Z = \sum_1^n Z_i K_1 K_2 \tag{2-16}$$

式中，Z 为矿车总数，辆；n 为全矿需用矿车地点的数目；Z_i 为某个地点占用的矿车数，$i=1，2……$；K_1 为矿车的检修系数，一般 $K_1=1.1$；K_2 为矿车的备用系数；$K_2=1.25\sim1.3$。

在人力装车和推车地点，应在编组处考虑一列矿车数。必须摘钩才能卸载的矿车，应在每一个卸载地点各增加一列矿车数。

废石车形式与矿石车形式不同时，应该单独考虑各自的车数。

材料车的数量，按矿井一昼夜消耗的材料所需用的车数确定，并适当考虑检修和备用的材料车数。

平板车的数量，根据矿山实际需要情况决定。若矿山机械设备很多，平板车数量就多些；反之，就可以少些，同时应适当考虑检修和备用的平板车数。平板车载重量的选择，按被运设备的重量考虑。

2.6　矿车清底措施

矿车结底是目前矿山轨道运输方面存在的一个突出问题。尤其矿石含泥多、粉矿多、水分大的矿山，又是使用固定车厢式矿车时，矿车结底更为严重。许多矿车由于矿车结底不能及时清理，矿车的有效容积被占去 30%~50%，大大降低矿车有效载重量，降低机车运输效率，造成运输设备不足等严重后果。目前矿山采用的矿车清底措施大致有以下几种。

①　人工清底，用锄头挖或大锤打来清底。人工清底劳动强度大，效率低，又容易损坏矿车。此种方法使用较少。

②　使用风动锤冲击，在翻车机上方安装风动冲击锤，用它冲击翻转后的矿车底以振落结底。此法有一定效果，但容易损坏矿车。

③　使用压气吹，即翻车后用压气吹扫车底。此法能吹扫松散矿砂，也不损坏矿车；但结底太厚时吹不动。

④　使用高压水冲洗，这种方法的清底效果好，效率高，又不损坏矿车。最适于地表专设地点使用。在井下使用时应慎重考虑泥浆水的沉淀和排除问题。

⑤　在车底衬铺胶带预防结底，用废胶带衬铺在固定车厢式矿车的车厢底部，胶带的一边用螺栓压板固定在车底上，另一边用钢板条夹紧后系于链条并将链条吊在车帮上。在翻车卸载时胶带能反翻出，当矿车复位时胶带就自动复位。此法预防矿车结底的效果很好。

⑥　采用与翻车机笼体联动的振动清扫器（它不需要专从外部获得能源），这是一种不摘钩矿车的振动清扫器。

矿车清底的主要要求是及时和干净，否则日积月累形成的矿粉、岩粉黏结层厚而坚实，使用现有的任何清底方法均难以达到很好的效果。

第3章

轨道运输的辅助机械设备

井下轨道运输的辅助机械设备包括翻车机、推车机、爬车机、阻车器、限速器等。这些设备对于提高竖井提升和调车场的生产效率、减轻工人劳动强度和实现运输机械化具有重要作用。它们多用在装车站、井底车场和地面轨道运输中。

3.1 翻车机

翻车机是翻卸固定车厢式矿车内矿石、废石或其他物料的一种专用卸载设备。当井下巷道用固定车厢式矿车运输而井筒用箕斗提升时，翻车机设置在井底车场内；当用罐笼提升或平硐运输时，它设置在地面卸载的地方。按结构形式，翻车机分为前倾式翻车机、圆形翻车机和侧卸式翻车机三类。

3.1.1 前倾式翻车机

前倾式翻车机按有无动力分为无动力的和有动力的两种；按矿车是否通过又分为不通过的和通过的两种。

无动力前倾式翻车机如图 3-1 所示。这种翻车机是利用矿车的自重、偏心达到矿车旋转从而卸载的设备，安装在井底车场和地面生产系统中可减轻工人的劳动强度。这种翻车机是结构最简单的一种通用形式。其缺点是翻转过程中翻车机和矿车要承受强烈的冲击载荷。

液压传动的前倾式翻车机，是有动力翻车机的一种形式，结构稍复杂，但工作比较平稳，可以减少冲击载荷，有利于延长翻转机和矿车的使用寿命。

前倾式翻车机在我国中小型矿山中应用比较广泛。它有结构简单、制造容易、安装方便等优点，且一般都不需要外加动力。其缺点是矿车必须摘钩，每次只能翻

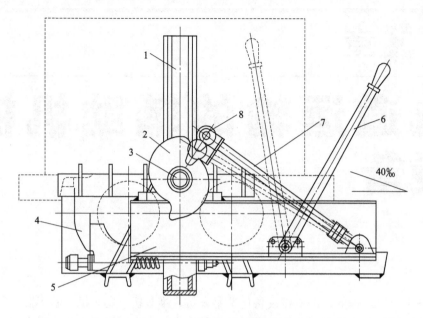

图 3-1 无动力前倾式翻车机
1—回转架；2—凸轮；3—回转轴；4—带缓冲弹簧的阻爪；5—支座；
6—手把；7—止动杆；8—滚轮

卸一辆矿车，故生产能力较小；因卸载过程中冲击载荷较大，不适合于大容积矿车的翻卸。

目前我国矿山使用的前倾式翻车机多数为不通过式的，即矿车卸载以后需要从原道返回，因此它只适用于折返式运输系统。为了适应环形调车场的需要，一些矿山使用了通过式前倾翻车机，矿车卸载以后可以直接通过。它的阻车和稳架装置采用机械联动，整个卸载工作都是自动的。其动作原理是：重车进入翻车机后，利用重力偏心形成的转矩和惯性力矩进行翻转和复位，矿车翻转过程中靠抓车钩抓住，复位后利用一套闭锁机构锁住回转架，同时矿车顺坡自溜通过。

3.1.2 圆形翻车机

圆形翻车机是一种侧卸式卸载设备。它与前倾式翻车机相比，结构复杂，重量大，而且成本较高；但笼体的回转一般均采用机械传动，工作比较平稳，根据需要可以翻卸一辆、两辆或两辆以上矿车，并能直接通过，待卸的列车也可以不必摘钩，故生产能力较大。

根据运输系统和生产能力的不同要求，圆形翻车机的构造形式可大致分类如下：按动力方式分为手动和机械传动的；按翻卸车数分为单车和双车式的；按矿车排列位置分为串列和并列的；按待卸列车连接状态分为摘钩和不摘钩的；按电机车是否通过分为通过式和不通过式的。

手动圆形翻车机主要靠偏心重力矩自动翻卸矿车，一般不需外加动力。其特点

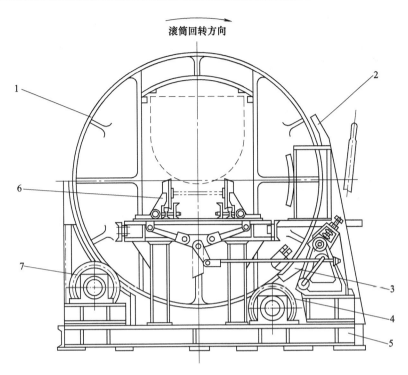

图 3-2　电动圆形翻车机
1—旋转笼体；2—挡矿板；3—定位装置；4—传动轮；5—底座；6—阻车器；7—支撑轮

是：结构简单，质量轻，便于制造。缺点是采用固定的偏心重力矩保证合适的翻转速度比较困难。

电动圆形翻车机应用很广。如图 3-2 所示，它由旋转笼体 1、传动轮 4、支撑轮 7、定位装置 3、传动装置、挡矿板 2、阻车器 6 以及底座 5 等主要部分组成。有些翻车机还设有矿车清扫器。

电动圆形翻车机的动作原理是：当重矿车进入旋转笼体的轨道上后，便开动电动机，经减速器带动传动轮旋转，利用传动轮与笼体端环间的摩擦力，使笼体回转进行卸载。当笼体回转 180°后，矿车内矿物全部卸出，继续转 180°，则恢复原位，推入重车，顶出空车，再进行下次翻卸。

翻车机形式按使用具体条件选择，其使用条件和优缺点比较，如表 3-1 所示。

表 3-1　翻车机使用条件和优缺点比较

翻车机形式	使用条件	优　点	缺　点
前倾通过式	适用于自溜调车场，卸载后通过矿仓	不用动力，制造简单，卸载能力大	矿车进翻车机时冲击力较回转式翻车机大，车组必须分解卸载
前倾后退式	卸载后矿车退出料仓，适用于自溜车场或人工推车	不用动力，制造较通过式简单	较通过式卸载能力低，其他与通过式相同
回转式翻车机	可以单车或车组卸载，矿车可前进或后退，用机车牵引或人工调车	对矿车冲击较前倾式小，车组卸载时可不摘钩，因此车辆周转率高	需有动力，制造较前倾式复杂

翻车机的主要规格是它所能容纳的矿车尺寸及每分钟的翻转次数，因此应按矿车规格及要求的翻卸能力来选择。例如在井底车场用的翻车机，每分钟翻转次数必须与井底车场的通过能力相适应，而平硐外的翻车机每分钟的翻转次数则应与平硐设计生产率相适应。若要求每分钟的翻转次数很多，采用单车翻车机不能满足要求时，可选用双车翻车机或两台单车翻车机同时工作。

目前，国内金属矿山常用电动圆形翻车机有：0.7m³ 单车和双车；1.2m³ 双车；2m³ 单车和双车；4m³ 双车；10m³ 单车翻车机。型号及主要技术特征见表3-2。

表 3-2　电机翻车机型号及主要技术特征

型号	生产能力/(t/h)	轨距/mm	适用矿车型号及每次翻车数	翻车机外形尺寸			旋转体		电机功率/kW
				长/mm	宽/mm	高/mm	滚圆直径/mm	转速/(r/min)	
YFD0.7-6Z	210	600	YGC0.7-6，1辆	4627	2780	3060	2500	4.97	4.2
YFS0.7-6	420		YGC0.7-6，2辆	6664	2785	3060	2500	4.97	4.2×2
YFS1.2-6、YFS1.2-7	720	600 762	YGC1.2-6、YGC1.2-7，2辆	7606	3231	3485	3000	4.91	6.3×2
YFD2-6、YFD2-7	750		YGC2-6、YGC2-7，1辆	5557	3280	3220	2700	7.58	7.5
YFS2-6、YFS2-7	1340		YGC2-6、YGC2-7，2辆	11292	3107	3525	3000	4.71	8.8×2
YFS4-7、YFS4-9	2400	762	YGC4-7、YGC4-9，2辆	12320	4590	4635	4000	3.89	17.5×2
YFD10-7、YFD10-9	3000	900	YGC10-7、YGC10-9，1辆	11998	4700	4668	4000	3.89	22×2

3.1.3　侧卸式翻车机

侧卸式翻车机以摇架代替转筒，车辆在摇架上被夹紧后，随同摇架绕上方的轴旋转140°～170°后卸车。由于旋转时摇架和车辆的重心升高，驱动功率和结构重量有所增加，但不需建造地下料仓。主要由压车机构、翻转机构、驱动机构、锁定机构、缓冲机构、控制器等组成。

3.2　推车机

在使用矿车的运输作业中，为了完成矿车的装载、提升和卸载等工序，常常要在较短距离内使用推车机来移动矿车的位置，如将矿车推入、推出罐笼或翻车机，对提高矿井提升的自动化水平，减轻工人劳动强度起重要作用。推车机按其使用地点可分为：

（1）设在罐笼前的推车机　这类推车机的特点是将一辆或两辆矿车推进罐笼，同时将罐笼内的空车顶出。因此，只需要较小的推力，但动作要求较为迅速，以免延长提升工作时间。其推车速度约为 1m/s，而后退速度约为 1.2～1.4m/s。更换一次矿车约需时间 6～7s。

（2）设在翻车机前的推车机　这类推车机一般用来推动由电机车拉来的不经摘钩的整个列车，每次将一辆或两辆重矿车推入翻车机卸矿，同时将其中的空矿车顶出。

（3）设在装载站的推车机　这类推车机也是用来推动整个列车的。

上述后两类推车机都需要很大的工作推力，但推车速度却应小些，以便降低车组起动和停止时的惯性阻力。翻车机前的推车机推车速度约为 0.5m/s；而在装载站，由于装车工作的要求，矿车应移动得慢一些，所以速度为 0.15～0.25m/s。

推车机按其结构可分为：

① 有牵引机构的，利用链条或钢绳牵引推爪；

② 无牵引机构的，由气、液缸直接推动带爪的小车。

按能源的种类可分为：电动的、气动的和液压的三种。

根据推车机和矿车的相对位置的不同，又可分成下行式和上行式，目前多数矿山采用下行式。

3.2.1　链式推车机

图 3-3 所示为安装在翻车机前面的圆环链式推车机。推车机安装在地沟内的混凝土基础上。链上固定着推爪小车，推爪小车可以绕活轴偏转。电动机经减速器和主动链轮带动链条运转。在工作行程中，推爪小车推动矿车的底挡使矿车前进。为使链子立即制动，保证矿车停位准确，在传动装置中应该设有电磁制动闸。

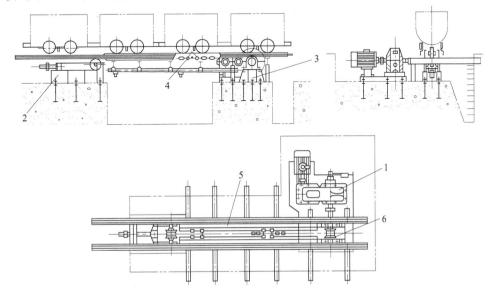

图 3-3　圆环链式推车机

1—传动装置；2—拉紧装置；3—头轮支架；4—推爪小车；5—小车轨道；6—头轮组

推车机和翻车机配合使用时，它们之间应互相联锁，在翻车机工作行程终了时，能自动开动推车机；而推车机行程终了时，又将开动翻车机。这种互相联锁的系统，能够避免推车机和翻车机同时开动而造成重大事故。

上述推车机必须构筑使下链通过的地沟，需要较大的基础，因而限制了它的应用范围。

3.2.2 钢绳推车机

图 3-4 为钢绳推车机。电动机经减速器使摩擦轮转动，通过钢绳牵引小推车在导轨上往返运行，小推车上的推爪便推送钢轨上的单个矿车或车组前进。这种推车机由于只有一个推爪，故只能单向推车。为了保证推车机工作时钢绳与摩擦轮之间有足够的摩擦力，设置拉紧轮是非常必要的。推爪重心偏后故其头部总是抬起的，但推爪小车后行推爪碰到车轴时，推爪可绕其小轴转动后又抬起其头部。

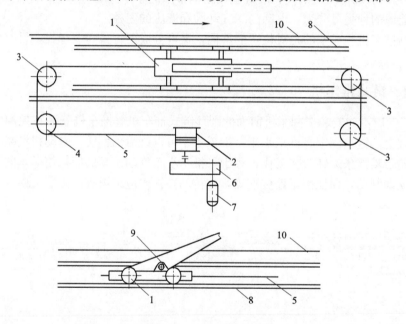

图 3-4　钢绳推车机

1—小推车；2—摩擦轮；3—导向轮；4—拉紧轮；5—牵引钢绳；
6—减速器；7—电动机；8—导轨；9—小轴；10—钢轨

钢绳推车机的行程可以长一些，可用在井底或井口车场更换罐笼内的矿车。推爪小车的导轨如果做成曲线的，亦可用在曲线上推车，这时钢绳导向轮亦应沿着曲线布置。

在双罐笼提升时，靠近井口两股轨道上的推爪小车，可以各用一台驱动装置，也可以共用一台驱动装置。如果两个推爪小车共用一个驱动装置，则一个推爪小车向罐笼推送矿车的同时，另一个推爪小车向后移动，准备来罐时推车。这种形式通常用在主井提升较为合适。

钢绳推车机的结构简单，安装和维护均较方便。其主要缺点是钢绳在导向轮和卷筒上经常地承受弯曲作用和摩擦，容易损坏。但正确选择导向轮及卷筒直径，能适当延长钢绳寿命。因此钢绳推车机得到了比较广泛的使用。

3.2.3　风动推车机

风动推车机装在靠近井筒轨道的中间，但略低于轨面水平。当罐笼在车场水平停稳后，便操纵四通阀，使压气进入气缸，通过活塞杆推动推爪小车沿导轨向前运动，从而将重矿车推入罐笼并顶出罐内空矿车。矿车入罐后推车机退回原位，等待下一次推车上罐。风动推车机的推爪小车与钢绳推车机的基本相同。它一般与复式阻车器配合使用。

3.2.4　液压推车机

液压推车机结构如图 3-5 所示，图 3-5（a）为推车机结构组成部分，图 3-5（b）为移动小车放大图。液压缸左端由销与基础铰接，右端与固定在移动小车上的支座铰接，拉簧的作用是与推爪的重力相平衡，使推爪处于图示抬头位置。液压缸活塞杆伸出，移动小车沿其导轨前进，推爪推动矿车前进，当矿车前进到位时，行程开关发出信号使液压活塞杆缩回，移动小车后退，此时，推爪碰到障碍物能自动绕其铰接销轴顺时针转动，拉簧伸长，以便推车机顺利回到原位，退回到位后，在拉簧作用下推爪逆时针转动，直到与定位块接触，恢复到图示抬头位置，为下一个推车循环做好准备。

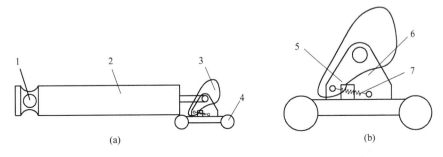

(a)　　　　　　　　　　　　　(b)

图 3-5　液压推车机结构

1—销；2—液压缸；3—推头；4—移动小车；5—定位块；6—支座；7—拉簧

几种推车机的优缺点比较如下：

① 链式推车机，具有输送能力大的特点，但是结构复杂。小型冶金矿山很少采用。

② 钢绳推车机，具有结构简单、制造容易、基建费用低等特点。但它靠摩擦传递动力，钢绳磨损快，维护工作量大。

③ 风动推车机，具有结构简单、造价低、效率高、维护方便等特点。但这种推车机对矿车的冲击力大，由于气缸的行程有限，推车距离受一定的限制。

④ 液压推车机结构简单、安装施工方便、振动冲击小、推车效率高、安全可

靠，在工矿企业应用广泛。

3.2.5　钢绳推车机选择计算

（1）钢绳的选择　钢绳应具有较好的挠曲性和耐磨性。钢绳推车所用钢绳可参照起重运输设备中使用的钢绳进行选择。根据推车机的工作特点，可选顺捻结构的钢丝绳，GB 20118—2006 及 GB 8918—2006 中所列的钢丝绳均可使用。

（2）导向滑轮　滑轮可用铸铁或铸钢制成。对于轻级和中级，建议采用HT150、HT200 灰铸铁，对于重级可采用 ZG25 铸钢。直径较小的滑轮，可铸成实体圆盘；直径较大时，圆盘上带筋和孔。滑轮的名义直径是由绳槽底部度量的，其尺寸根据钢绳直径来决定。

（3）驱动装置　它由电动机、减速装置及卷筒（或摩擦轮）等部分组成。减速装置可采用标准减速器或采用三角皮带装置。使用标准减速器可用齿轮转动或蜗轮传动的减速器，行星摆线针轮减速器由于体积小，质量轻，寿命长，速比大，传动效率高及布置紧凑等特点而被采用。

推车机一般用圆形卷筒。卷筒的表面有光面的和带螺旋槽的两种。光面卷筒绳圈的螺距等于钢绳直径，卷筒表面比压力较大，钢丝磨损较快，降低了钢绳使用寿命。因此，单层卷绕的钢绳卷筒在表面刻有螺旋槽较好，它使钢绳与卷筒的接触面增大，降低了比压力，且使绳圈间有一定间隙，工作不致互相摩擦，提高了钢绳使用寿命。卷筒所用材料与滑轮相同。

（4）推爪小车　为了适应各种罐笼承接装置的工作要求，钢绳推车机的推爪小车的构造种类是多种多样的，选择时可根据矿山具体条件参照有关设计资料而决定。

（5）张紧装置　钢绳推车机使用重锤张紧较为普遍。张紧滑轮具有导向滑轮轨，重锤滑轮轨用钢绳经过导向滑轮将张紧轮张紧，这种张紧装置可保证钢绳张力稳定，能自动调节绳中的张力，运转比较可靠。

（6）两种推车机的电动机功率的确定　推车机的使用地点不同时，其工作特点及负荷大小亦不同，电动机功率的确定应按不同特点分别进行。

3.2.5.1　安装在翻车机前的推车机

计算时取 1.5 列重车及 0.5 列空车之和计算推车机的工作推力。因为生产任务繁忙时，常是原来的重列车仅卸载一半时，又有另一列重列车开来。通常重车道为水平的，翻车机轨道也是水平的，空车通常有一定的下坡。假定矿车启动运行阻力系数等于正常阻力系数的 1.5 倍，则推车机启动运行阻力 W_1 为：

$$W_1=\left[(2G_0+1.5G)\left(\frac{a}{g}+\omega_q\right)-0.5G_0i\right]n \tag{3-1}$$

等速运行阻力 W_2 为：

$$W_2=[(2G_0+1.5G)\omega-0.5G_0i]n \tag{3-2}$$

启动功率为：

$$N_1 = \frac{W_1 v}{1000\eta} \tag{3-3}$$

等速功率为：

$$N_2 = \frac{W_2 v}{1000\eta} \tag{3-4}$$

式中，W_1 为启动运行阻力，N；W_2 为等速运行阻力，N；N_1 为启动功率，kW；N_2 为等速功率，kW；G_0 为矿车自重，N；G 为矿车载重，N；i 为线路坡度，‰；n 为矿车数，每列车中的矿车数与电机车大小、矿车容量、生产要求有关；ω_q 为启动阻力系数，等于 1.5 倍 ω；ω 为运行阻力系数，可查矿车基本运行阻力系数表；g 为重力加速度，取 $g = 9.8\text{m/s}^2$；a 为加速度，取 $0.2 \sim 0.25\text{m/s}^2$；$v$ 为链条运行速度，取 $0.45 \sim 0.5\text{m/s}$；η 为传动效率，取 0.8。

等值功率为：

$$N_x = \sqrt{\frac{N_1^2 t_1 + N_2^2 t_2}{t_1 + t_2}} \tag{3-5}$$

式中，N_x 为等值功率，kW；t_1 为启动时间，$t_1 = \dfrac{v}{a}$，s；t_2 为等速运行时间，$t_2 = t - t_1 - t_3$，s；t 为工作行程时间，$t = \dfrac{60}{2x} = \dfrac{30}{x}$，s；$x$ 为 1 分钟内卸载的矿车数；t_3 为减速时间，$t_3 = \dfrac{v}{b}$，s；b 为减速度，取 $0.3 \sim 0.4\text{m/s}^2$。

换算成负载持续率 F_s 40% 或 25% 时之电动机功率：

$$N_{(40)或(25)} = N_x \sqrt{\frac{F_s}{40\ 或\ 25}} \tag{3-6}$$

式中，F_s 为考虑推车机断续工作的系数，$F_s = \dfrac{t}{t + t_0} \times 100\%$；$t_0$ 为推车机返回时间，s。

推一个矿车长度时，取 25%，推两个矿车时，取 40%。

根据求得的功率选择标准电动机功率，并进行启动转矩验算，电动机的启动转矩必须大于总启动阻力矩。

3.2.5.2　安装在罐笼前的推车机

这类推车机的推力一般较小，电动机的功率亦较小，故可按照工作循环中的最大推力来计算电动机功率 N：

$$N = \frac{Pv}{1000\eta} \tag{3-7}$$

$$P = (2G_0 + G)\left(\frac{a_3}{g} + \omega\right) + (G_0 + G)i \tag{3-8}$$

式中，N 为电动机功率，kW；P 为空、重车相撞后的运行阻力，N；v 为推车机的速度，m/s；a_3 为矿车加速度，m/s^2。

电动机形式以选鼠笼式电动机为宜，因为需要经常启动。

3.3 爬车机

爬车机是在矿车自重滑行的线路上，用于补偿线路的高度损失，使矿车在短距离内上升一定高度的设备。目前一般采用链式电动爬车机。

3.3.1 链式爬车机

链式爬车机的结构和链式推车机基本相同，分圆环链式及板链式爬车机，爬车方式分为爬矿车车架下挡板和车轴，是调度绞车的有效替代设备，它比绞车牵引更为安全可靠，更节约劳动力。图 3-6 所示为 PH 型圆环链式爬车机。圆环链连续循环运转，单个矿车滑行到爬车机下部进口处，被圆环链上的爬车爪推动，沿导轨向上运行到爬车机的上端，矿车在下坡轨道上靠自重滑行，脱离爬车机。为防止偶然掉落的矿车以及在电动机切断电源或链子断裂时不至于向下跑车，在爬车机斜坡上较密集地设置了长爪逆止器，逆止器既能阻挡轮轴，又能阻挡缓冲器，矿车向上运动时可以通过；而当矿车向下运行时不能通过。从而保证了安全。链式爬车机的运转速度为 0.3～0.4m/s。

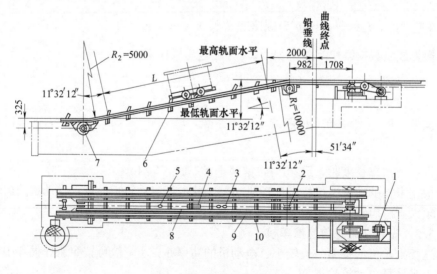

图 3-6 PH 型圆环爬车机

1—传动装置；2—导向轮；3—圆环链；4—爬车爪；5—连接环；6—长爪逆止器；
7—尾轮装置；8—导轨；9—护轨；10—主横梁

3.3.2 钢绳爬车机

钢绳爬车机的结构与钢绳推车机基本相同。当设两个推爪小车时，可使一个小车推着矿车向上运动，另一个小车向下退回，作好反向时推车的准备。通常驱动装置在上端，拉紧装置在下端，且在爬车机的上端和下端安装行程开关，或在驱动装置上安设行程指示器来触动开关，使电动机正、反转，控制爬车机的换向。推送任务轻时，也可只设单一的推爪小车。

与链式爬车机相比，钢绳爬车机结构简单，制造、维护简便，但由于它是往复运转，每次只能推送一辆矿车，故生产效率低。

链式爬车机功率的计算与链式推车机相似，但它为连续运转，且为空载启动，故电动机功率按下式计算：

$$N=\frac{W_0 v}{1000\eta}; \quad W_0=K(W_1+W_2+W_3) \tag{3-9}$$

式中，N 为电动机功率，kW；W_0 为主动轮上的总计算阻力，N；K 为考虑链轮和曲线段上的损失而设的系数，取 $1.1\sim1.2$；W_1 为矿车运行阻力，$W_1=Z(G_0+G)(\sin\beta+\omega\cos\beta)$，N，当爬车机设在空车线上而无需推重车上坡时，则式中的 $G=0$；W_2 为引链无载运行阻力，$W_2=qL_1\omega_1$，N；q 为链重，N/s；ω_1 为滚轮的阻力系数；L_1 为曳引链全长，m；W_3 为曳引链的滚轮对导轨加压产生的附加阻力，$W_3=2P\omega_1$，N；P 为滚轮的总压力，$P=\frac{W_1 h}{t}$，N；h 为滚轮中心到矿车轮轴的距离；t 为曳引链上两滚轮的中心距；β 为链式爬车机的倾斜角，$\beta=10°\sim15°$；其余符号意义与前同。

爬车机的计算生产率，是用每小时提升的矿车数 m 表示的。鉴于矿车供应不能很均匀，故其生产率必须有一定的备用系数，一般备用系数不小于 1.5。故爬车机的小时提升车数为：

$$m=1.5\frac{Q_n}{G} \tag{3-10}$$

式中，Q_n 为运输线路中每小时通过的矿量，kN/h；G 为每辆矿车的载重量，kN。

矿车距离为：

$$l=\frac{3600}{m}v \tag{3-11}$$

式中，l 为矿车距离，m；v 为爬车机的工作速度，取 $0.3\sim0.4$m/s。

在长度为 L 的爬车机上矿车数为：

$$Z=\frac{L}{l} \tag{3-12}$$

计算值若为小数，则应取与它接近的较大的整数。

3.4　阻车器和限速器

3.4.1　阻车器

阻车器是在矿车自溜运行轨道上阻止矿车运行用的设备。它分单式阻车器和复式阻车器两种。前者有一对阻爪，后者有两对阻爪，两对阻爪之间，间隔一定距离。复式阻车器又叫限速数阻车器，它能限制开启一次阻车器通过的矿车数量，以便向翻车机或罐笼供给一定数量的矿车。

当阻车器和翻车机、推车机、爬车机、罐笼等设备互相配合时，就可使矿井的运输工作（井口或中段车场）达到机械化和自动化的目的。

阻车器操作方式有：手动的，用手柄直接操纵传动系统；半自动的，用气缸电动液压推杆传动；自动的，利用翻车机回转、罐笼升降、矿车运行等方式为动力的杠杆传动系统。

阻车器按结构类型，有阻车轮的、阻车轴的、阻车辆下部附设的底挡及阻缓冲器的等各种类型。各种阻车器通常均装有停车缓冲装置，利用弹簧吸收矿车撞击的能量，使车辆停止。为使矿车不致倾覆或掉道，矿车驶近阻车器时的速度一般不得大于 0.75～1.0m/s。

图 3-7 所示为常用的气动单式阻车器，它有一对阻爪 1，阻爪阻矿车车轮。为了防止矿车与阻爪撞击时产生跳动，阻爪的高度高于车轮中心线。当车轮撞击阻爪时，阻爪带动轴 2 向前移动，使套在轴的后部的弹簧压缩，撞击的能量便为弹簧吸收。阻爪在轴上可自由转动，阻爪的尾部通过连杆机构 3 和操纵气缸连接，气缸活塞杆的往复运动使两个阻爪相对打开或关闭。关闭时阻车，打开后矿车即可通过。

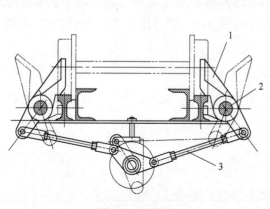

图 3-7　阻车器
1—阻爪；2—阻爪带动轴；3—连杆机构

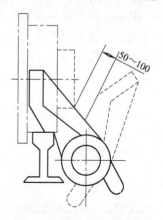

图 3-8　车轮与阻爪间隙

为使阻车器打开后矿车能顺利通过，不产生干扰和撞击，阻爪和车轮间的最小间隙为 50～100mm，如图 3-8 所示。

3.4.2　限速器

在井口车场采用矿车自溜运行的运输方式时，为了控制矿车的运行速度，需设置限速器对矿车进行制动减速。按照输送矿车的工艺要求，被限速器制动后的矿车可以低速继续运行，也可以立即停止。

用在自溜坡道上的气动摇杆限速器如图 3-9 所示。当弹簧摩擦片间的压力调节恰当时，可对矿车进行限速。如图 3-9 所示，摇杆 7 在矿车车轮的压动下，可以摆动，摇杆的轴上和缸体的壁间，设有一组摩擦片 4，端部的弹簧 6 压在环圈 5 上，使摩擦片间压紧而起制动作用。这样，摇杆摆动时便具有较大的阻力，使矿车低速通过。往气缸 1 通入压气时，活塞 2 通过推杆 3、环圈 5 即可推开弹簧，摩擦片间的压力消除，摇杆即可自由摆动。

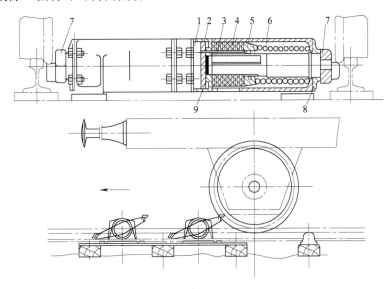

图 3-9　气动摇杆限速器

1—气缸；2—活塞；3—推杆；4—摩擦片；5—环圈；6—弹簧；
7—摇杆；8—轴套；9—轴承

第 **4** 章

机车运输

4.1 概述

机车是轨道车辆运输的一种牵引设备。机车运输是水平巷道长距离运输的主要方式。

按使用动力不同，矿用机车分电机车和内燃机车两种。按电源性质不同，电机车有直流的和交流的，二者中以前者应用最广。按供电方式不同，直流电机车分架线式和蓄电池式两种。电机车是用电动机驱动的。我国矿井内使用的机车几乎都是电机车。

机车运输线路坡度有限制，运输轨道坡度一般为 3‰，局部坡度不能超过 30‰。

架线式电机车的工作系统如图 4-1 所示。交流电在变流所整流后，正极接在架空线上，负极接在轨道上。架空线是沿运输轨道上空架设的裸导线，机车上的受电器（集电弓）与架空线接触，将电流引入车内，经车上的控制器和牵引电动机，再经轨道流回。因此，架线式电机车的轨道必须按电流回路的要求接通。

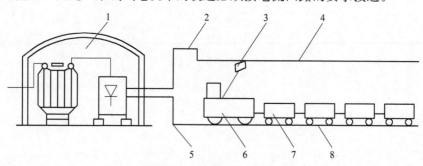

图 4-1 架线式电机车的供电系统
1—牵引变流所；2—馈电线；3—受电弓；4—架空线；
5—加电线；6—电机车；7—矿车；8—轨道

井下架线式电机车电网的直流电压一般有 250V 和 550V 两种。

蓄电池式电车机，是用机车上携带的蓄电池组供给电能的。电机车的蓄电池放电到规定值时需要更换、充电。蓄电池的充电一般在井下充电房进行。因此，每台电机车须配备 2～3 套蓄电池组。蓄电池机车分为一般型、安全型（A）和防爆特殊型（KBT）三种。一般型适用于无瓦斯煤尘爆炸危险的矿山巷道运输。安全型适用于有瓦斯、煤尘，但有良好的通风条件，瓦斯、煤尘不能聚集的矿山巷道运输。防爆特殊型因配备了防爆特殊型电源装置和隔爆型电机电器，使整车具有防爆性能，适用于有瓦斯、煤尘等爆炸性危险的矿山巷道运输。蓄电池电机车缺点是：须设充电设备；初期投资大；用电效率低，运输费用也较高。

除以上两种电机车外，还有架线蓄电池式电机车和架线电缆电机车。前者既能从架线取得电能工作，也可以在不便架设架线地段用蓄电池组工作。后者装有电缆滚筒，电缆一端可与架线连接，电机车在不便架设架线地段行驶时，可以由电缆供电，但用电缆供电的运输距离不能超过电缆的长度；这种机车在运输大巷工作时直接从架线获取电能。

架线式矿用电机车在井下运输中得到广泛应用，它有下列一些优点：

① 牵引力大。电机车采用直流串激牵引电动机，该电动机特性能使机车获得较大的牵引力。

② 结构简单，维护容易，用电效率高，运输费用低。

③ 可改善劳动条件。电机车运行不受气候的影响，由于采用电力拖动，不会产生废气，避免了空气污染，大大改善了井下作业环境。

架线式电机车运输的缺点是：基建投资较大（架线式电机车要铺设轨道、安装架空线、设置牵引变流所）；架线式电机车需要有较大的巷道断面，对人员通行有影响；受电弓与架线之间容易产生火花，有瓦斯爆炸危险的矿山不能使用。

随着计算机技术和电力电子技术的发展，国内外对窄轨矿用电机车不断完善和升级换代，主要在以下几个方面。

（1）电机车运输高度自动化及电气传动设备的交流化　如在瑞典的一些矿井中，电机车速度及调速均由中央控制室控制，列车位置及道岔的开关状态可在中央控制室的模拟盘上观察。2012 年，由湘潭牵引机车厂和中国恩菲工程技术有限公司联合研发的 20t 矿用架线式双机牵引无人驾驶变频调速电机车在安徽铜陵冬瓜山铜矿投入使用。

（2）品种规格的多样化和机车结构的模块化　产品系列化可解决用户多样化的需求问题，而产品模块化则可缩短生产周期，降低制造成本。如德国鲁尔煤矿公司就有采用模块化结构组成不同形式的电机车，机车由几大部件用螺栓固定在车体上组装而成，每台机车可配置一个司控室，如需要也可配两个司控室，故适合大、中、小型矿山使用。

（3）关键部件的免维护化　电机车的牵引电动机、蓄电池及其传动装置是决定机车能否正常运行的关键部件。由于井下工作环境恶劣，在矿井中进行机车维护是相当困难的，提高关键零部件的可靠性，采用免维护或少维护技术，增加产品寿命，是窄轨工矿电机车的发展趋势。

表 4-1 窄轨矿用架线式电机车型号及主要技术性能参数

技术特征		ZK1.5-7/100	ZK3-7/250	ZK-7/250	ZK-7/550	ZK-14/550	ZK-20/550
		6	6	7 6	7 6	7	7
		9	9	10 9	10 9	9	9
黏着质量/t		1.5	3	7;10	7;10	14	20
轨距/mm		600;762;900	600;762;900	600;762;900	600;762;900	762;900	762;900
固定轴距/mm		650	816	1100	1100	1700	2500
车轮直径/mm		460	650	680	680	760	840
机械传动比		18.4	6.43	6.92	6.92	14.4	14.4
连接器距轨面高度/mm		270;320	270;320	270;320;430	230;320;430	320;430	500
受电器工作轨面高度/mm		1600~2000	1700~2100	1800~2200	1800~2200	1800~2200	1800~2200
制动方式		机械	机械	机械;电气	机械;电气	机械;电气;压气	机械;电气;压气
弯道最小半径/m		5	5;7	7	7	10	20
轮缘牵引力/kN	小时制	2.84/2.11	4.7	13.05	15.11	26.65	43.2
	长时制	0.736/0.392	1.51	3.24	4.33	9.61	12.75
速度/(km/h)	小时制	4.54/6.47	9.1	11	11	12.9	13.2
	长时制	6.6/12.5	12.0	16	16	17.7	19.7
	最大			25	25	25	26
牵引电动机	型号	ZQ-4-2	ZQ-12	ZQ-21	ZQ-24	ZQ-52	ZQ-82
	额定电压/V	100	250	250	550	550	550
	电流/A 小时制	45	58	95	50.5	105	162
	电流/A 长时制	18	25	34	19.6	50	75
	功率/kW 小时制	3.5	12.2	20.6	24	52	82
	功率/kW 长时制	1.35	5.2	7.6	9.6	25.5	38
	台数	1	1	2	2	2	2
外形尺寸/mm	长	2340	2750	4500	4500	4900	7400
	宽	950;1100	950;1250	1060;1360	1060;1360	1350	1600
	高	1550	1550	1550	1550	1550	1700

表4-2　窄轨矿用蓄电池式电机车型号及主要技术性能参数

技术特征		XK2.5-6.7.9/48-1	XK5-6.7.9/90	XK8-6/110-1A	XK12-6/192	XK12-7.9/192-KBT
黏着质量/t		2.5	5	8	12	12
轨距/mm		600;762;900	600;762;900	600	600	762;900
固定轴距/mm		650	850	1100	1220	1220
车轮直径/mm		460	520	680	680	680
机械传动比		19.5		6.92		
连接器距轨面高度/mm		320	210;320	210;320	320;430	320;430
制动方式		机械	机械	机械	机械;电气;空气	机械;电气;空气
弯道最小半径/m		5	6	7	10	10
轮缘牵引力/kN	小时制	2.55	7.06	11.18	16.48	16.48
	长时制			2.84		
速度/(km/h)	小时制	4.51	7	6.2	8.7	8.7
	长时制	6.1		10.5		
	最大	10		25		
牵引电动机	型号	ZQ-4B	ZQ-8B	ZQ-11B	ZQ-22B	ZQ-22B
	额定电压/V	48	90	110	192	192
	电流/A 小时制	105	111	112		
	电流/A 长时制	42		44		
	功率/kW 小时制	3.5	7.5	11	22	22
	功率/kW 长时制	1.37		4.3		
	台数	1	2	2	2	2
外形尺寸/mm	长	2330	2960	4430	4470	4885
	宽	914;1076;1214	1000;1105;1243	1054	1212;1350	1212;1350
	高	1550	1550	1500	1600	1600

内燃机车是用柴油机驱动的。它不需架线，投资低，非常灵活。但它的构造复杂，维修比电机车麻烦；排气口要装设废气净化装置，防止污染井下空气；还要求加强通风。这种机车目前在国内仅有少数中小型矿山在通风良好的平硐地表联合区段使用。

国产窄轨矿用电机车型号及主要技术性能参数见表 4-1、表 4-2。

4.2　矿用电机车的机械设备及电气设备

如图 4-2 所示为 ZK 型架线式电机车的基本构造，由图 4-2 可见各部件的所在位置。矿用电机车由机械和电气设备组成。机械设备包括车架、轮对、轴承和轴箱、弹簧托架、制动装置、齿轮传动装置、撒砂装置、缓冲器和连接器、警钟等。电气设备包括牵引电动机、控制器、受电器、变阻器、保护和照明装置等。

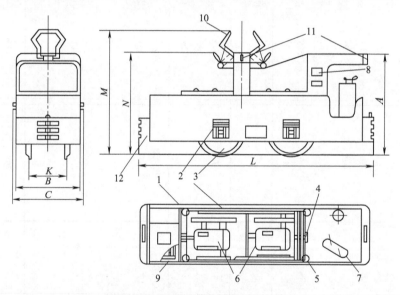

图 4-2　架线式电机车的基本构造
1—车架；2—轴承箱；3—轮对；4—制动手轮；5—砂箱；6—牵引电动机；7—控制器；
8—自动开关；9—启动电阻器；10—受电弓；11—车灯；12—缓冲器及连接器

4.2.1　矿用电机车的机械设备

（1）车架　车架是电机车的主体，电机车上的全部机械和电气设备均安装在车架上。如图 4-3 所示，它由两块竖立侧板 1、两块缓冲端板 2 和两块横隔板 3 焊接而成。隔板的作用，一方面用以增加强度，另一方面将电机车分为司机室 6、电动机室 5 和电阻室 4。司机室设有司机座位并安设控制装置。电动机室放置牵引电动机、减速器、机械制动系统、撒砂装置等。电阻室供安放变阻器用。整个车架则用弹簧托架支撑在轴箱上。车架上面还装有受电器和检修时可以取下的车架盖板。竖立侧板中部的两个切口是供安装轴箱用的。

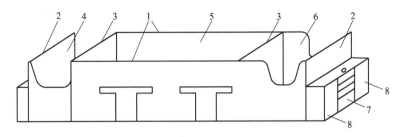

图 4-3　电机车的车架

1—侧板；2—端板；3—隔板；4—电阻室；5—电动机室；6—司机室；

7—连接器；8—缓冲器

车架钢板的厚度一般都比按力学强度所要求的厚度大得多，这是为了增加电机车的黏着质量。

（2）轮对　如图 4-4 所示，机车轮对是由两个压装在轴上的车轮和一根车轴组成。车轮一般由轮心和轮圈热压装配而成。轮心是用铸铁或铸钢制成，轮圈是用钢轧制而成。这种结构的优点是轮圈磨损后可以更换，轮心仍可继续使用，而不致使整个车轮报废。

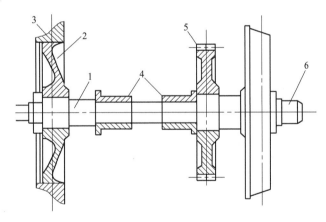

图 4-4　矿用电机车轮对

1—车轴；2—轮心；3—轮圈；4—轴瓦；5—齿轮；6—轴颈

（3）轴承和轴箱　轴箱安装在车轴两端的轴颈上。车架及其上面全部设备的重量经弹簧托架传给轴承和轴箱，然后经轴承和轴箱传给轮对。如图 4-5 所示为矿用电机车的轴箱，轴箱内装有一对滚柱轴承 4。箱壳两侧的滑槽 9 与车架相配，电机车在不平的轨道上运行时，轮轴在车架上能上下活动。轴箱上有弹簧托架，此弹簧托架起缓冲作用。箱壳顶面还有安装弹簧托架铁棒的座孔。轴箱一端用轴箱端盖 6 盖住。

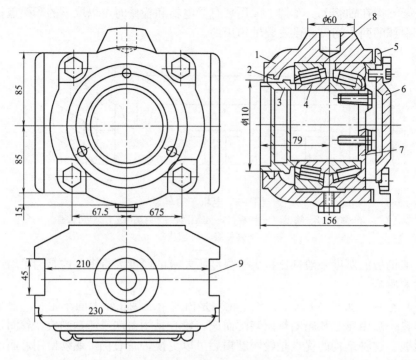

图 4-5 矿用电机车的轴箱

1—油箱体；2—毡垫；3—止推环；4—滚柱轴承；5—止推盖；6—轴箱端盖；

7—轴端盖；8—座孔；9—滑槽

(4) 弹簧托架 弹簧托架是轴箱与车架之间的中间装置。其作用是缓和电机车在运行时的冲击和震动。弹簧托架是用长度不同的板弹簧叠起，中间用钢箍套结而成，箍的底部支撑在轴箱上。图 4-6 所示为矿用电机车所采用的横向均衡托架，前轴（右轴）上的弹簧托架是单独作用，后轴（左轴）上的弹簧托架的一端固定在车架上，另一端用均衡梁 2 连接，均衡梁 2 的中点用铰轴安在车架上。均衡梁的作用是：当有一个车轮的负荷增加时（例如轨道局部突起），能通过均衡梁的作用把一部分负荷分配到另一车轮上去，均衡横向负荷。

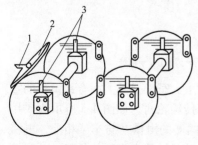

图 4-6 弹簧托架

1—均衡梁支轴；2—均衡梁；

3—板弹簧

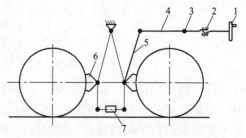

图 4-7 电机车机械制动系统

1—手轮；2—闸瓦；3—螺杆；4—均衡杆；

5—拉杆；6—制动杆；7—正反扣螺栓

（5）制动装置　制动装置是为了在运行中迅速减速或停车之用。制动装置有机械制动和电气制动两种，电气制动不能使电机车完全停住，因此每台电机车都装有机械制动装置。机械制动装置按操作方式分为手动的和气动的两种。

如图 4-7 所示是 ZK 型电机车的机械制动系统。四个车轮的内侧各装有一个闸瓦，闸瓦铰接在制动杆上。每侧的两个制动杆的下端用正反扣调整螺丝相连。此调整螺丝用来调整闸瓦与车轮轮面的间隙。两个制动杆用连杆连接，连杆的顶端铰接在车架上，作为固定支点。拉杆的左右移动使闸瓦进行制动或松闸。拉杆的动作是由手轮经螺杆和螺母组成的螺旋副传送的。螺杆装在车架的孔内，手轮和螺杆只能转动不能移动。螺母固定在均衡杆的中间，螺母不能转动只能移动。均衡杆的作用是将螺旋副的推力平均地传给两个拉杆。

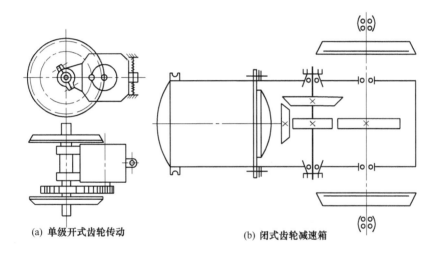

(a) 单级开式齿轮传动　　　　　　(b) 闭式齿轮减速箱

图 4-8　矿用电机车的齿轮传动装置

（6）齿轮传动装置　小型矿用电机车一般是用一台牵引电动机通过传动齿轮同时带动两个轴的传动方式。中型矿用电机车有两台电动机，每台电动机分别带动一个轴转动。传动装置为一级齿轮减速。

如图 4-8 所示，牵引电动机的一侧用抱轴承安在车轴上，另一侧用机壳上的挂耳通过弹簧吊挂在车架上。这种安装方式既能缓和运行中对电动机的冲击和震动，又能保证传动齿轮处于正常啮合状态。

如图 4-8（b）所示，在 14t 及 20t 电机车上，由于采用高旋转速度、尺寸较小、功率较大的牵引电动机，所以采用二级齿轮减速。齿轮在减速箱内工作，既能提高其传动效率，又能增加其寿命。电动机的一端用凸缘与减速箱连接，另一端用机壳上的挂耳通过弹簧挂在车架上。

（7）撒砂装置　为了增加电机车的车轮与钢轨之间的黏着系数，需要往轨面上撒砂。撒砂装置包括有四个砂箱，这四个砂箱由司机室中上下两个手柄操

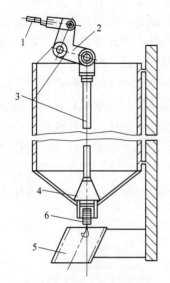

图 4-9　矿用电机车的撒砂装置
1,3—拉杆；2—摇臂；4—锥体；
5—出砂导管；6—弹簧

纵，一个手柄操纵两个砂箱。两个手柄均靠弹簧复位。如图 4-9 所示，当拉动一个手柄时，手柄臂将拉杆向左拉，于是摇臂将拉杆向上提，锥体向上，与砂箱底之间拉开一条缝，砂子由此缝流出，经导管落在轨面上。砂箱中的砂子为颗粒小于 1mm 的干砂。

（8）连接和缓冲装置　在电机车车架的前后两端均装有连接和缓冲装置（见图 4-3），连接装置的作用是连接矿车并传递牵引力，缓冲装置的作用是缓和电机车所受的冲击和震动。为了适应具有不同连接器高度的矿车，连接装置一般是做成多层接口的，与矿车连接时，将矿车连接器置于相应接口后再用插销连接。缓冲装置有刚性和弹性两种。蓄电池式电机车用弹性缓冲装置，以减轻对蓄电池的冲击。架线式电机车用刚性缓冲装置。

4.2.2　矿用电机车的电气设备

4.2.2.1　牵引电动机

（1）直流串激电动机的特性　目前我国生产的电机车的牵引电动机都是直流串激电动机，因为它能较好地适应矿山井下的工作条件。与其他激磁方式的直流电动机比较，直流串激电动机用作牵引电动机，在经济上和技术上都具有较好的特性。

① 串激电动机启动时，它能以不大的电流产生较大的启动转矩，故在要求相同的启动转矩条件下，要求的牵引电动机容量就可以小些。

② 串激电动机的转矩和旋转速度能随列车运行阻力及行驶条件自动地进行调节。这是由于串激电动机具有较软的牵引特性（见图 4-10）所决定的。当电机车上坡行驶或负荷较大时，需要较大的牵引力，随着牵引力的增大，电动机的转速会自动降低，这样，一方面保证了运行安全，另一方面不至于从架线吸取过大的功率。

③ 当架线电压变化时，直流串激电动机只改变转速而不影响其转矩。所以当架线的电压降较大时，电机车仍能启动。

④ 两台串激电动机并联工作时，负荷分配比较均匀。当两台电动机特性有差异或主动轮直径不等时，两台电动机的转数不等，会引起各电动机负荷电流不相同，但由于串激电动机有较软的牵引特性，故负荷电流差异很小（在 5%～10% 之间），这样可避免个别电动机在运转中因负荷不均而产生严重过负现象。

⑤ 串激电动机构造简单，体积和质量较小。

串激电动机的缺点是调速性能差。但矿用电机车对调速性能要求不高，故不影响它在矿用电机车上的应用。

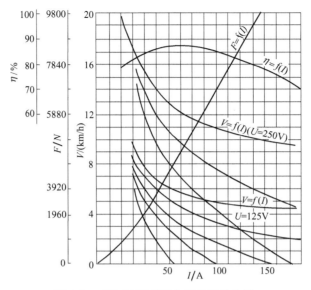

图 4-10　ZQ-21 型牵引电动机特性曲线

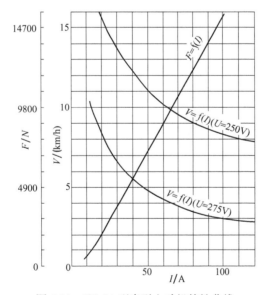

图 4-11　ZQ-24 型牵引电动机特性曲线

由于工作条件的要求，架线式电机车的牵引电动机为全封闭型，蓄电池式电机车的牵引电动机为隔爆型。由于功率不大，都采用自冷式。

牵引电动机的特性是指运行速度 v、轮缘牵引力 F 及效率 η 与电枢电流之间的关系，即速度特性 $v=f_1(I)$，牵引力特性 $F=f_2(I)$，效率特性 $\eta=f_3(I)$，这些特性均用曲线表示。图 4-10 及图 4-11 分别是 ZQ-21 型及 ZQ-24 型牵引电动机的特性曲线。利用这些特性曲线，通常是由已知牵引力 F（N）、运行速度 v（km/h）、电流 I（A）和效率 η。首先在纵坐标上找出已知的牵引力，从该点作水平线与 F 曲线相交得一点。过此交点作垂线，与横坐标相交的点，即为与牵引力相应的电流；从所作垂线与 v 及 η 曲线的交点，各作水平线与纵坐标相交，即得与牵引力相应的速度和效率。

牵引电动机的功率有小时功率和长时功率之分。小时功率是指在电机绝缘材料的允许温升条件下，电动机连续运转 1h 所能输出的最大功率。小时功率即牵引电动机铭牌上注明的额定功率，它主要取决于电机的绝缘材料和冷却性能的好坏。长时功率是指在电机绝缘材料的允许温升条件下，电动机长时连续运转时所能输出的最大功率，主要取决于电机的散热能力。

根据小时功率和长时功率，电动机的电流分为小时电流和长时电流。与此相适应，电机车的牵引力和速度，也有小时制和长时制之分。

长时电流与小时电流之比值，与电动机的冷却条件有关。矿用电机车的牵引电动机是全封闭自然冷却的，其长时电流与小时电流之比值较低，一般为 0.4 左右。

（2）牵引电动机的启动　矿用电机车工作条件困难，启动频繁，因而要求启动时能量消耗要小，启动要平稳，以避免机械冲击。

① 启动原理。牵引电动机在静止时电枢绕组内没有反电势，而绕组本身电阻又很小，因此，如果在启动时把牵引电动机直接接至全电压电网，则在静止时的电动机各绕组中通过的电流很大，会引起绕组很快发热甚至烧毁。此外，还会产生很大的转矩，引起机械部分的损坏。为了限制启动时的电流冲击，并保持一定的电流数值，普遍采用在牵引电动机的电路中串联接入启动电阻和将两台牵引电动机串并联的方法进行启动。

② 启动方法。

a. 串接电阻的启动方法。若已知允许的启动电流，并测出电动机绕组的电阻值，便可以确定启动电阻值。但是，随着电动机旋转速度的增加，若启动电阻固定不变，则电枢电流将减小，电机车的牵引力也随之而减小。为了保持牵引力不变，必须相应地减小启动电阻值。显然，理想的启动应是使启动电阻的数值无级地减小，也就是说要保证每瞬间的启动电流固定不变。但实际上要使启动电阻无级地减小，其控制是比较困难和复杂的。解决这个问题的方法是将可控硅脉冲调速技术应用在电机车上，以实现无级调速和平稳启动。

为了简化控制，在 ZK 型电机车上启动电阻都是做成四级的，即采用逐级减小启动电阻的方法来启动，启动电流在一定的范围内变动，大约为启动电流平均值的 $\pm 15\%$。

b. 串并联启动方法。矿用电机车还采用了两台牵引电动机串并联启动的方法。开始启动时，第一步先将两台电动机串联，并加入启动电阻 R_p。如图 4-12 所示，然后逐段切除电阻。直至 $R_p = 0$。第二步是将两台电动机并联，加入适当的电阻 R_p'。然后逐段切除，直至两台电动机不带电阻并联运行。这时电机车即达到全速运行。

（3）牵引电动机的调速　电机车在运输中需要多种速度，所以必须采取一定的措施，由司机来控制牵引电动机的旋转速度，以达到获得多种速度的目的。

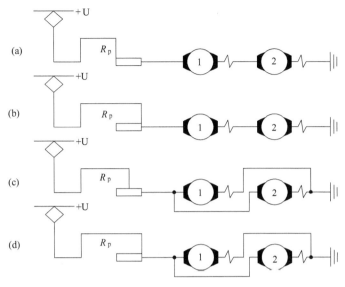

图 4-12　两台牵引电机串联启动

改变电动机的端电压或磁场强度，也能改变电机车的速度。

① 改变电动机的端电压。

a. 串联电阻法。电路内串联一个电阻，改变此电阻的数值来调节电动机的端电压。但是这个方法很不经济，因为在电阻器中将消耗大量的电能，所以电阻器实际上只能作为启动之用，而不应该用来调速。

b. 串并联法。改变两台牵引电动机的连接方式（串并联法）是一种经济的调速方法，但这种调速方法平滑性较差。因为矿用电机车对调速的要求不高，一般正常运行为并联（高速），过道岔及弯道时为串联（低速），两级速度基本上可以达到运输的要求。

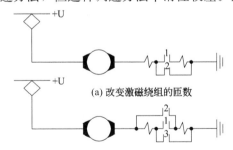

(a) 改变激磁绕组的匝数

(b) 改变激磁绕组的连接方式

图 4-13　串激牵引电动机的磁场调节

c. 可控硅脉冲调速法。在牵引电动机的电路中串联可控硅元件，利用可控硅断续供电改变电动机端电压的平均值，以达到调速的目的。

② 改变电动机的磁场强度。单电机小型矿用电机车采用这种方法。

a. 改变激磁绕组的匝数。为了改变激磁绕组的匝数，需要把激磁绕组分为两组，如图 4-13（a）所示，当两组激磁绕组全部接入主电路时，磁场强度为最大，电动机旋转速度最低。当只有一组激磁绕组接入主电路时，由于激磁绕组的匝数减少一部分，因此，使磁场削弱，电动机旋转速度增大。

b. 改变激磁绕组的接线。改变激磁绕组的连接方式，如图 4-13（b）所示。当串联时为满磁场，电动机旋转速度最低。当激磁绕组成并联时为削弱磁场，电动机旋转速度增大。

这种方法的优点是经济性和平滑性好，但调速范围有一定的限制。

（4）电气制动 矿用电机车除采用机械（闸瓦）制动之外，还采用电气制动。矿用电机车应用最多的电气制动是动力制动，也称能耗制动。其原理是根据牵引电动机在一定工作条件下可以转变为发电机运转的可逆性。当牵引电动机转变为发电机工作时，利用列车的动能转变为电能。这时，电流将转变为相反的方向，使电动机轴上产生制动力。在进行电气制动的过程中，将产生的电能直接消耗在电阻器上。

动力制动的优点是不从电网吸取电能，线路比较简单，同时产生的机械冲击也不大。其缺点是制动过程电动机中有电流通过，因此电机绕组的温度要增高，故牵引电动机的功率比不用动力制动者增加 15%～20%。此外，采用动力制动不能达到完全停车，还需使用闸瓦制动。

要实现动力制动必须解决两个问题：第一，制动前后串激磁场中的电流方向不应改变，否则会产生去磁作用而失去制动力；第二，在制动时两台电动机均变成串激发电机，其负荷为同一个制动电阻器，相当于两台串激发电机并联运行，而串激发电机的并联运行是不稳定的。为了解决上述两个问题，必须采用两台电机的激磁绕组交叉连接线路或交叉-桥式连接线路。目前 ZK 型架线电机车的电气制动线路都是采用交叉-桥式连接线路。

4.2.2.2 控制器

控制器的用途是：使牵引电动机与电源接通或断开；在电动机电路中加入或撤出电阻；改变电动机的旋转方向；在两台电动机的情况下，实现两台电动机的串联或并联运转。

矿用电机车的控制器上装有一个换向轴和一个主轴。换向轴用以改变电动机的旋转方向，它有向前、停止、向后三个位置。将牵引电动机的激磁绕组反接就可以实现换向。主轴用以控制电动机的启动、调速和能耗制动。主轴和换向轴之间有闭锁装置，其作用是：当主轴在零位时，才能转动换向轴，以确保电动机在断电时换向；换向轴在停止位置时，主轴不能转动，以确保司机正确选择开车方向，避免事故。

4.2.2.3 受电器

受电器（集电弓）是架线式电机车从架线上取得电能的装置。矿用电机车的受电器有沿架线滚动的滚动轮受电器和沿架线滑动的受电器两种。一般采用滑动的双弓受电器，其主要优点是：可以减少架线与受电器之间发生火花。因为一个集电弓离开架线时，电流可以从另一个集电弓流过。滑动受电的缺点是架线及受电器均受严重磨损。采用铝制弓子，并在弓槽内放入固体润滑脂，既可减少磨损又可减少火花发生。

4.2.2.4 变阻器

变阻器是牵引电动机启动、调速和能耗制动的必要设备。变阻器的每个部分是由单独的电阻元件集合而成。变阻器置于电阻室中。

4.2.2.5　保护和照明装置

自动开关是过流保护设备，它安装在电机车的受电器和控制器之间。当使用电流过大时，自动开关动作，从而切断动力电路、防止电气设备因电流过大而损坏。此外，还在电机车上装有管形熔断器。

架线式电机车上的照明灯由架线供电，但须在照明电路上安装降压电阻，将电压降为照明灯电压110V。

4.3　列车运行理论

列车运行理论是研究作用于列车上的各种力与其运动状态的关系以及机车牵引力和制动力的产生等问题。作用于列车上的各种力与其运动状态的关系用列车运行基本方程式来表示。

4.3.1　列车运行的基本方程式

机车和它所牵引的车组总称为列车。在研究列车运行基本方程式时，为简化起见，假设电机车和矿车之间、矿车与矿车之间是刚性连接，在运动的任何瞬间，列车各部件的速度和加速度都是相同的。把整个列车当做平移运动的刚体来看待，这与实际情况虽有出入，但计算结果对应用影响不大。

列车的运行有三种状态如下。

（1）牵引状态　列车在电动机产生的牵引力作用下，加速启动或克服列车运行阻力匀速运行。

（2）惯性状态　牵引电动机电源被切断，这时列车靠惯性运行，用它储备的动能克服运行阻力，一般这种状态为减速运行。

（3）制动状态　牵引电动机电源被切断后，列车在电机车制动闸瓦或牵引电动机产生的制动力矩作用下，减速运行或停车。

4.3.1.1　牵引状态下列车运行基本方程式

列车在牵引状态下加速运行时，沿运动方向作用于列车上的力有电机车牵引电动机产生的牵引力 F、列车运行的静阻力 F_j 和惯性阻力 F_a。根据力的平衡原理，这三个力在列车运行的任何瞬间都是平衡的，即列车在牵引状态下力的平衡方程式为：

$$F-F_j-F_a=0 \qquad\qquad (4-1)$$

式中，F 为牵引电动机产生的牵引力；F_j 为列车运行的静阻力；F_a 为列车运行的惯性阻力。

（1）惯性阻力　列车在做平移运动的同时，还有电动机的电枢、齿轮以及对等部件的旋转运动。为了考虑旋转运动对惯性阻力的影响，用惯性系数来增大平移运动的惯性阻力。因此，惯性阻力 F_a 可用下式表示：

$$F_a = m(1+\gamma)a \tag{4-2}$$

式中，m 为电机车和矿车组的全部质量，$m=1000(P+Q)$，kg；P 为电机车质量，t；Q 为矿车组质量，t；γ 为惯性系数，矿用电机车为 $0.05 \sim 0.1$，平均取 0.075；a 为列车加速度，矿用电机车一般取 $0.03 \sim 0.05$m/s²。

将 m 值及 γ 值代入式(4-2)，得：

$$F_a = 1075(P+Q)a \tag{4-3}$$

（2）静阻力　列车运行的静阻力包括基本阻力、坡道阻力、弯道阻力、道岔阻力及空气阻力等。对于矿用电机车，由于运行速度低，后三者都不予考虑。只考虑基本阻力和坡道阻力。

① 基本阻力。基本阻力是指轮对的轴颈与轴承之间的摩擦阻力、车轮在轨道上的滚动摩擦阻力、轮缘与轨道之间的滑动摩擦阻力以及列车在轨道上运行时的冲击震动所引起的附加阻力等。通常基本阻力是通过试验来确定的。矿车运行阻力系数是无量纲的参数。见第 2 章表 2-4。

基本阻力系数可按下式计算：

$$F_0 = 1000(P+Q)g\omega \tag{4-4}$$

式中，F_0 为基本阻力，N；g 为重力加速度，取 9.8m/s²；ω 为列车运行阻力系数。

② 坡道阻力。坡道阻力是列车在坡道上运行时，由于列车重力沿坡道倾斜方向的分力而引起的阻力。很明显，只有当列车上坡时此分力才成为阻力；而下坡时，此分力则变成列车运行的主动力。

设 β 为坡道的倾角，则坡道阻力为：

$$F_i = \pm 1000(P+Q)g\sin\beta \tag{4-5}$$

在计算时，如列车为上坡运行，上式右端取"$+$"号，如列车为下坡运行，则取"$-$"号。

一般情况下，电机车运行轨道的倾角都很小，因此可以认为 $\sin\beta = \tan\beta$，而 $\tan\beta = i$，i 为轨道坡度。

则式(4-5)可简化为：

$$F_i = \pm 1000(P+Q)gi \tag{4-6}$$

列车运行的静阻力应为基本阻力和坡道阻力之和，即：

$$F_j = F_0 + F_i$$

$$F_j = 1000(P+Q)(\omega \pm i)g \tag{4-7}$$

将式(4-3)和式(4-6)代入式(4-1)，得到牵引电动机所必须提供的牵引力为：

$$F = 1000(P+Q)[(\omega \pm i)g + 1.075a] \tag{4-8}$$

式(4-8)就是列车在牵引状态下的运行基本方程式。利用这个方程式可求出在一定条件下电机车所必须提供的牵引力，或者根据电机车的牵引力求出列车能牵引的矿车数。

4.3.1.2　惯性状态下列车运行方程式

在惯性状态下，电机车牵引电动机断电，牵引力为零，列车依靠断电前所具有的动能或惯性继续运行。在这种情况下，列车除了受到静阻力 F_j 以外，还受到由于减速度所产生的惯性阻力 F_a。F_a 与列车运行方向相同，正是 F_a 使列车继续运行。惯性状态下列车力的平衡方程式为：

$$-F_j + F_a = 0 \tag{4-9}$$

得

$$(\omega \pm i)g - 1.075a = 0$$

$$a = \frac{(\omega \pm i)g}{1.075} \tag{4-10}$$

式(4-10) 中，上坡运行时 i 取"＋"号，下坡时取"－"号。

由此可见，当列车运行阻力系数为一定时，惯性状态的减速度取决于轨道坡度的大小和上下坡。上坡时减速度 b 始终保持正值，直到停车为止。下坡时，如 $i < \omega$，则 b 为正值即仍为减速运行，直到停车，如 $i > \omega$，则 b 变为负值，此时不再是减速而是加速运行了。可见，惯性状态是很不可靠的，操作时应予以特别注意。

4.3.1.3　制动状态下列车运行方程式：

在制动状态下，牵引电动机断电，牵引力等于零，并利用机械或电气制动装置施加一个制动力 B。这个制动力与列车运行方向相反，在力的平衡方程式中应为负值，与基本阻力的性质和方向一致。在制动力和静阻力作用下，列车必定产生减速度。此时，惯性阻力 F_a 却与运行方向一致，即为正值。则制动状态下力的平衡方程式为：

$$-B - F_j + F_a = 0$$

即

$$B = F_a - F_j \tag{4-11}$$

式中，F_a 为减速时的惯性阻力，N；b 为制动时的减速度，m/s^2。

则

$$F_a = 1075(P+Q)b \tag{4-12}$$

将式(4-7) 及式(4-12) 代入式(4-11)，得到制动状态下列车运行方程式为：

$$B = 1000(P+Q)[1.075b - (\omega \pm i)g] \tag{4-13}$$

利用式(4-13) 可以求出在一定条件下制动装置必须产生的制动力；或者已知制动力，可求出减速度及制动距离。

4.3.2　电机车的牵引力

电机车的牵引力是由牵引电动机产生的。如图 4-14 所示，主动轮对受到牵引电动机传来的转矩 M，转矩 M 对整个电机车而言属于内力，它不能使电机车运动。主动轮对还受到下面几个力的作用：

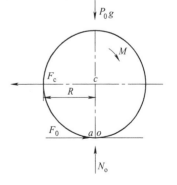

图 4-14　电机车牵引状态的受力分析

① 电机车分配在一个主动轮对上的那部分重力 $P_0 g$，它通过中心 c 作用在轮对上。

② 轨面对轮对的法向反力 N_0，它作用于 o 点，与 $P_0 g$ 在一条直线上。

③ 由于 M 的作用，轮对将有绕中心 c 作顺时针方向旋转的趋势，而轮缘上同轨面接触的那一点 o，相对于轨面来说，有向左滑动的趋势，因此在轮缘上的 o 点受到轨面所给的切向摩擦反力 F_0，其方向是向右的。

④ 由于摩擦阻力 F_0 的作用，使轮缘上同钢轨接触的那一点 o 不会在轨面上向左滑动。理想情况下，整个轮对将以 o 点为瞬时中心向前滚动，即轮对做纯滚动运动。而轮对中心 c 点则做向前的平移运动。此时，列车的一部分运行阻力将通过电机车的连接器、车架及轴箱作用在轮对的中心 c 点，这就是图中的 F_c。

根据力平衡条件得

$$\begin{cases} N_0 - P_0 g = 0 \\ F_0 - F_c = 0 \\ M - F_0 R = 0 \end{cases}$$

式中，R 为主动轮对轮缘半径。

解以上方程组，得

$$N_0 = P_0 g$$

$$F_0 = F_c = \frac{M}{R} \tag{4-14}$$

由上述分析可以看出，主动轮对得到一个转矩 M 以后，轨面对接触点 o 产生了一个摩擦反力 F_0，它的方向与列车运行方向相同。正是这个摩擦反力 F_0 克服了列车的运行阻力 F_c 而使列车向前做平移运行。对于电机车来说，F_c 是牵引列车向前运行的外力，称为牵引力或轮缘牵引力。

F_0 与 F_c 因大小相等方向相反，且作用在两条平行线上，形成一对力偶。该力偶与转矩 M 大小相等而方向相反，使转矩 M 得以平衡，从而使轮缘上的 o 点不至于沿轨面滑动。这样，就使轮与轨面互相接触的那一点好像黏着在一起一样，所以 F_0 又称为黏着力。

由式(4-14)可知，当列车运行阻力 F_c 增加时，必然引起转矩 M 的增加，也就是说牵引电动机必须输出更大的转矩。同时，轮缘牵引力 F_0 也必须同时增大，以平衡列车运行阻力使列车向前运行。

但是，无论是电动机的输出转矩，还是黏着力都不能无限制地增大。电动机输出的牵引力（由转矩转换成的轮缘牵引力）受到电动机温升条件的限制。

至于黏着力，它本质上是摩擦力，受到摩擦条件或者叫做黏着条件的限制。单个主动轮对能够产生的最大轮缘牵引力为

$$F_{0max} = 1000 P_0 g \psi \tag{4-15}$$

式中，P_0 为电机车的黏着质量，即电机车总质量作用在该主动轮对上的那一部分质量，t；ψ 为电机车的黏着系数。见表 4-3。

表 4-3　电机车的黏着系数

工作状况	启动时	撒砂启动时	运行时	制动时
φ 值	0.2	0.25	0.15	0.17～0.20

为了使主动轮对的轮缘同轨面的接触点在轨面不发生相对滑动，该主动轮对产生的轮缘牵引力 F_0 应满足

$$F_0 \leqslant 1000 P_0 g \varphi \tag{4-16}$$

这就是单个轮对的黏着条件。

以上分析是就一个轮对而言的，对于整台电机车，能够产生的最大轮缘牵引力为

$$F_{\max} = 1000 P_n g \varphi \tag{4-17}$$

式中，P_n 为电机车的黏着质量，t，若电机车的全部轮对均为主动轮，则其黏着质量等于电机车的总质量。

整台电机车的黏着条件是

$$F \leqslant 1000 P_n g \varphi \tag{4-18}$$

式中，F 为电机车为克服列车运行阻力所必须提供的牵引力，由式（4-8）根据不同的运行状态求出。

为了使列车能按预定的状态运行，必须满足式（4-18）所规定的电机车黏着条件。式(4-18)中关键的参数是黏着系数 φ。理想状态下，也就是在车轮沿轨道作纯滚动运动的情况下，黏着系数应为静摩擦因数。实际上，电机车的每个主动轮不可能同时都做纯滚动运动。通常是有的是纯滚动有的则有某种程度的相对滑动。因此，就整台电机车而言，黏着系数值介于滚动摩擦因数值与滑动摩擦因数值之间。

4.3.3　电机车的制动力

列车的制动力是使运行着的列车减速或停车的一种人为阻力。在井下电机车运输中，一般只是机车有制动装置，矿车没有制动装置，故列车的制动力只按机车的制动情况来考虑。

电机车有两种制动方法，即机械制动和电气制动。这里只讨论机械制动（闸瓦制动）时的制动力。机械制动力是由闸瓦施加在轮面上的压力而产生的。制动运行时，作用在机车上的力有惯性力、静阻力和制动力。下面分析手动机械闸瓦制动时电机车制动力的产生。

如图 4-15 所示，用一个制动轮对来说明制动力的产生。$P_0 g$ 为制动轮对所分配的电机车重力；N_0 为轨面对轮对的法向反力，显然，$P_0 g = N_0$。当闸瓦施以正压力 N_1（作用在轮缘的均布力，以集中力代之）时，轮缘即产生切向滑动摩擦力 T_0，其方向与车轮旋转方向相反，其大小为：

$$T_0 = \varphi N_1 \tag{4-19}$$

式中，φ 为制动闸瓦与轮缘间的滑动摩擦因数，它的数值取决于闸瓦衬垫的材料、运行速度及闸瓦的比压（闸瓦单位面积上所受的正压力），对于铸铁闸瓦，一

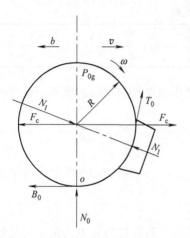

图 4-15　电机车的制动力

般取 $0.18\sim0.20$。

在 T_0 的作用下，车轮受到一个逆时针方向的转矩。在这一转矩作用下，车轮轮缘上同轨面的接触点 o 有沿轨面向前滑动的趋势。因而轨面对轮缘将产生一个切向静摩擦力 B_0，它的方向与车轮旋转方向相同，根据转矩平衡条件 $B_0R-T_0R=0$ 得出

$$B_0=T_0 \tag{4-20}$$

由此可见，B_0 就是电机车一个制动轮所产生的制动力。在 B_0 和静阻力 F_j 的作用下，轮对即列车减速运行，减速度为 b，惯性力是 F_a。B_0、F_j 及 F_a 三个力正好平衡。当 T_0 增大时 B_0 相应地增大，因而减速度也增加，使列车能较快地制动住。

然而，制动力 B_0 受黏着条件的限制。一个制动轮对能够产生的最大制动力为：

$$B_{0\max}=1000P_0g\psi \tag{4-21}$$

整台电机车能够产生的最大制动力为：

$$B_{\max}=1000P_zg\psi \tag{4-22}$$

式中，P_0 为单个制动轮对的制动质量，t；P_z 为整台电机车的制动质量，t，对于全部轮对均装有制动闸的电机车，此质量即为电机车总质量，即 $P_z=P$；ψ 为制动状态下电机车的黏着系数。

理想状态下，即在制动车轮保持纯滚动的情况下，制动状态的黏着系数值应为静摩擦因数值。然而，对于电机车的四个车轮来说，有的做纯滚动，有的既有滚动又有滑动。因此，制动状态的黏着系数值介于静摩擦因数值与滑动因数值之间。

如果闸瓦的压力 N_1 继续增加，以致使整个电机车的制动力超过 $B_{\max}$ 的数值，即车轮被抱死不能滚动，而列车由于惯性力的作用不能立即停止，被抱死的车轮就必然在钢轨上向前滑动。这种现象是不允许的。因为这种现象不仅使轮面产生不均匀的磨损，而且制动力约减少一半，制动减速度大大降低，制动距离却增大了。因为车轮对钢轨的动摩擦系数比黏着系数小。因此，闸瓦压力不能过大，合理的闸瓦压力应使制动力为：

$$B_0\leqslant1000P_zg\psi \tag{4-23}$$

如果闸瓦最大总压力为 $N_{\max}$，总摩擦力为 $T_{\max}$，对于整台电机车来说，式 (4-19) 可以变为：

$$T_{\max}=\varphi N_{\max} \tag{4-24}$$

对整台电机车来说有

$$B_{\max}=T_{\max} \tag{4-25}$$

把式(4-22) 及式(4-24) 代入式(4-25)，可求得

$$N_{max} = 1000 P_z g \frac{\psi}{\varphi} = 1000 P_z g \delta \tag{4-26}$$

或

$$B_{max} = 1000 P_z g \delta \varphi \tag{4-27}$$

式中，δ 为闸压系数。

考虑到对于铸铁闸瓦，$\varphi \leqslant 0.18 \sim 0.20$，$\psi = 0.13 \sim 0.17$，故 $\delta = 0.72 \sim 0.94$，为了保证车轮不被抱死，闸压系数 δ 值不应超过 0.9。

4.4 电机车运输计算

电机车运输计算的主要内容是：确定电机车牵引的矿车数；计算需要的电机车台数。

4.4.1 电机车的选择

选择电机车时应考虑运输量，采矿方法，装矿点的集中与分散情况，运输距离和车型的特殊要求等因素。电机车吨位的选择见第 1 章表 1-2。若装矿点较分散、溜井贮量小时，应选用多台小吨位电机车；若装矿点集中、贮矿量大和运距较长时，应选用较大吨位电机车。因阶段运输量和供矿条件不同，必要时可选两种型号电机车。当采用双机牵引时，应为两台同型号电机车。专为掘进中段用时应选小吨位电机车。在运距长、运量大的平巷，选用大吨位电机车运输的同时，还应考虑运输人员、材料和线路维修等需要，配备小吨位电机车。

4.4.2 原始资料

电机车运输计算所需要的原始资料是：设计班产量；运输距离；线路平面图和纵断面图（井下线路平面及纵断面比较简单时，只要知道装车站位置，线路平均坡度，最大坡度即可）；拟采用的电机车及矿车规格性能；每班需运人员、材料、设备等的列车数。

（1）设计班产量　设计班产量 A_s' 是按班平均生产率 A_b（t/班）乘以运输不均衡系数 C 来确定，即 $A_s' = C A_b$（t/班）。

运输不均衡系数主要决定于矿井产量的不均衡或出矿量的不均衡，同时还与装车方式、供矿条件、采矿方法等有很大关系。对于厚矿体，有大量存矿的溜井和经常可以把矿的矿山，不均衡系数可取 1.2～1.25；有些采矿方法（如长臂法）班产量不大，溜井中没有贮矿量，班前、班中、班末的出矿量都有很大差别，这种情况下的不均衡系数应取 1.3。

电机车的运输能力应大于或等于设计班产量，以保证按时完成运输任务。

（2）运输距离　当电机车运输同时服务于两个或更多个装车站时，其运输距离应按加权平均运输距离计算。加权平均运输距离由下式计算：

$$L=\frac{A_1L_1+A_2L_2+\cdots+A_nL_n}{A_1+A_2+\cdots+A_n} \tag{4-28}$$

式中，L_1、$L_2\cdots L_n$ 为各个矿点至卸矿点距离，m；A_1、$A_2\cdots A_n$ 为各个出矿点的出矿量，t/班。

（3）线路坡度　井下电机车运输的线路坡度往往是变化的。为计算方便，常常根据纵断面图算出线路的平均坡度，作为线路坡度。线路平均坡度的计算见第 1 章式(1-4)。在设计中一般取线路平均坡度为 3‰。

4.4.3　确定电机车牵引的矿车数

在选定电机车及矿车型号以后，便可以根据运输条件来确定电机车牵引的矿车数，即电机车的牵引重量。电机车的牵引重量计算按三个条件来进行，这三个条件分别是：电机车的启动条件；牵引电动机的允许温升条件及列车的制动条件。按这三个条件计算的结果取其中的最小值来计算电机车的牵引重量。

（1）按电机车的启动条件计算牵引重量　按电机车的启动条件计算牵引重量时，必须考虑到井下运输中最困难的情况，即电机车可能牵引重车组沿上坡启动。一般来说井下运输的重列车都是下坡的，但是在某些意外情况下（如巷道或轨道发生故障时）重列车需要沿上坡启动。

根据式(4-8)，重列车沿上坡启动时，电机车应给出的牵引力为：

$$F=1000(P+Q_z)\left[(\omega'_z+i_p)g+1.075a\right] \tag{4-29}$$

式中，F 为重列车上坡启动时电机车应给出的牵引力，N；P 为电机车质量，t；Q_z 为重车组质量，t；ω'_z 为重列车启动时的阻力系数；i_p 为运输线路的平均坡度，‰；a 为电机车启动时的加速度，一般取 $0.03\sim0.09\text{m/s}^2$。

为了保证电机车启动时车轮不滑动，电机车的牵引力不应超过最大黏着力，将式(4-29) 代入式(4-18) 得

$$1000(P+Q_z)\left[(\omega'_z+i_p)g+1.075a\right]\leqslant1000P_ng\psi \tag{4-30}$$

即电机车的牵引重量为：

$$Q_z\leqslant\frac{P_ng\psi}{(\omega'_z+i_p)g+1.075a}-P \tag{4-31}$$

式中，ψ 为电机车启动时的黏着系数，见表 4-3。

（2）按牵引电动机的温升条件计算牵引重量　按电动机的温升条件，实质上就是按照电动机的等值电流不超过长时电流的条件。直流串激电动机由于磁饱和的关系，正常工作时牵引力和电流是成正比的，即其比例关系是一条直线，只是在低负荷时才成抛物线状。因此，可以按等值牵引力不超过长时牵引力的条件确定牵引重量。

与等值电流的计算方法一样，等值牵引力也可以用均方根法来求得

$$F_d=\alpha\sqrt{\frac{F_z^2t_z+F_k^2t_k}{T_y+\theta}} \tag{4-32}$$

式中，F_d 为电机车的等值牵引力，N；F_z 为电机车牵引重车时的牵引力，N；

F_k 为电机车牵引空车时的牵引力，N；t_z 为重列车的运行时间，min；t_k 为空列车的运行时间，min；T_y 为列车总的运行时间，$T_y = t_z + t_k$，min；θ 为停车及调车时间，包括在车场调车、装卸车作业、让车和意外耽误时间等，一般取 20～25min；α 为调车系数，即考虑调车时牵引电动机工作的系数，其大小与运输距离有关。运距小于 1000m 时取 1.4；运距为 1000～2000m 时取 1.25；运距大于 2000m 时取 1.15。

为了使计算进一步简化，假定列车是在理想的等阻坡度上运行。等阻坡度就是重列车下坡时的运行阻力等于空列车上坡时的运行阻力时的线路坡度。虽然这个假定与实际情况有出入，但由于一般平均坡度与等阻坡度比较接近，所以计算还是比较准确的。

由于有以上假定，故上式中重列车与空列车牵引力相等，即 $F_z = F_k$，代入式 (4-32) 得

$$F_d = \alpha F_z \sqrt{\frac{t_z + t_k}{T_y + \theta}} \tag{4-33}$$

因

$$T_y = t_z + t_k \tag{4-34}$$

令

$$\frac{T_y}{T_y + \theta} = \tau \tag{4-35}$$

则式 (4-33) 变为

$$F_d = \alpha \sqrt{\tau} F_z \tag{4-36}$$

而

$$F_z = 1000(P + Q_z)(\omega_z - i_d)g \tag{4-37}$$

式中，ω_z 为重列车运行阻力系数；i_d 为等阻坡度，对于用滚动轴承的矿车，一般为 2%。

将式 (4-37) 代入式 (4-36) 得

$$Q_z = \frac{F_d}{1000\alpha\sqrt{\tau}(\omega_z - i_d)g} - P \tag{4-38}$$

为了使牵引电动机温升不超过允许温升，电机车的等值牵引力 F_d 应不大于长时牵引力 F_{ch}，即

$$F_d \leqslant F_{ch} \tag{4-39}$$

将式 (4-39) 代入式 (4-38) 中，即按牵引电动机温升条件计算的牵引重量为：

$$Q_z \leqslant \frac{F_{ch}}{1000\alpha\sqrt{\tau}(\omega_z - i_d)g} - P \tag{4-40}$$

列车运行时间为

$$T_y = \frac{2L \times 1000}{60 \times v_p} \tag{4-41}$$

式中，L 为加权平均运输距离，km；v_p 为列车平均运行速度，$v_p = 0.75v_{ch}$，

m/s；v_{ch} 为电机车的长时运行速度，m/s。

（3）按制动条件计算牵引重量　为了安全起见，井下列车的制动距离不得超过 40m，运送人员时制动距离不超过 20m。这是根据电机车的照明灯有效射程确定的。制动距离是指机车在一定的初速度下，从司机开始拨动闸轮或电闸手把，到完全停住为止机车所运行的距离。按制动条件确定电机车的牵引重量时，必须根据这个规定并按最不利情况即下坡制动来计算。

设列车开始制动时的速度等于电机车的长时速度 v_{ch}，则制动时的减速度为：

$$b = \frac{v_{ch}^2}{2l_z} \tag{4-42}$$

式中，l_z 为制动距离，运送物料时为 40m。

由式(4-13) 可以求得电机车牵引重车组沿直线轨道下坡制动时所必须的制动力 B：

$$B = 1000(P+Q_z)[1.075b+(i_p-\omega_z)g] \tag{4-43}$$

式中，i_p 为平均坡度，‰；ω_z 为重列车的运行阻力系数。

将式(4-23) 代入式(4-43) 得

$$1000(P+Q_z)[1.075b+(i_p-\omega_z)g] \leqslant 1000P_z g\psi$$

由上式得出按制动条件计算机车牵引重量的公式为：

$$Q_z \leqslant \frac{P_z g\psi}{1.075b+(i_p-\omega_z)g} - P \tag{4-44}$$

式中，P_z 为电机车的制动质量，对于矿用电机车，它等于电机车的全部质量 P，t；ψ 为制动时电机车的黏着系数，见表 4-3。

以上按三个不同条件推导出计算电机车牵引重量的三个公式，即式(4-31)、式(4-40) 及式(4-44)。在多数情况下，按制动条件求得的电机车牵引重量小于按其他两个条件求得的值，在这种情况下，为了不因减少牵引重量而使每列车中矿车数过少，可以采用这样的办法：在重列车下坡时两台牵引电动机由并联改为串联运行，使牵引电动机电压降低一半以降低运行速度；或者每隔一定时间切断电源，以改善制动条件。

按上述三个条件分别计算牵引重量以后，应取三者中的最小值来计算车组中的矿车数。车组中的矿车数可由下式求得：

$$Z = \frac{Q_z}{G+G_0} \tag{4-45}$$

式中，Q_z 为牵引重量中的最小值，t；G 为矿车的有效载重量，t；G_0 为矿车自重，t。

应当指出，由以上方法确定的车组中的矿车数，仅仅是从电机车牵引的技术可能性出发的，最有利的矿车数还要以实际条件和技术经济比较作为基础。因为在某些条件下，最大允许的车组中矿车数太多，反而会引起矿车总数不必要地增加和调车车场的加长等。

4. 4. 4　矿车组成的验算

按上述方法确定了电机车牵引重量后，还要验算实际的电动机的温升和列车制动距离。原因是：按温升条件计算电机车牵引重量时，是按等阻坡度，并以加权平均运输距离为条件计算的；按制动条件计算电机车牵引重量时，是用电机车的长时速度来计算减速度。

实际上，列车是在比等阻坡度大的平均坡度上运行，重、空列车的运行速度和运行时间也不同，并且在比加权平均运输距离大的最长距离上运行。因此，需要在平均坡度上且在最长距离运行时，验算其等值电流是否超过长时电流。并且按实际运行速度和实际所得到的减速度验算制动距离是否符合安全规定。

（1）验算实际电动机温升　按在平均坡度 i_p 及最长运输距离 L_{max} 来验算。

首先计算出牵引重列车和空列车达到全速稳态时电机车的牵引力

$$F_z = 1000[P + Z(G + G_0)](\omega_z - i_p)g$$

$$F_k = 1000(P + ZG_0)(\omega_k - i_p)g$$

然后再算出每台牵引电动机的牵引力

$$F_z' = \frac{F_z}{n_d}$$

$$F_k' = \frac{F_k}{n_d}$$

式中，n_d 为电机车上的牵引电动机台数。

根据 F_z' 和 F_k' 查牵引电动机的特性曲线（图 4-10 或图 4-11）可得重列车运行时的电动机电流 I_z（A）及速度 v_z（m/s）、重列车平均运行速度 $v_{zp} = 0.75v_z$（m/s）；空列车运行时的电动机电流 I_k（A）及速度 v_k（m/s）、空列车平均运行速度 $v_{kp} = 0.75v_k$（m/s）。

重列车及空列车以其平均运行速度在最长运输距离上的运行时间为：

$$t_z = \frac{1000L_{max}}{60v_{zp}}$$

$$t_k = \frac{1000L_{max}}{60v_{kp}}$$

这时，便可用式(4-46)计算一个运输循环的牵引电动机的等值电流值

$$I_d = \alpha \sqrt{\frac{I^2 t_z + I^2 t_k}{t_z + t_k + \theta}} \tag{4-46}$$

如果电动机的等值电流值不超过它的长时电流值，即 $I_d \leqslant I_{ch}$，则电动机的等值电流不会发热到超过它的允许温升，故符合要求；如果 $I_d > I_{ch}$，则需减少车组中的矿车数，并重新进行计算，直到等值电流不超过长时电流为止。

（2）验算制动距离　按重列车长时运行速度 v_{ch} 及最大制动减速度验算制动距离。

重列车下坡制动时，电机车必须给出的制动力可由式(4-43)求出，即

$$B=1000[P+Z(G+G_0)][1.075b+(i_p-\omega_z)g] \tag{4-47}$$

而电机车按黏着条件能够给出的最大制动力可按式(4-23)求出，即

$$B_{\max}=1000P_zg\psi$$

令 $B=B_{\max}$，则可求得制动时的减速度为：

$$b=\frac{P_z\psi+[P+Z(G+G_0)](\omega_z-i_p)]}{0.11[P+Z(G+G_0)]} \tag{4-48}$$

列车的制动距离为：

$$l_z=\frac{v_{ch}^2}{2b}$$

即

$$l_z=\frac{0.055v_{ch}^2[P+Z(G+G_0)]}{P_z\psi+[P+Z(G+G_0)](\omega_z-i_p)} \tag{4-49}$$

式(4-49)计算出的制动距离不能超过40m，若超过40m，可采用限制列车速度或减少列车牵引的矿车数等措施来解决。

4.4.5 电机车台数的确定

矿井（或某中段）所需电机车台数，应按该矿井（或某阶段）投产初期和生产后期分别进行计算。投产时按前期计算的电机车台数配置电机车，以后随生产的发展再陆续增添。生产后期所需的电机车台数是进行供电设备（包括牵引变流所及牵引电网等）计算的依据。无论前期和后期其计算步骤均相同，可按下列步骤进行。

① 列车往返一次所需要的时间

$$T=\frac{1000L}{60v_{zp}}+\frac{1000L}{60v_{kp}}+\theta \tag{4-50}$$

式中，L 为加权平均运输距离，km；v_{zp} 为重列车平均运行速度，m/s；v_{kp} 为空列车平均运行速度，m/s；θ 为列车往返一次的调车和休止时间，min。

② 一台电机车在一个班内可能往返的次数

$$n=\frac{60t_b}{T} \tag{4-51}$$

式中，t_b 为电机车每班工作小时数，取 6～6.5h。

式(4-51)计算结果取接近的较小整数。

③ 电机车完成每班运输量需要的往返次数

$$m_1=\frac{CA_b}{ZG} \tag{4-52}$$

式中，A_b 为矿井每班运输量，t/班；C 为运输不均衡系数，$C=1.2～1.3$；G 为矿车的有效载重，t。

式(4-52)计算结果取接近的较大整数。

④ 每班运输废石、人员、材料设备等所需的往返次数 m_2，可按各个矿山具体情况决定。

⑤ 需要的工作电机台数

$$N_0 = \frac{m_1 + m_2}{n} \tag{4-53}$$

⑥ 需要的电机车总数为

$$N = N_0 + N_b \tag{4-54}$$

式中，N_b 为备用电机车台数，工作电机车在 5 台以内时备用 1 台，6 台以上时备用 2 台。如果电机车通过井筒极不方便时，最好在各主要生产中段分别考虑备用电机车。对于不同的运输中段，电机车能牵引的矿车数和工作的电机车台数，应分别计算。

当采用蓄电池式电机车时，还应计算蓄电池组数。其计算方法见表 4-4。

表 4-4　需要的蓄电池组数计算

计 算 项 目	单 位	公式符号数据
每台机车中的电动机台数	台	n
蓄电池组的平均放电电压	V	U_p
整班工作需蓄电池组的容量	kW·h	$B_1 = \dfrac{n\alpha U_p (I_z t_z + I_k t_k) n_1}{60 \times 1000}$
蓄电池组的放电容量	kW·h	B_2
蓄电池组充电及冷却时间	h	$t_1 = 8 \sim 9$
蓄电池组放电时间	h	$t_2 = \dfrac{B_2 t_b}{B_1}$
工作蓄电池组数	组	$n_2 = N_1 \left(1 + \dfrac{t_1}{t_2}\right)$
备用蓄电池组数	组	n_3
总蓄电池组数	组	$n_4 = n_2 + n_3$

4.4.6　蓄电池式电机车的计算

除按启动条件、电动机温升条件及制动条件确定电机车牵引重量外，对蓄电池式电机车还应按蓄电池组的容量来确定牵引重量。

（1）在一个往返周期内列车所做的功为

$$A = 1000(F_z + F_k)L_{max} \tag{4-55}$$

式中，L_{max} 为最大运输距离，km；其他符号同前。

（2）蓄电池组在一个往返周期内输出的能量

$$A' = \frac{\alpha(F_z + F_k)L_{max}}{3.6\eta} \tag{4-56}$$

式中，α 为考虑启动过程中变阻器内损耗以及运送材料和人员等的电能输出附加系数，按调车系数选取；

η 为从牵引电动机到蓄电池组的总效率，平均可取 0.7。

重、空列车牵引力之和可以写成

$$F_z + F_k = 1000[(P + Q_z)(\omega - i_p) + (P + Q_k)(\omega + i_p)]g \tag{4-57}$$

矿车的车皮系数为：

$$\lambda=\frac{G_0}{G+G_0}=\frac{Q_k}{Q_z} \tag{4-58}$$

将式（4-57）及式（4-58）代入式（4-56）得：

$$A'=1000\frac{\alpha L_{\max}g}{3.6\eta}[P(\omega_z+\omega_k)+Q_z(\omega_z-i_p+\lambda\omega_k+\lambda i_p)] \tag{4-59}$$

（3）一台电机车在一个班内的电能消耗为：

$$A'_b=1000\frac{\alpha L_{\max}gn}{3.6\eta}[P(\omega_z+\omega_k)+Q_z(\omega_z-i_p+\lambda\omega_k+\lambda i_p)] \tag{4-60}$$

式中，n 为一台电机车在一个班内可能往返的次数，按式（4-51）计算。

（4）蓄电池组的放电容量为：

$$A_b=\frac{W_x U}{1000} \tag{4-61}$$

式中，W_x 为蓄电池组安培小时容量，$A \cdot h$；U 为蓄电池组的平均放电电压，V。

（5）计算牵引重量　因为一台电机车在一个班内的电能消耗 A'_b 必须与蓄电池组的放电容量 A_b 相等，对 Q_z 求解得：

$$Q_z\leqslant\frac{\dfrac{3.6W_x U\eta}{\alpha L_{\max}ng10^5}-P(\omega_z+\omega_k)}{\omega_z-i_p+\lambda(\omega_k+i_p)} \tag{4-62}$$

式（4-62）即是按蓄电池组的容量确定电机车允许牵引的最大重量公式。

4.4.7　运行图表及单双线路的确定

（1）线路运行图表的绘制　当数台电机车在同一条线路上作业时，为了保证及时向装卸矿点供应矿车，又不过于集中，使整个运输系统有序、高效地工作，编制列车运行图表及确定准确的让车道位置，是十分重要的。

根据工作机车台数及列车组成，在各换车点所耽搁的时间（间隔时间）、线路距离、运行时间及让车时间等数值，采用直角坐标法来编制运行图表。

图 4-16 表示三台机车，同时在具有两个让车道的单线路上运行和在两个装矿点及一个卸矿点的调车作业运行图表。图中纵坐标为运距，横坐标为时间，其比值为列车平均运行速度，水平线为停车或调车作业时间，同向倾斜线间的距离即为两相邻列车的间隔时间。在同一线路上的两个换车点之间的线路称区间，每一区间在同一时间内只允许一列车运行。

编制运行图表，应力求各次列车进出车场的间隔时间均匀，在车场内耽搁时间最短。如因管理和调车工作的需要，可以延长某列车在停车场的时间，有时是有利的。当机车台数多时，可将运行图表按同一比列，分别绘在透明纸上，然后重叠起来，左右移动，找出理想的行车组织，再绘在同一图表上。

对于单线路，斜线交点表示让车位置。一个循环内，交点的数量即为让车道数量。因此，应尽量使靠近的交点，趋于同一水平位置，减少让车道数量。双线路没

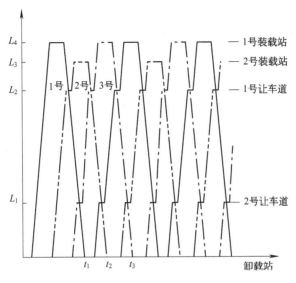

图 4-16　列车运行图表

有让车间隔时间。无论在单线路上，还是在双线路上，同向倾斜线间距应大于
1min，即相邻两列车前后相距 200m 以上。

（2）单双线路的确定　根据同时行驶的列车数、运输距离和线路的服务内容确
定单双线路。如果运行线路同时又是装矿或卸矿线路，只要有两列列车同时作业，
亦需双线路。

由线路运行图表可知需要的让车道数量。当让车道较多，且间隔小于 500m
时，让车时间多，岔道多，行车速度低，此时可能增加机车台数。因此，需要作出
技术经济比较，才能确定采用双线路还是单线路。

实践证明，在一般情况下，运量小于 2000～2500t/d、运距为 1.5km 左右、同
时有三台机车在同一线路上往返作业、线路上无装矿点时，用单线路加让车道能满
足运量的要求。

4.5　牵引变流所容量的计算及硅整流设备的选择

井下电机车运输中，各电机车在同一时间所处位置及工作状态不同，很难精确
计算牵引变流所的负荷。因此牵引变流所的容量，一般按连续负荷计算，选择整流
设备，再用短时最大负荷验算整流设备的过负荷能力。

（1）牵引变流所的连续负荷　当电机车台数在 5 台以下时，常采用平均负荷法
计算牵引变流所的连续负荷 P_f

$$P_f = \frac{U}{1000\eta} N_0 I_p K_t \tag{4-63}$$

式中，P_f 为牵引变流所的连续负荷，kW；U 为牵引网络的平均电压，计算时

可取为母线电压，V；η 为牵引网络效率，取 0.9；N_0 为需要的电机车工作台数；I_p 为电机车正常运行时的平均电流，$I_p = \dfrac{I_z + I_k}{2}$，A；$I_z$ 为重列车正常运行时的电流，A；I_k 为空列车正常运行时的电流，A；K_t 为同时工作系数，见表 4-5。

表 4-5 同时工作系数

N_0	1	2	3	4	5	6
K_t	1.0	0.75	0.65	0.62	0.6	0.59

当电机车台数较多时，可用需用系数法计算牵引变流所的连续负荷 P_f：

$$P_f = K_x N_0 P_h \tag{4-64}$$

式中，K_x 为需用系数，见表 4-6；P_h 为电机车小时容量，kW。

表 4-6 需用系数

N_0	5	6	7	8	9	10	11	12	13	14
K_x	0.40	0.35	0.33	0.30	0.28	0.27	0.26	0.25	0.24	0.23

（2）牵引变流所的最大负荷　当工作电机车台数不超过两台时，可将电机车同时启动时的负荷作为最大负荷：

$$P_{fmax} = N_0 U I_q n \times 10^{-3} \tag{4-65}$$

式中，I_q 为每台牵引电动机的启动电流，A，计算时取其等于电动机的小时电流；n 为牵引电动机台数；其他符号意义同前。

当工作电机车台数超过两台时，则按 2/3 电机车启动，1/3 电机车正常运行来计算最大负荷：

$$P_{fmax} = \frac{1}{3} K_t U N_0 (I_p + 2n I_q) \times 10^{-3} \tag{4-66}$$

式中，I_p 为电动机正常运行时的平均电流。

选择的整流设备应该大于连续负荷，但可以小于最大负荷。整流设备的过负荷系数为：

$$\gamma = \frac{P_{fmax}}{P_\gamma} \tag{4-67}$$

式中，P_γ 为硅整流设备的额定连续输出功率，kW。

过负荷系数 γ 不应超过硅整流器的允许值。硅整流器允许的过负荷系数见表 4-7。

表 4-7 硅整流器允许的过负荷系数

型号	GTA-100/275		GTA-200/275		GTA-200/600		GTF-300/600		GTF-600/275	
	γ	t/min	γ	t/min	γ	t/min	γ	t/min	γ	t/min
参数	1.5	120	1.5	120	1.5	120	1.5	120	1.5	120
	2	1	2	1	2	1	2	1	2	1

变流设备有电动发电机组和硅整流器等种类。由于硅整流器无转动部分、效率高、体积小、安装和维修方便而被广泛采用。

常见牵引用硅整流器的技术数据见表 4-8。

表 4-8　牵引用硅整流器技术数据

型　号	相数	电源电压/V	输出功率 /kW	输出电压 /V	输出电流 /A	长×宽×高 /mm×mm×mm
GTA-75/115	3	380	8.625	115	75	650×1000×1600
GTA-100/275	3	380	27.5	275	100	650×1000×1600
GTA-100/600	3	380	60	600	100	650×1000×1900
GTA-200/275	3	380	55	275	200	650×1000×1600
GTA-200/600	3	380；600	120	600	200	800×600×2000
GTA-300/275	3	380；660；3000；6000	72.5	275	300	650×1000×1900
GTA-400/275	3	380；660；3000；6000	110	275	400	650×1000×1900
GTA-600/275	3	380；660；3000；6000	165	275	600	1200×900×1900

4.6　电机车的使用

4.6.1　电机车的使用

在驾驶电机车过程中，司机必须严格遵守操作规程，熟悉运行线路。列车进入曲线半径小的弯道前必须切断电源，进入弯道后才能重新接通。必须在切断电源之后才能制动，制动时应使制动力平稳增加但又不能将车轮抱死。砂箱中必须经常有足够的小粒干砂，在发现车轮打滑时，司机应及时向轨面撒砂。

在电机车工作过程中，司机应注意轴箱是否过热，如果轴箱温度超过 60℃ 时，必须停止运行。当发现电机车有严重故障而又处理不了时，司机应立即把机车开回车库检修。

4.6.2　提高电机车运输能力的主要措施

① 推广"远程多拉快跑，近程少拉勤跑"的经验。远程多拉快跑可提高电机车的利用率；近程少拉勤跑可提高矿车的周转率。如装车速度很快，则首先考虑多拉快跑。

② 提高行车速度。为了提高行车速度，应设法减少线路电压降；加强轨路维修使之符合技术要求；适当调整线路坡度，尽量避免线路的过多起伏。

③ 采用先进的信号、集中、闭锁装置。

④ 加强调度工作的计划性，提高调度员的业务能力。

⑤ 严格遵守操作规程，加强电机车的维修工作，保证电机车经常处于良好运行状态。

⑥ 做好矿车的清底工作和矿车的维修工作。

4.6.3　电机车的维修

做好电机车的维护和有计划的检修工作，是保证电机车正常运行并取最大运输能力的重要条件之一。电机车的维修包括日常维护和计划检修。日常维护是每天或每班对电机车按规定内容进行检查、调整、润滑、清洗、处理小故障。计划检修是根据电机车各零部件的磨损周期和寿命及生产实际情况，制订出小修、中修和大修的周期和内容，按计划进行检修。电机车的小修一般每隔 1~1.5 个月进行一次，中修每隔 6 个月（三班工作制）或 9 个月（两班工作制）进行一次，大修是每隔 2 年（三班工作制）或 3 年（两班工作制）进行一次。计划检修时，一般对电机车的部件或整机进行部分或全部解体检查、调整、清洗，更换已到使用寿命的易损件，处理故障和隐患。大、中修后的电机车，须经巷道内的试运行才能投入生产运行。

电机车的维修主要有以下内容。

（1）机械制动系统的维修　机械制动器工作的可靠性关系到电机车能否安全运行。因此，每班前都必须检查制动器零件的磨损情况，及时更换损坏的零件。松闸时，制动闸瓦与轮缘间的间隙应为 2~3mm。因闸瓦磨损间隙增大时，必须及时调整，制动器缓解时，制动系统在垂直平面内不应发生偏斜，制动闸瓦应与轮缘同心。制动螺杆轴承和销子连接处，每 5 天至少涂一次机油润滑。

（2）轴承和轴箱的维修　轴箱如在工作时间内发热，首先要注意轮毂与轴承座间的空隙不应小于 2mm，再检查润滑油的脏污程度。如发现轴承内外圈和滚柱的表面有磨损或疲劳现象（微小或局部麻点），应更换新的轴承。

（3）轮对的维修　每天检查机车时，需要敲击轮箍以判断其对于轮心的箍紧情况及轮箍本身的完整性。轮箍表面若形成缺陷的深度大于 3mm，磨损度大于 5mm时，须取下轮对在车床上车光。

（4）弹簧托架的维修　弹簧托架的弹簧板须定期润滑，并及时清除灰尘和泥土。弹簧上所有连接处和横臂，每三天至少加油润滑一次。若弹簧板折断，必须及时更换。

（5）齿轮传动装置的维修　齿轮传动装置的润滑油建议采用 50# 机械油，每月至少更换一次。更换润滑剂时，要进行清洗外壳，两半外壳结合处要紧密，以防止泥土等杂质侵入。在任何情况下，齿轮传动装置无外壳的电机车禁止行驶。如果齿轮有损坏时，应立即更换。

（6）牵引电动机的维修　牵引电动机与车轴连接之轴承（抱轴承）可采用 50# 机械油润滑。电动机外部须经常用风箱或压缩空气吹洗，每半年要拆开详细检查一次。当拆开牵引电动机取出转子时，不要损坏绕组及整流子，并用风箱或压缩空气吹洗，再把落在磁极上的油污用汽油洗掉，检查整流子表面是否平整以及磨损情况，在整流子片间如有云母突出，须用砂纸磨去；如整流子受到不均匀磨损时，须在车床上车光，磨损严重时必须更换，落在整流子表面的油污须用布沾汽油擦洗，但不得用汽油浸泡整流子。

每隔 2～3 天需要检查电刷的磨损程度及与整流子间的接触情况。整流子和电刷夹间的空隙应保持 3mm 左右。新电刷在装配前应很好地在整流子上磨过。电刷摩擦表面不应有裂缝。

（7）控制器的维修　控制器是操纵电动机的重要电气设备，因此除了按照必须规定的操作顺序操作外，尚须随时检查机械闭锁的完好情况以及各触点是否良好。如发现触头有被烧损的情况，应立即处理，轻者重新打磨，严重者及时更换。

4.7　电机车运输计算实例

某矿主要运输水平有三个装车站，装车站每班出矿量各为：$A_1 = 3430\text{kN}$，$A_2 = 1960\text{kN}$，$A_3 = 1470\text{kN}$；装车站到卸矿点距离各为：$L_1 = 2000\text{m}$，$L_2 = 2500\text{m}$，$L_3 = 3000\text{m}$。

每班运输废石、人员、材料设备等所需循环次数 $m_2 = 4$ 次。线路平均坡度为 3‰。现假设装、卸车及调车等时间为 20min；列车不在弯道起动；班工作时间为 6.5h。

当选用 ZK10-6/250 型电机车配 2m^3 固定式矿车（$G_0 = 13.03\text{kN}$，$G = 39.2\text{kN}$）进行运输工作时，试确定：电机车牵引的矿车数，该运输水平需要的电机车总台数、矿车总数及硅整流器型号。

（1）电机车牵引的矿车数

① 电机车的班运量及加权平均运输距离：

$$A_b = A_1 + A_2 + A_3 = 3430 + 1960 + 1470 = 6860 \quad (\text{kN})$$

$$L = \frac{A_1 L_1 + A_2 L_2 + A_3 L_3}{A_1 + A_2 + A_3} = \frac{3430 \times 2000 \times 1960 \times 2500 + 1470 \times 3000}{3430 + 1960 + 1470}$$

$$= 2357 \quad (\text{m})$$

② 按电机车启动条件计算牵引重量

$$Q_z \leqslant \frac{P_n g \psi}{(\omega_z' + i_p) g + 1.075a} - P$$

$$= \frac{10 \times 9.8 \times 0.2}{(0.009 + 0.003) \times 9.8 + 1.075 \times 0.04} - 10 \approx 112(\text{t})$$

③ 按电机车的温升条件计算牵引重量。假定空、重车 $v_{kp} = v_{zp} = v_p = 0.75 v_{ch} = 0.75 \times 16 \times 5/18 = 3.33 \quad (\text{m/s})$

列车运行总时间

$$T_y = \frac{2L}{60 v_p} = \frac{2 \times 2357}{60 \times 3.33} = 23.6(\text{min})$$

得

$$\tau = \frac{T_y}{T_y + \theta} = \frac{23.6}{23.6 + 20} = 0.541$$

$$Q_z \leqslant \frac{F_{ch}}{1000 \alpha \sqrt{\tau}(\omega_z - i_d)} - P = \frac{0.3306}{1.15 \sqrt{0.541}(0.006 - 0.003)} - 10 \approx 120.3(\text{t})$$

④ 按电机车的制动条件计算牵引重量。

$$Q_z \leqslant \frac{P_z g \psi}{1.075b + (i_p - \omega_z)g} - P = \frac{10 \times 9.8 \times 0.17}{1.075 \times 0.247 + (0.003 - 0.006) \times 9.8} - 10 \approx 60.6(t)$$

其中
$$b = \frac{v_{ch}^2}{2l_z} = \frac{\left(16 \times \frac{5}{18}\right)^2}{2 \times 40} \approx 0.247(\text{m/s})$$

以最小的牵引重量 Q_z，即 $Q_z = 60.6t$ 计算电机车牵引的矿车数

$$Z = \frac{Q_z}{G_0 + G} = \frac{60.6}{1.3296 + 4} \approx 11.4, 取11辆$$

列车有效载重
$$Q = ZG = 11 \times 4 = 44(t)$$

⑤ 验算实际电动机温升。按平均坡度 i_p 及最长列车运输距离 L_{max} 来验算。

首先，计算出牵引重列车和空列车达到全速稳态时电机车的牵引力

$$F_z = 1000[P + Z(G + G_0)](\omega_z - i_p)g$$
$$= 1000[10 + 11 \times (4 + 1.3296)](0.006 - 0.003)$$
$$\times 9.8 \approx 2018 \ (N)$$
$$F_k = 1000(P + ZG_0)(\omega_k + i_p)g$$
$$= 1000(10 + 11 \times 1.3296)(0.007 + 0.003) \times 9.8 \approx 2413 \ (N)$$

每台牵引电动机的牵引力

$$F_z' = \frac{F_z}{n_d} = \frac{2018}{2} = 1009(N)$$

$$F_k' = \frac{F_k}{n_d} = \frac{2413}{2} = 1206.5(N)$$

由电动机特性曲线查得重、空列车运行时的电动机电流、速度并计算平均运行速度为：

$$I_z \approx 21A; v_z \approx 22\text{km/h}; v_{zp} = 0.75v_z = \frac{0.75 \times 22}{3.6} \approx 4.583(\text{m/s})$$

$$I_k \approx 23A; v_z \approx 21\text{km/h}; v_{kp} = 0.75v_k = \frac{0.75 \times 21}{3.6} = 4.375(\text{m/s})$$

重、空列车以其平均运行速度在最长的运输距离上的运行时间为：

$$t_z = \frac{L_{max}}{60v_{zp}} = \frac{3000}{60 \times 4.583} \approx 10.9(\text{min});$$

$$t_k = \frac{L_{max}}{60v_{kp}} = \frac{3000}{60 \times 4.375} \approx 11.4(\text{min})$$

一个运输循环中牵引电动机的等值电流为：

$$I_d = a\sqrt{\frac{I_z^2 t_z + I_h^2 t_k}{t_z + t_k + \theta}}$$

$$= 1.15\sqrt{\frac{21^2 \times 10.9 + 23^2 \times 11.4}{10.9 + 11.4 + 20}} \approx 18.4 \ (A)$$

式中，a 为调车系数，$a = 1.15$。

查表得牵引电动机的长时电流 $I_{ch}=34A$。因 $I_d<I_{ch}$，所以电动机的等值电流不会超过它的允许温升，证明 ZK10-6/250 型电机车牵引 11 辆固定式矿车在技术上是可行的。

⑥ 验算制动距离

$$l_z=\frac{0.055v_{ch}^2[P+Z(G+G_0)]}{P_z\psi+[P+Z(G+G_0)](\omega_z-i_p)}$$

$$=\frac{0.055\times4.44^2[10+11\times(4+1.33)]}{10\times0.17+[10+11\times(4+1.33)](0.006-0.003)}=39.0(m)$$

制动距离小于 40m，符合要求。

（2）电机车总台数

① 列车往返一次所需要的时间：

$$T=\frac{1000L}{60v_{zp}}+\frac{1000L}{60v_{kp}}+\theta$$

$$=\frac{2357}{60\times4.583}+\frac{2357}{60\times4.375}+20\approx37.6(min)$$

② 一台电机车在一个班内可能往返的次数：

$$n=\frac{60t_b}{T}=\frac{60\times6.5}{37.6}\approx10.4 \quad 取\ n=10次$$

③ 电机车完成每班运输量需要的往返次数：

$$m_1=\frac{CA_b}{ZG}=\frac{1.2\times700}{11\times4}\approx19(次)$$

④ 需要的电机车工作台数：

$$N_0=\frac{m_1+m_2}{n}=\frac{19+4}{10}\approx2.3 \quad 取\ N_0=3台$$

⑤ 电机车总台数：

$$N=N_0+N_b=3+1=4(台)$$

（3）矿车总数

$$Z_{总}=K_1K_2N_0Z=1.1\times1.3\times3\times11=47.19,取\ Z_{总}=48辆。$$

式中，K_1，K_2 分别为矿车检修和备用系数，$K_1=1.1$；$K_2=1.3$。

（4）硅整流器型号的确定

① 牵引变流所的连续负荷为：

$$P_f=\frac{U}{1000\eta}N_0\frac{I_z+I_k}{2}K_t=\frac{275}{1000\times0.9}\times3\times\frac{2\times21+2\times23}{2}\times0.65$$

$$=26.2(kW)$$

② 牵引变流所最大负荷为：

$$P_{fmax}=\frac{1}{3}K_tUN_0(I_p+2nI_q)\times10^{-3}$$

$$=\frac{1}{3}\times0.65\times275\times3(44+2\times2\times95)\times10^{-3}$$

$$=75.8（kW）$$

③ 选择整流设备。根据 P_f 及 P_{fmax} 值，查表 4-8，选择 GTA-200/275 型硅整流器，其输出功率为 55kW，1min 过负荷系数为 2。

$$验算过负荷系数 \quad \gamma = \frac{P_{fmax}}{P_\gamma} = \frac{75.8}{55} = 1.38$$

查表 4-7 知此型硅整流器允许的过负荷系数 $\gamma = 1.5$。所以所选的 GTA-200/275 型硅整流器符合要求。

第5章

井底车场

5.1 概述

　　井底车场是井下运输和提升系统的枢纽站。它由若干条靠近井筒的轨道线路和硐室组成，担负着转运矿石、废石、人员、材料及设备的任务。井底车场的线路由重车线、空车线、绕道以及其他辅助线路组成。如图 5-1 所示。井底车场的硐室主要包括水泵房与水仓、井下变电所、候罐室等。

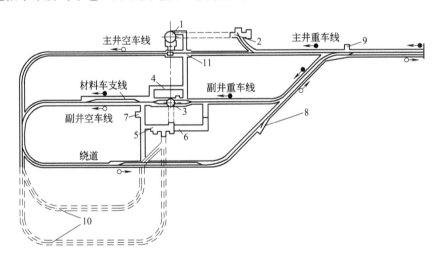

图 5-1　井底车场布置

1—主井；2—清理撒矿硐室及斜巷；3—副井；4—候罐室；5—水泵房；6—变电所；

7—材料工具室；8—电机车维修室；9—调度室；10—水仓；11—翻笼硐室

　　（1）重车线　井底车场重车线是存放装满矿石或废石的矿车（即重车）的轨道线，包括主井重车线和副井重车线。用箕斗提升时，它位于翻车机之前；用罐笼提升时，位于罐笼之前。

　　（2）空车线　井底车场空车线是存放从罐笼替换出来的空车或经过翻车机卸载

后的空车轨道线。如需暂时存放从地面运至井下的材料车和装有机械设备的车辆，可以在副井空车道一侧设置材料车支线。

（3）绕道　绕道是连接主、副井的空、重车线和主要运输巷道的轨道线。

（4）辅助线路　辅助线路是通往各硐室的线路，如清理水仓和清理箕斗井井底的专用支线，以及通向电机车库的支线等。

主井的重车线与空车线、副井的重车线与空车线以及停放材料车的材料支线，又称储车线路。绕道、调车支线、供矿车进出罐笼的马头门线路，又称行车线路。

井底车场内硐室的设置是根据提升、运输、排水和升降人员的需要而定的，同时又随着井底车场的形式不同而变化。硐室布置取决于它的用途和使用上的方便。如图5-1所示，对于用箕斗提升的矿井，必须设置翻笼硐室、矿仓、装载硐室与清理撒矿硐室及斜巷。而水泵房、水仓、变电所及候罐室等，在绝大多数的情况下都设置在副井附近。其他还有一些硐室，如设在便于进出车地点的机车修理硐室，设在车场进口附近的调度室等。所有硐室应设置在坚硬、稳固且涌水量小的岩石中。

5.2　竖井井底车场

5.2.1　井底车场的形式

① 井底车场根据使用的提升设备分为罐式井井底车场、箕斗井井底车场和罐笼箕斗混合井井底车场。

② 按服务的井筒数目分为单一井筒的井底车场和多井筒（如主、副井）的井底车场。

③ 根据井底车场内主要巷道与主要运输大巷的相对位置，井底车场又分为平行式、斜交式和垂直式，如图5-2所示。这三种车场都属环行式井底车场。

平行式井底车场如图5-2(a)所示。其特点是全部利用主要运输巷道作为车场的绕道，而且井底车场的马头门线路平行于主要运输巷道。

斜交式井底车场如图5-2(b)所示。其特点是马头门线路斜交主要运输巷道，因此只能利用部分主要运输巷道作为车场的绕道。为了把整个井底车场连接起来，空车线与主要运输巷道之间还需另一条绕道。

垂直式井底车场如图5-2(c)所示，它又称立式井底车场。其特点是立式马头门线路垂直于主要运输巷道，因此不能利用主要运输巷道作为车场的绕道。

④ 井底车场根据矿车运行系统分为环行式（见图5-2）、尽头式、折返式（见图5-3）三种。

环行式井底车场（图5-2）的特点是，在车场内空、重列车不在同一轨道上作相向运行。亦即井筒或翻车机的一侧进重车，另一侧出空车，而空车经由储车线和绕道不改变方向返回。环行式井底车场可以达到很大的通过能力。

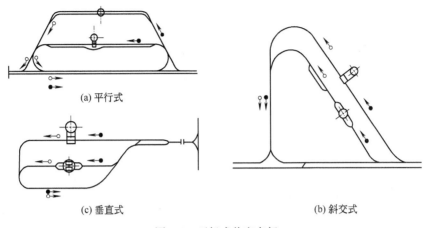

(a) 平行式

(c) 垂直式

(b) 斜交式

图 5-2　环行式井底车场

　　尽头式井底车场［图 5-3(a)］的特点是，在井筒一侧铺设轨道，因此进车、出车，空、重车线和调车场均在井筒一侧。用于罐笼提升，当空车从罐笼推出后，再推入重车。这种井底车场的通过能力小。

　　折返式井底车场，如图 5-3(b) 所示，其特点是井筒或翻车机的两侧均铺设轨道，一侧进重车另一侧出空车，空车经过另铺的平行线路或原线路（改变矿车首尾方向）返回。当岩石稳固时，可在同一条巷道中铺设平行的折返线路，否则，另外掘进平行巷道。

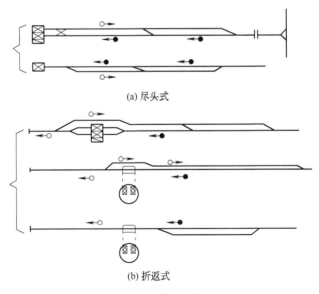

(a) 尽头式

(b) 折返式

图 5-3　井底车场

5.2.2　井底车场的选择

　　选择合理的井底车场形式和结构，是井底车场设计中的首要问题。影响选择井底车场形式的因素很多，如矿井的生产能力、开拓方式；通风系统、矿井地面生产系统的特殊要求、井底车场范围内井筒的数目及其相互位置、井筒内提升容器的类型及其配置、主要运输巷道和井底车场内的运输方式、运输设备类型和机械化程度、车场内巷道围岩石的稳固性等。必要时进行方案比较，以选择比较经济合理的井底车场形式，目前金属矿山的井底车场选择可参考以下几点。

① 对于大中型矿井，由于年产量较大，一般都设计主副井筒，而且都布置在井田中央，主井为箕斗井，副井为罐笼井，主、副井系统的线路布置均为环行，构成双环行式井底车场。如图 5-1 所示。

② 采用箕斗提升矿石时，用侧卸式矿车运输，当运输量较小时，常用折返式车场；当运输量较大时，为减少摘挂作业时间也可用环行式车场。当采用双机车牵引的底卸式矿车时，多用折返式车场。固定式矿车常利用机车调头推、顶车组直接卸载的尽头式车场。

③ 当用罐笼井作主副井提升时，一般采用环行式车场。如围岩不稳固、矿井生产能力较小，能直接在靠近竖井外侧铺设绕道时，可以考虑采用折返式车场。

④ 辅助提升用的罐笼井，如废石量不大，或矿车进入罐笼的换车时间能满足提升量要求时，可以采用尽头式单面车场。

在选择井底车场形式时，首先应保证矿井的生产能力，同时应尽量使车场结构简单、基建工程量小、管理方便、操作安全可靠、易于施工与维护。

5.2.3　井底车场线路平面布置及计算

5.2.3.1　井筒相互位置的计算

井底车场线路范围内，有两个或两个以上井筒时，各个井筒之间的相互位置是布置井底车场线路的主要依据。计算井筒相互位置系指平行与垂直于空、重车线方向各井筒之间的相互距离，设计时按井筒中心的坐标进行计算。

如图 5-4 所示，设副井井筒中心 O_1 点坐标为 (x_1, y_1)；主井井筒 O_2 点坐标为 (x_2, y_2)；直线 AB 为通过副井筒中心 O_1 点、且平行于储车线 3 的直线；L 为主副井之间的垂直距离，且平行于储车线 3；H 为主副之间垂直距离，且垂直于储车线 3；a 为储车线方位角；θ 为储车线与主副井连线的夹角；O_1O' 为副井筒中心线与储车线之间的距离，根据井筒设备布置而得，则主副井中心的边线的长度 C 为：

$$C=\sqrt{(x_2-x_1)^2+(y_2-y_1)^2} \tag{5-1}$$

$$L=C\cos\theta \tag{5-2}$$

$$H=C\sin\theta \tag{5-3}$$

$$\theta=\tan^{-1}\frac{y_2-y_1}{x_2-x_1}-\alpha \tag{5-4}$$

5.2.3.2　马头门线路的平面布置及计算

为了提高井底车场的通过能力，在马头门线路布置中，通常设置一些辅助机械设备，如摇台、托台、阻车器、推车机等。

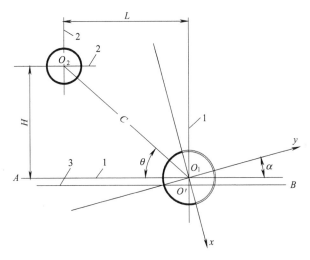

图 5-4　井筒相互位置计算
1—副井中心线；2—主井中心线；3—副井储车线

① 双罐笼提升，辅助机械设备有摇台、单式阻车器和复式阻车器，马头门线路布置如图 5-5 所示，各段线路长度如下。

单式阻车器轮挡至罐笼中心线的距离：

$$S=\frac{L_0}{2}+L_4+L_3+L_2 \tag{5-5}$$

式中，L_0 为罐笼底板长度，m；L_4 为摇台活动轨（即摇臂）长度，m；L_3 为摇台基本轨长度，m；L_2 为单式阻车器轮挡至摇台基本轨的距离，m，一般取 $L_2=1.4$ m。

单式阻车器的轮挡至对称道岔连接系统末端的距离 b_4：

$$b_4\geqslant S_z+\frac{D}{2} \tag{5-6}$$
$$b_4\geqslant b_4'$$

式中，b_4' 为阻车器轮挡到阻车器基本轨末端的距离，m；S_z、D 分别为矿车的最大轴距和车轮直径，m。

一般可取 $b_4\geqslant 2$ m。

对称道岔连接系统长度 b_3，其计算方法见第 1 章 1.4 节。

复式阻车器前轮挡至对称道岔基本轨起点的距离 b_2，一般取 $b_2=1.5\sim 2$ m。此段距离保证复式阻车器的基础不妨碍对称道岔的铺设。复式阻车器前后轮挡距离 b_1，亦即复式阻车器阻爪之间的距离，可根据具体结构尺寸获得。

出车侧摇台基本轨末端至对称道岔连接系统末端的距离 b_5，一般取 $b_5=1.5\sim 2$ m。此段距离要保证摇台的基础与道岔不相接触，而且使矿车保持在直线段上。

单罐笼提升，一般设置的辅助机械设备有摇台和复式阻车器时，马头门线路布

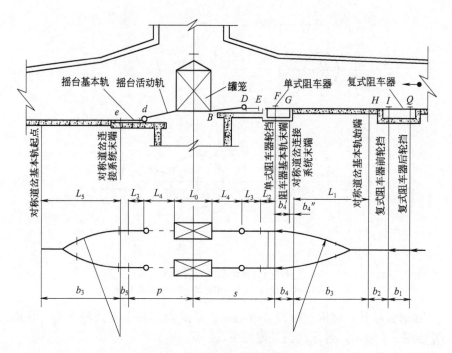

图 5-5　双罐笼时马头门线路布置

置比较简单，线路长度计算与上述相似。

　　② 单罐笼提升，使用的辅助机械设备有托台和复式阻车器时，马头门线路布置如图 5-6 所示，复式阻车器前轮挡至罐笼中心线间的距离为：

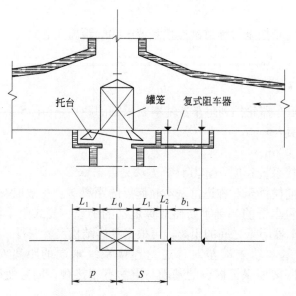

图 5-6　单罐笼时马头门线路布置

$$S=\frac{L_0}{2}+L_1+L_2 \qquad (5\text{-}7)$$

式中，L_1 为托台基础外伸的长度，m；L_2 为复式阻车器前轮挡到托台外伸段末端的距离，m。

5.2.3.3 储车线长度的确定

确定合理的储车线长度是完成矿井产量，减少开拓工程量的重要因素。如果储车线长度不足，则会造成井下运输、提升工作的彼此牵制，影响产量的完成。如储车线长度过大，不但会造成开拓工程量的增加，浪费投资，而且使车辆在井底车场内的调车时间加长，降低生产能力。因此，确定合理的储车线长度是设计井底车场的重要问题。

储车线的起终点位置如表 5-1 及图 5-7 所示。

表 5-1 储车线的起终点位置

序号	储车线名称	起　　点	终　　点
1	箕斗井重车线	翻车机的进车口	连接储车线与行车线的道岔警冲标
2	箕斗井空车线	翻车机的出车口	连接储车线与行车线的道岔警冲标
3	罐笼井的重车线	复式阻车器的后轮挡	连接储车线与行车线的道岔警冲标
4	主罐笼井的空车线	对称道岔之末端（双罐笼）或摇台基本轨末端（单罐笼）	连接储车线与行车线的道岔警冲标
5	副罐笼井的空车线	进材料车支线的道岔警冲标	连接储车线与行车线的道岔警冲标
6	材料车支线	进材料车支线的道岔警冲标	出材料车支线的道岔警冲标

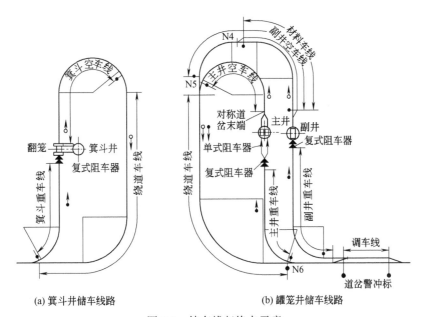

(a) 箕斗井储车线路　　　　(b) 罐笼井储车线路

图 5-7　储车线起终点示意

道岔警冲标是允许停车的界限标，它是为了保证车辆安全运行而设置的。如果车辆的停车位置越过了道岔的警冲标，就有可能与相邻线路上经过的车辆发生碰车的危险。如图 5-8 所示，警冲标位置应设在两条分岔线路之间，它与道岔转辙中心距离 c，可用下列公式计算：

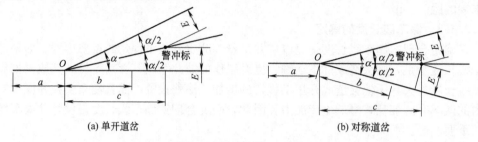

(a) 单开道岔　　　　　　　　　　　　(b) 对称道岔

图 5-8　警冲标位置计算

单开道岔

$$c=\frac{E}{\tan\frac{\alpha}{2}}=\frac{2E}{2\tan\frac{\alpha}{2}} \tag{5-8}$$

式中，$2E$ 为车辆最大宽度加安全距离，也等于两条线路的中心线间距。

对称道岔

$$c=\frac{E}{\sin\frac{\alpha}{2}}=\frac{2E}{2\sin\frac{\alpha}{2}} \tag{5-9}$$

警冲标也常作为运输线路划分区间的标志。

(1) 主井储车线长度　考虑到列车进入车场的不均衡性，运输与提升衔接的不均匀，一般重车线取 1.5～2 倍列车长。空车线不小于 1.5 倍列车长。

(2) 副井储车线长度　副井重车线取 1.2～1.5 倍列车长；空车线一般取1.1～1.2 倍列车长。

当进入主井重车线的重车数和从主井空车线出去的空车数相等时，则应考虑储车线中空重车线长度相等。如副井重车线有重矿车、废石车，而出车部分只有空车与材料车，则副井的重车线长度大于空车线。

(3) 调车线长度　一般取一列车长度再加上停车长度 8～10m。

(4) 材料线长度　一般取 6～8 个矿车长度即可。当材料车不多，可以随到随走时，也可以不设材料支线。

5.2.3.4　井底车场线路平面布置设计

(1) 原始资料

① 矿井年产量，阶段日产量；

② 井筒中心点坐标；

③ 提升方式与提升容器在井筒中的布置；

④ 储车线方位（即出车方向）；

⑤ 井底车场与阶段石门（或运输大巷）之间的关系；

⑥ 电机车、矿车技术规格，电机车数量及每台电机车所牵引的矿车数和列车

总长度。

（2）有关参数的确定与选取

① 车场形式的确定；

② 钢轨、道岔型号，弯道半径的选取；

③ 主、副井储车线长度的确定；

④ 井口机械及井底车场机械设备的选取。

（3）计算步骤

① 井筒相互位置及主副井储车线间距离的计算；

② 计算马头门线路；

③ 计算储车线长度；

④ 计算各道岔的连接尺寸，并布置车场线路；

⑤ 利用投影法计算各段尺寸（即进行平面几何计算），以达到最终平面尺寸闭合。

对于井底车场设计的精度要求，各阶段有所不同。如作施工图设计时，井底车场平面尺寸以毫米为单位，角度以分为单位。如初步设计时精度可以适当降低，甚至在方案比较时可用作图法。

在平面布置计算时，要考虑到各段线路的坡度，并留有一定的调整余地。如坡度和储车线长度不能满足要求时，则要重新布置线路或改变线路结构，甚至重新选择车场形式。

5.2.4 井底车场线路纵断面计算

5.2.4.1 井底车场内主要线路的坡度

井底车场内主要线路坡度见表 5-2，可供设计时参考。

表 5-2 常用井底车场坡度

线 路		线路区段	坡度/‰	备 注
箕斗井	重车线	推车机至翻笼 其余部分	0～2 3～5	机车顶列车进罐笼
	空车线	储车线 空车出翻笼后 10～15m	6～8 15	
罐笼井	重车线	储车线 自溜运行进罐前 3～4m	2～4 20～30	包括两个阻车器之间
	空车线	储车线及材料车线 空车出罐后 10～15m	6～8 15	

当罐笼井的空车线采用自溜运行时，线路坡度既要使空车出马头门时获得的动能，足以克服线路的阻力，直接滑行到空车线的终点，又要保证矿车运行到空车线终点的速度等于零。并规定空车的自溜速度不得超过下列数值：1t 矿车在弯道上运行速度为 0.75～2m/s，最大不得超过 2.5m/s；2t 矿车为 0.5～2m/s。在直线上运行速度不得超过 3m/s。到阻车器时的速度在 0.75～1m/s 范围以内。矿车自溜

运行所损失的高度，可用机车爬坡或爬车机来补偿。

矿车自溜运行基本计算公式为：

$$初 \quad 速 \quad 度 \quad v_c = \sqrt{v_m^2 - 2gL(i - \omega)}$$

$$末 \quad 速 \quad 度 \quad v_m = \sqrt{v_c^2 + 2gL\ (i - \omega)}$$

$$坡 \qquad 度 \quad i = \frac{v_m^2 - v_c^2}{2gL} + \omega$$

$$线路高差 \quad \Delta H = iL$$

5.2.4.2 马头门线路坡度计算

马头门线路坡度的计算可以校验平面尺寸是否可能和合理。因此要求马头门的平面尺寸与坡度必须一致，在满足坡度要求的前提下，力求平面布置紧凑。

（1）罐笼两侧摇台基本轨的高差（见图 5-9）

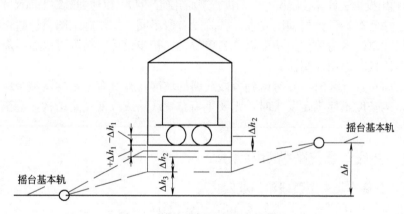

图 5-9　罐笼两侧摇台基本轨高差

① 停罐位置的允许误差。由于提升机的制造和安装误差，司机的操作技术等因素，一般停罐误差 $\Delta h_1 = \pm(50 \sim 100) \text{mm}$。

② 钢绳的弹性伸长。钢绳的弹性伸长值可用下式计算：

$$\Delta h_2 = \frac{Gl_0}{EF}$$

式中，Δh_2 为钢绳的弹性伸长值，mm；G 为矿车有效载重量，N；l_0 为钢绳的悬垂长度（包括井深，井架高度），mm；F 为钢绳的断面积，cm^2；E 为钢绳的弹性模量，新钢绳取 $E = (7.84 \sim 8.82) \times 10^6 \text{N/cm}^2$。

③ 空车出罐所需的摇台最小高差。为了保证空车出罐后具有足够的能量，空车出罐所需的摇台最小高差 Δh_3，一般取 $50 \sim 100 \text{mm}$，或按摇台活动轨长 L_4 计算：

$$\Delta h_3 = L_4 \times (30 \sim 40)$$

所以罐笼两侧摇台基本轨的高差 Δh 为：

$$\Delta h = \Delta h_1 + \Delta h_2 + \Delta h_3$$

（2）设摇台时重车的进罐速度　如图 5-10 所示。重车进罐速度是指重车从阻车器启动后，到进入罐笼为止，在这段线路上的各个瞬间速度。若重车进罐用推车机时，则重车进罐速度等于推车机的运行速度，这时线路各段的坡度应小于或最多等于矿车运行阻力系数，即 $i \leqslant \omega$。若重车进罐是靠自动运行获得动量，并用此动量碰出罐笼内的空车，则矿车的进罐速度和线路各段的坡度，应根据自溜运行的公式进行计算。由于金属矿山中重车进罐用推车机较多，故自溜进罐速度的计算就不在此叙述了。

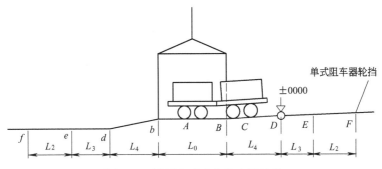

图 5-10 设摇台时重车进出罐过程

（3）设摇台时空车出罐速度 如图 5-10 所示。空车出罐速度是空车在罐笼内受重车撞击后，自溜运行在马头门空车线上各个瞬间的速度。

① 空车在罐笼内受重车撞击后获得的初速度：

$$v_a = v_{p \cdot H} + K v_p \tag{5-10}$$

式中，$v_{p \cdot H}$ 为重车撞击罐笼内空车后（重车前轮在 C 点）的瞬时速度，m/s；v_p 为重车撞击空车时（前轮在 C 点）的瞬时速度，m/s，$v_p = v_{p \cdot H} = 0.75 \text{m/s}$，0.75m/s 为推车机的推车速度；$K$ 为撞击系数，取 $K = 0.5$。

② 空车过罐笼与摇台活动轨接口处 b 点之前的瞬时速度

$$v_{b \cdot q} = \sqrt{v_a^2 - 2g l_0 (\omega_K - i_0)} \tag{5-11}$$

式中，ω_K 为空车运行基本阻力系数；l_0 为罐笼底板的计算长度，$l_0 = \frac{1}{2}(L_0 + S_z)$，m；$S_z$ 为矿车轴距，m；L_0 为罐笼底板长度，m；i_0 为罐笼底板坡度，$i_0 = 0$。

③ 空车过罐笼与摇台活动轨接口处 b 点以后的瞬时速度

$$v_{b \cdot H} = \sqrt{v_{b \cdot q}^2 - \frac{2A}{m_K}} \tag{5-12}$$

式中，m_K 为空车质量，$m_K = G_0 / 9.8 \text{kg}$；$A$ 为空车过接口处 b 点时所消耗的功，$A = 196 \text{N} \cdot \text{m}$；如需空车恢复罐内阻车时，所消耗的功将增加一倍，即 $A = 392 \text{N} \cdot \text{m}$；$G_0$ 为空车质量，N。

④ 空车到达摇台活动轨与基本轨接口处 d 点之前的瞬时速度

$$v_{d \cdot q} = \sqrt{v_{b \cdot H}^2 + 2g L_4 (i_{bd} - \omega_K)} \tag{5-13}$$

式中，L_4 为摇台活动轨长度，m；i_{bd} 为空车侧摇台活动轨的坡度。

按停罐下限位置计算的最小坡度

$$i_{\text{bd}\cdot\text{x}}=\frac{\Delta h_3}{L_4}$$

按停罐上限位置计算的最大坡度

$$i_{\text{bd}\cdot\text{s}}=\frac{2\Delta h_1+\Delta h_3}{L_4}$$

⑤ 空车过轨道接口处 d 点后瞬时速度

$$v_{\text{d}\cdot\text{H}}=\sqrt{v_{\text{d}\cdot\text{q}}^2-\frac{2A}{m_{\text{K}}}} \tag{5-14}$$

式中，A 为过轨道接口处 d 点所消耗的功，取 $A=196\text{N}\cdot\text{m}$。

⑥ 空车在摇台基本轨末端 e 点的速度

$$v_{\text{e}}=\sqrt{v_{\text{d}\cdot\text{H}}^2-2gL_{\text{ed}}(\omega_{\text{K}}-i_{\text{ed}})} \tag{5-15}$$

式中，i_{ed} 为空车侧摇台基本轨坡度，一般取 18‰。

⑦ 从摇台基本轨末端到对称道岔基本轨起点之间的坡度。这一段线路最好采用一种坡度，其值可按以下式计算

$$i_5=\frac{v_{\text{f}}^2-v_{\text{e}}^2}{2gL_5}+\frac{(b_3-\overline{a+b})\omega_{\text{w}}+(a+b)\omega_{\text{z}}}{L_5}+\omega_{\text{K}} \tag{5-16}$$

式中，v_{f} 为要求空车出马头门线路时所具有的自溜速度，一般取 $v_{\text{f}}=1.0\sim1.8\text{m/s}$；$b_3$ 为对称道岔连接系统长度，m；$a+b$ 为对称道岔长度，m；$\overline{a+b}$ 为对称道岔投影长度，m；ω_{w} 为对称道岔连接系统的弯道附加阻力系数。

$$\omega_{\text{w}}=K_{\text{w}}\frac{35}{1000\sqrt{R}}$$

式中，K_{w} 为系数，当外轨抬高时，$K_{\text{w}}=1$，不抬高时，$K_{\text{w}}=1.5$；R 为弯道曲线半径，m；ω_{z} 为自动道岔的附加阻力系数，$\omega_{\text{z}}=\omega_{\text{c}}+\omega_{\text{j}}$。

矿车沿合岔或分岔方向通过一个普通岔时，道岔的附加阻力系数

$$\omega_{\text{c}}=\frac{\pi R'\alpha\omega_{\text{w}}'}{180(a+b)} \tag{5-17}$$

式中，R' 为道岔的曲合轨半径，m；α 为道岔的辙岔角（单侧道岔）或辙岔角之半（对称道岔），(°)；ω_{w}' 为外侧曲合轨未超高的附加阻力系数。

$$\omega_{\text{w}}'=0.5\omega+1.5\frac{35}{1000\sqrt{R'}} \tag{5-18}$$

式中，ω 为矿车的基本阻力系数。

矿车沿合岔或分岔方向通过一个自动（弹簧）道岔时，除了 ω_{c} 外，还要再加上一个尖挤压阻力系数 ω_{j}

$$\omega_{\text{j}}=\frac{A}{(G_0+G)(a+b)} \tag{5-19}$$

式中，A 为矿车挤压道岔尖轨所做的功，取 $A=196\text{N}\cdot\text{m}$；$G_0$、$G$ 分别为矿车自重和有效载重，N。

（4）复式阻车器到单式阻车器之间的线路坡度

① 重车从复式阻车器启动后，在到达单式阻车器轮挡时，要求矿车速度不超过 $0.75 \sim 1 \text{m/s}$。一般情况下对称道岔连接系统 L_1 的整个线路最好采用同一坡度。

② 从单式阻车器基本轨末端到单式阻车器轮挡之间（b_4'）的坡度，应与单式阻车器轮挡到摇台基本轨之间（L_2）的坡度一致，即为单式阻车器的基本轨安装坡度。

③ 当重车进罐是利用推车机时，$i_{b_4}' = i_2 = \omega_z - (1 \sim 2)\text{‰}$，这样既可使重车到达单式阻车器轮挡速度不大于 $0.75 \sim 1 \text{m/s}$，又能保证即使阻车器轮挡打开时矿车也不会自动滚行到罐笼。

④ 复式阻车器的前后轮挡之间的坡度与复式阻车器至对称道岔基本轨起点的坡度，一般相等，即 $i_{b_1} = i_{b_2} \geqslant (2.5 \sim 3.0)\omega_z$。

线路 L_1 段的坡度 i_1 可按下列方法计算。

① 重车在单式阻车器基本轨末端 G 点的瞬时速度（见图 5-5）

$$v_G = \sqrt{v_F^2 - 2gb_4'(i_{GF} - \omega_z)} \tag{5-20}$$

式中，v_F 为到达阻车器轮挡的速度，一般取 $v_F = 0.75$，不超过 1.0m/s。

② 重车从复式阻车器前轮挡 I 点到对称道岔基本轨起点 H 时的瞬时速度

$$v_H = \sqrt{2gb_2(i_{IH} - \omega_z)} \tag{5-21}$$

③ 线路 L_1 的坡度

$$i_1 = \frac{v_G^2 - v_H^2}{2gL_1} + \frac{(b_3 - \overline{a+b})\omega_w + (a+b)\omega_z}{L_1} + \omega_z \tag{5-22}$$

5.2.4.3　储车线及绕道的坡度

① 箕斗井重车线的坡度。设推车机时可采用 $3\text{‰} \sim 4\text{‰}$ 下坡，具体根据绕道的补偿高度大小而定，当补偿高度较大时，应尽量减少重车线坡度。

② 箕斗井空车线均采用自溜运行，在空车线开始的 $15 \sim 25 \text{m}$ 的坡度可取大些，亦取 $i_K = (2.5 \sim 3.0)\omega_K$。

③ 罐笼井重车线坡度。除复式阻车器后轮挡后面 2m 左右的坡度可取与复式阻车器相同的坡度外，其余重车线坡度 $i_z = (1.5 \sim 1.8)\omega_z$。

④ 罐笼井空车线坡度。一般设计中，空车线后段布置一定长度的弯道，且整个空车线采用一坡度时，可按下式计算坡度：

$$i_K = \frac{v_A^2 - v_B^2}{2gL_k} + \frac{\omega_w L_w}{L_k} + \omega_K \tag{5-23}$$

式中，v_A 为矿车到达终点的速度，m/s；v_B 为空车出马头门线路终点的瞬时速度，m/s；L_k 为空车储车线长度，m；ω_w 为弯道附加阻力系数；L_w 为弯道长度，m。

当不设摇台时 $v_A = 0$；设摇台时 v_A 与停罐位置有关，如取上限时 $v_A = 0.4 \text{m/s}$；取下限时 $v_A = 0$。

为了调整坡度，便于电机车启动，并对矿车起阻车作用，在空车线后部最好设置一段平坡。

⑤ 绕道坡度。绕道的作用是调度车辆及补偿储车线路的高度损失,当电机车拉空车上坡时,坡度控制在 10‰左右,不得超过 15‰;当电机车拉或顶重车上坡时,坡度不宜超过 6‰~7‰。当条件较好时可增加 1‰~2‰。如计算坡度超过上述数值时,可增加绕道长度或设置爬车机等。

5.2.4.4 井底车场线路纵断面闭合设计

① 在井底车场平面图上标出各变坡点的标记,并计算出各变坡点之间的坡度,接着算出各变坡点间的高差。

② 从某一已知相对标高的变坡点出发,根据各变坡点间的高差,计算各变坡点的相对标高,并使井底车场中的某一坡点的相对标高,与经过环路或折返线路后,回到该点的推算相对标高相等。

③ 编制井底车场纵断面线路图,线路纵断面闭合设计是井底车场设计中的重要组成部分,它一方面检查线路纵断面是否闭合,另一方面则检验线路布置是示否合理。

井底车场线路设计只有达到轨道平面闭合与纵断面闭合才满足要求,否则需要重新布置线路与调整坡度。

5.2.5 井底车场通过能力

当井底车场线路平面布置完毕后,开始着手编制电机车在井底车场内的运行图表和调度图表,以便确定列车的平均间隔时间,最后计算井底车场的通过能力,以校核是否满足要求。切忌在此之前进行井底车场其他部分的设计工作,以免因车场的通过能力不能满足要求而造成返工。

5.2.5.1 运行图表和调度图表的编制

(1) 编制调车时间表的准备工作 为了计算电机车在井底车场内的运行时间,需要绘制一张井底车场线路平面图,在图中标出各主要线路的长度、道岔位置、形式及其编号,然后将车场分成若干区段。区段的划分原则如下:

① 凡一台电机车未驶出之前,另外的电机车不能驶入的尽头线路,应划分为一个区段。

② 若某一线路能同时容纳数台互不妨碍的电机车(或列车),则可将该线路划分为数个区段。例如调车场可划分为两个平行的区段。

(2) 调度作业表的编制 电机车在各个区段内调度所需时间,应按各个区段的长度、机车的运行速度及调车作业时间进行计算。调度作业表的内容包括序号、作业名称、运行距离、运行速度、作业时间,各区段时间等。各区段时间之和即为一台电机车在井底车场内调度作业的总时间,其数值应与作业时间之和相等。表 5-3 为规定的机车运行速度及调车作业时间数值。

(3) 运行图表和调度图表的编制 已知电机车在车场内各区段的运行顺序,并计算出它们在各区段的时间后,即可用透明坐标纸编制每个电机车的运行图表。运行图表中纵坐标表示各个区段,横坐标表示时间,水平线表示电机车在某个区段内的逗留时间。

表 5-3　机车运行速度及调车作业时间

作　业　名　称	速度或时间
运距小于 50m 机车拉、推列车运行速度	1.0m/s
运距为 50～100m 机车拉、推列车运行速度	1.5m/s
运距大于 150m 机车拉列车运行速度	2～2.2m/s
运距大于 150m 机车推列车运行速度	1.7～2.0m/s
运距小于 100m 机车头自行速度	2.0m/s
运距大于 100m 机车头自行速度	2.5m/s
在临时线路上机车拉、推列车运行速度	1.0m/s
在临时线路上机车头自行速度	1.5m/s
通过道岔行车速度	1.0m/s
侧卸式矿车卸载时运行速度：	
车厢容积大于 1.7m³	0.25m/s
车厢容积小于 1.7m³	0.3～0.5m/s
底卸式矿车卸载时运行速度	0.3～1.0m/s
机车向车组上挂钩时间	15s
机车从车组上摘钩时间	15s
机车调换方向的时间	20s
通过一个待拨手动道岔时间	30s
通过一个待拨自动道岔时间	5s

把某一中段所有个别电机车的运行图表互相重叠起来，对准相同的区段左右移动，使同一区段内的各水平线在任何情况下都不彼此重合，即在任何时候，都不能有一台以上的电机车同时在同一区段内运行。同一区段内相邻两水平线间的距离，是表示某一台电机车离开该区段到另一台电机车进入该区段的间隔时间。因此应使前后两台电机车经过同一地点时留有不小于 20s 的间隔时间以防相撞。按以上方法把个别电机车（在此之前，先确定各种类型列车的配比，以及各类列车进入井底车场的顺序和数量）的运行图表参差地绘制在一张图上，便得电机车在井底车场的调度图表（或称总运行图表），如图 5-11 所示。从图中可以看出在井底车场内，能同时容纳电机车的台数，各次列车进入车场的相隔时间。根据电机车在井底车场内的调度图表，就可以算出各次列车进入车场的平均间隔时间 t_p。

在编制调度图表时，尽可能使各次列车入场的相隔时间相等或接近。这样可以使提升、装载以及电机车本身的调度工作均衡进行。

若是前一台电机车刚离开某一区段，而另一台电机车又随即进入该区段，同时分别位于该区段的两端，而且区段长度大于列车长度，在这种情况下的间隔时间不受上述限制。

5.2.5.2　井底车场的通过能力

单位时间（班或小时）内通过井底车场的货物数量或列车数，称为井底车场的通过能力。其中包括废石和材料的数量。

① 井底车场应具有的通过能力：

$$A_b' = C(A_1 + A_2)$$

② 井底车场实际可能的通过能力：

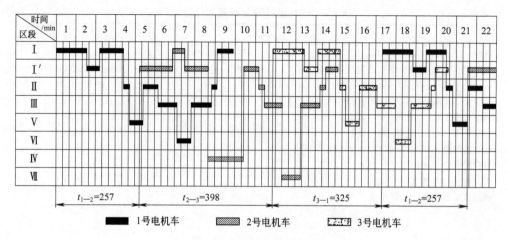

图 5-11　井底车场调度图表

$$A_b = \frac{3600T_b}{Kt_pC}Q \qquad\qquad (5\text{-}24)$$

式中，A_1 为每班需运矿石的数量，kN/班；A_2 为每班需运废石的数量，kN/班；T_b 为每班工作小时数，h；Q 为一列矿车的有效载重，kN；K 为车场储备系数，取 $1.2\sim1.3$；t_p 为各次列车入场的平均间隔时间：

$$t_p = \frac{t_{1-2}+t_{2-3}+\cdots+t_{n-1}}{n}$$

式中，t_{1-2} 为 $1^\#$ 列车与 $2^\#$ 列车入场的相隔时间，s；t_{2-3} 为 $2^\#$ 列车与 $3^\#$ 列车入场的相隔时间，s；n 为每班进入车场的列车数，或每个调度循环的列车数。

③ 为了保证车场有足够的能力，必须满足：

$$A_b \geqslant A_b'$$

5.3　斜井井底车场

斜井有轨提升的常见方式有矿车提升和箕斗提升两种。当斜井倾角大于 $30°$时用箕斗提升。矿车提升又有单钩、双钩，单车、串车之分。

斜井轨道与中间中段轨道的连接形式有甩车道、吊桥和吊桥式甩车道三种，如图 5-12 所示。它们的使用条件及优缺点见表 5-4。

表 5-4　斜井与各中段连接形式的比较

项　目		斜井与各中段连接形式		
		斜井甩车道	斜井中段吊桥	吊桥式甩车道
应用条件	斜井坡度/(°)	≤30	>20	>20
	井型	中小型	小型	中小型

续表

项　目		斜井与各中段连接形式		
		斜井甩车道	斜井中段吊桥	吊桥式甩车道
特点	斜井与车场轨道连接的方法	道岔	吊桥	重车线用吊桥空车线用道岔
	进出车方向	斜井侧帮	斜井顶板	重车由顶板进空车由侧帮出
优缺点	开凿量	大	小	较小
	生产	矿车易掉道,在甩车道处磨损钢丝绳	矿车不易掉道,不磨损钢丝绳	矿车不易掉道,不磨损钢丝绳
	施工	比较困难	简单	比较困难
	延伸	需采取特殊措施	上边生产,下边延伸,施工安全有保证	上边生产,下边延伸,施工安全有保证
	甩车时间	长	短	较短
	管理		启动吊桥	搬道岔启动吊桥
	上下材料	方　便	大于 10m 长材料下井困难	较方便
	车场自溜	能	不能	能

箕斗提升的下部装载系统与竖井装载系统相似。大、中型矿井的斜井用箕斗提升时,其车场形式可选择环行式或折返式。

中小型矿山的斜井以串车提升为主,串车提升的车场均为折返式。下面介绍斜井甩车道及其设计计算。

5.3.1　甩车道的布置方式

斜井倾角小于 30°时,一般适宜布置甩车道。所谓甩车道是指从斜井分岔到落平点(起坡点)的一段线路。甩车场包括甩车道和储车线两部分。甩车道布置方式有以下几种。

5.3.1.1　按甩车方式分类

(1) 单侧甩车　如图 5-13(d) 所示。这种形式的应用比较广泛。其最大特点是斜井的上、下、中间车场均可采用,其次管理集中,一次提升循环时间也可缩短;但甩车道落底时,空重车线底板形成高低差,也就是空车道在高处,重车道在低处,施工较复杂,而且必须采取处理积水措施。

(2) 两侧甩车　如图 5-13(a) ~图 5-13(c) 所示。当斜井提升量较大时,则采用两侧甩车。这种甩车是在斜面上布置对称道岔形式,或布置在同一标高上两边都为单侧道岔,或是一上一下不在同一标高上。如按对称道岔布置只适合于不延伸的底部车场。图 5-13(b)、图 5-13(c) 两种由于跨度很大,造成施工困难,所以很少使用。

5.3.1.2　按甩车道下部轨道布置分类

(1) 单轨布置　当斜井提升量很小时,甩车线路才布置成单轨的。这种形式简

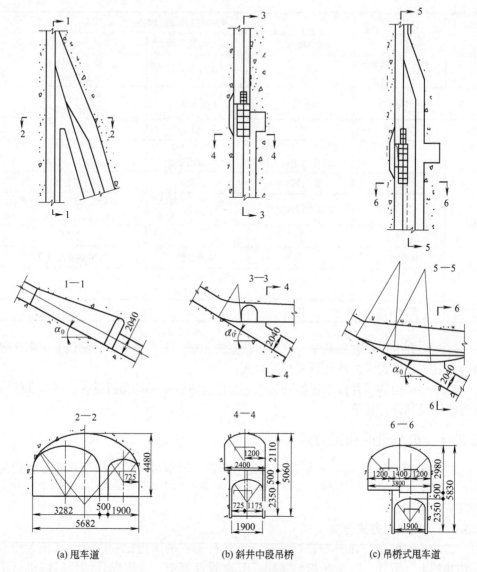

图 5-12　斜井与中段连接形式

(a) 甩车道　　　　(b) 斜井中段吊桥　　　　(c) 吊桥式甩车道

单，工程量也较小。

　　(2) 双轨布置　当斜井作为主要提升井时，均用此种形式，如图 5-14 所示。

　　道岔-曲线-道岔系统，如图 5-14(a) 所示。两个道岔均设在斜面上，中间插入一段曲线。这种布置的优点是交岔处的长度和跨度均较小，维护方便。缺点是提升牵引角加大，使钢绳磨损也加大，提升速度受到影响，容易引起矿车掉道和翻车，同时使挂钩人员来往于道岔与摘挂钩地点，不便于操作，因此只有在岩石稳固性差时才使用这种布置方式。

　　道岔-道岔系统，如图 5-14(b)、图 5-14(c) 所示。这种布置方式的两个道岔在

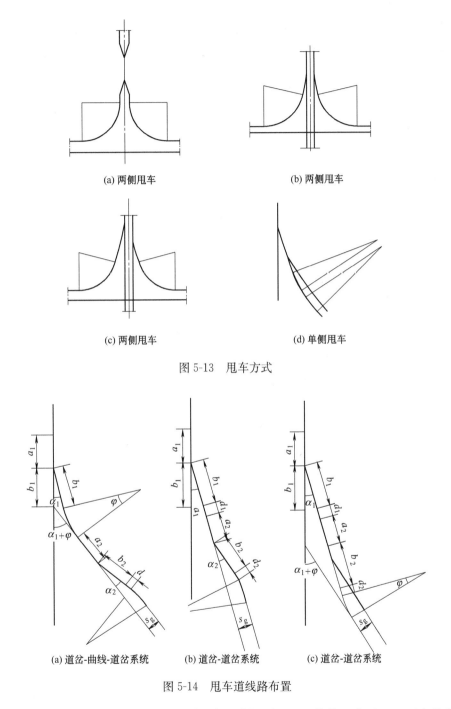

(a) 两侧甩车　　　　　　　　(b) 两侧甩车

(c) 两侧甩车　　　　　　　　(d) 单侧甩车

图 5-13　甩车方式

(a) 道岔-曲线-道岔系统　　(b) 道岔-道岔系统　　(c) 道岔-道岔系统

图 5-14　甩车道线路布置

斜面上直接连接。如斜井倾角较大时可加入插入段 d_1，其值一般为 2m。这种方式的优点是牵引角减小，钢绳不易磨损，安全性好。缺点是交岔处的长度增大，给掘进和维护工作带来不便。

5.3.2 斜井及甩车道钢轨和道岔的选择

有色金属矿山常用的钢轨型号是 15~24kg/m。斜井甩车道的轨型可以和平巷的轨型同级，也可以比平巷的轨型高一级。甩车道道岔型号的选择见表 5-5。

表 5-5 道岔型号

用 途	第一组道岔		第二组道岔	
	最 好	一般采用	最 好	一般采用
提升矿石	1/6	1/5	1/5	1/4
提升材料	1/5	1/4	1/4	1/3

5.3.3 斜井甩车道的参数选取

5.3.3.1 平竖曲线半径

平面曲半径的选取，一般根据矿车运行速度和其轴距的倍数确定。常用的平面曲线半径为 12~15m，但应取保证大于矿车轴距的 10 倍。

竖曲线是使甩车道从斜面过渡到平面的曲线。竖曲线的终点是起坡点，也就是摘挂钩处，为了便于矿车运行和摘挂钩工作，竖曲线半径应保证串车在竖曲线处，两相邻矿车车厢上缘间隙不小于 200mm。竖曲线最小半径可按图 5-15 确定，其值为：

$$R = OC + h + b$$

$$OC = \frac{Ln}{L - M - 2a}$$

$$b = \frac{1}{2} s_z \tan \frac{\theta}{4}$$

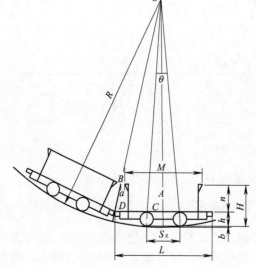

图 5-15 竖曲线半径

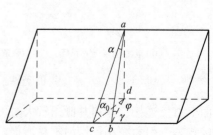

图 5-16 伪倾角换算

式中，h 为车厢底座高度；OC 为可由 $\triangle OAB$ 与 $\triangle OCD$ 相似求得；b 为矿车轴距 S_z 对应的圆弧高度；θ 为矿车轴距对应的圆心角。

由于 S_z 一般在 $0.5\sim20$m 之间，而 $\tan\dfrac{\theta}{4}$ 很小，所以 b 值很小可以忽略不计，故最小竖曲线半径为：

$$R=\frac{Ln}{L-M-2a}+h \tag{5-25}$$

常用的竖曲线半径为 $15\sim20$m。

5.3.3.2 车场坡度及空重车线的高低差

（1）车场坡度 空车由斜井经甩车道，摘钩后甩入车场的空车线内；而从中段运输巷道通过机车顶入的重车经摘钩后进入重车线内。以上两段线路均应设置一定的坡度，以便使矿车经摘钩后自溜运行。这就要求矿车沿下坡下滑的分力大于矿车运行阻力。重车线自溜坡度一般可取 $8‰\sim10‰$，空车线可取 $10‰\sim14‰$。

（2）空重车线的高低差 由于空重车各有一定的坡度，而且坡度方向相反，因而造成了起坡点有重车挂钩点与空车摘钩点，两点可以重合在一个平面内，也可以错开，这时空重车线就有一个标高差。为了便于摘钩，根据实际经验，甩车道摘挂钩点的高差最好不超过 1m，同时还要求空重车线的起坡点间距为 $1.0\sim1.2$m。

（3）储车线长度 用电机车运输时，储车线长度为 $1.5\sim2.0$ 倍列车长。

5.3.3.3 保护钢绳设施

为了减小甩车道上钢绳的磨损，应设置立滚，立滚间距在 1m 左右，并应保证钢绳折角不大于 $5°$。

5.3.3.4 提升曲线处的内外轨高度

提升曲线处的外轨绝对不可加高，相反应将曲线处的内轨加高 $30\sim50$mm，且在曲线内外侧分别设置护轮轨，其他曲线部分轨距的加宽及外轨加高如前面所述。

5.3.4 甩车道设计计算

现以单侧甩车（甩车道下部有双轨线路）为例，介绍甩车道的设计。

5.3.4.1 设计所需要的原始资料

① 中段高度、产量、服务年限；
② 运输矿石、废石数量，运送物料种类、性质；
③ 斜井倾角，斜井与中段巷道相交的方位角；
④ 围岩条件；
⑤ 列车组成及车辆规格等。

5.3.4.2 角度的换算

在计算甩车道时，为了作图的需要，把斜岔的倾角用伪倾角、岔心角用水平投影角表示。如图 5-16 所示，已知斜井倾角 α_0；道岔岔心角 α。求甩车道的伪倾角 γ。

由图 5-16 可知，$\angle adc$，$\angle acb$，$\angle dcb$ 均为直角；

$$ad = ab\sin\gamma = ac\ \sin\alpha_0;\ 而\ ac = ab\ \cos\alpha$$
$$ab\ \sin\gamma = ab\ \cos\alpha\sin\alpha_0;\ 即\ \sin\gamma = \cos\alpha\sin\alpha_0$$
$$\gamma = \arcsin(\cos\alpha\sin\alpha_0) \tag{5-26}$$

甩车道的方向角（即 α 角的水平投影角 φ）为

$$\cot\varphi = \frac{cd}{cb} = \frac{ac\cos\alpha_0}{ac\tan\alpha} = \frac{\cos\alpha_0}{\tan\alpha} = \cos\alpha_0\cot\alpha$$
$$\varphi = \text{arccot}(\cos\alpha_0\cot\alpha) \tag{5-27}$$

5.3.4.3 甩车道线路计算

（1）甩车道水平投影长度　图 5-17（b）中的 L_{9-0} 为重车自溜距离，它是由空重矿车自溜运行时两轨间最大高差所决定的，一般取 15～20m。

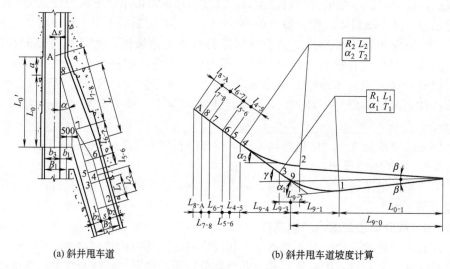

(a) 斜井甩车道　　　　(b) 斜井甩车道坡度计算

图 5-17　斜井甩车道及其坡度

β 为空、重车线与水平面的夹角，即自溜坡度，现取相同的自溜坡度（有时也可以取不同的坡度，如空车线自溜坡度取 10‰～14‰，重车线自溜坡度取 8‰～10‰）进行计算。从图 5-17 得：

$$L_{9-1} = T_1\cos\beta + L_{9-0}\sin\beta\cos\gamma/\sin\alpha_1$$
$$L_{9-2} = T_2\cos\beta - L_{9-0}\sin\beta\cos\gamma/\sin\alpha_2$$
$$L_{9-3} = (T_1 - L_{9-0}\sin\beta/\sin\alpha_1)\cos\gamma$$
$$L_{9-4} = (T_2 + L_{9-0}\sin\beta/\sin\alpha_2)\cos\gamma$$
$$L_{4-5} = 2000\cos\gamma$$
$$L_{5-6} = l_{5-6}\cos\gamma$$
$$L_{6-7} = l_{6-7}\cos\gamma$$
$$L_{7-8} = (a+b+d)\cos\gamma$$
$$L_{8-A} = l_{8-A}\cos\gamma$$

式中，T_1、T_2 为重、空车线竖曲线切线长度。

$$T_1 = R_1 \tan \frac{\alpha_1}{2}; \quad \alpha_1 = \gamma + \beta;$$

$$T_2 = R_2 \tan \frac{\alpha_2}{2}; \quad \alpha_2 = \gamma - \beta$$

（2）甩车道的垂直投影长度

$$H_{9-1} = L_{9-0} \sin\beta / \sin\alpha_1 \sin\gamma - T_1 \sin\beta$$

$$H_{9-2} = L_{9-0} \sin\beta / \sin\alpha_2 \sin\gamma - T_2 \sin\beta$$

$$H_{9-3} = (T_1 - L_{9-0} \sin\beta / \sin\alpha_1) \sin\gamma$$

$$H_{9-4} = (T_2 + L_{9-0} \sin\beta / \sin\alpha_2) \sin\gamma$$

$$H_{9-5} = (l_{4-5} + T_2 + L_{9-0} \sin\beta / \sin\alpha_2) \sin\gamma$$

$$H_{9-6} = (l_{4-5} + l_{5-6} + T_2 + L_{9-0} \sin\beta / \sin\alpha_2) \sin\gamma$$

$$H_{9-7} = (l_{4-5} + l_{5-6} + l_{6-7} + T_2 + L_{9-0} \sin\beta / \sin\alpha_2) \sin\gamma$$

$$H_{9-8} = (l_{4-5} + l_{5-6} + l_{6-7} + l_{7-8} + T_2 + L_{9-0} \sin\beta / \sin\alpha_2) \sin\gamma$$

$$H_{9-A} = (l_{4-5} + l_{5-6} + l_{6-7} + l_{7-8} + l_{8-A} + T_2 + L_{9-0} \sin\beta / \sin\alpha_2) \sin\gamma$$

（3）线路长度计算

$$l_{8-A} = \frac{\Delta s}{\sin\alpha}$$

式中，A 为斜井中心线和甩车道中心线的交点；α 为甩车道一号道岔岔心角；8 为斜井一号道岔的岔心点；Δs 为斜井中心线与轨道中心线的间距。

$$l_{7-8} = a_2 + b_1 + d_1$$

式中，a_2 为二号道岔 a 段长度；b_1 为一号道岔 b 段长度；d_1 为两个道岔之间插入段长度，一般取 2m。

$$l_{6-7} = (b_2 + d_2 + T_3)\cos\alpha, \text{或} \; l_{6-7} = \frac{s}{\tan\alpha}$$

式中，b_2 为二号道岔 b 段长度；α 为二号道岔岔心角；d_2 为插入直线段长度；T_3 为连接曲线的切线段长度。

$$l_{5-6} = T_3 = R_3 \tan\frac{\alpha}{2}$$

$$l_{3-4} = (L_{9-4} - L_{9-3})\cos r$$

$$l_{2-4} = \frac{\pi(r-\beta)}{180} R_2 = 0.01745 R_2 \alpha_2$$

$$l_{1-3} = \frac{\pi(r+\beta)}{180} R_1 = 0.01745 R_1 \alpha_1$$

式中，R_3 为连接二号道岔曲线段的半径，一般取 12～15m；l_{4-5} 为斜井竖曲线与二号道岔相连接的中间缓冲段，一般取 2m；l_{3-4} 为空、重车线线路竖曲线起点间距；l_{2-4} 为空车竖曲线长度；l_{1-3} 为重车竖曲线长度。

5.3.4.4　甩车道的平面图及剖面图的绘制

① 甩车道线路平面图的计算与作图，是斜井与甩车道的第一号道岔的岔心为

基点，沿岔心角 α 所决定的方向铺设甩车道至竖曲线起点，然后依平巷与斜井的方位角和所选定的平曲线半径，将甩车道与中段运输平巷的轨道连接起来。

② 甩车道纵剖面的绘制。预先选定 O 点，并量取自溜运行平均长度作水平线，通过 O 点作空重车线的自溜坡度 β_1、β_2，与甩车道线路斜线相交两点，然后逐点取各段长度，最终量到 A 点。最后即得斜井甩车道的平面图与纵剖面图。

第6章

带式输送机

6.1 概述

带式输送机是由能承载的输送带兼作牵引机构的连续运输设备，它可以输送矿石及其他散装物料和包装好的成件物品。由于它具有运输能力大、运输阻力小、耗电量低、运行平稳、在运输途中噪声小及对物料的损伤小等优点，被广泛应用于国民经济的各个部门，如在井下巷道、矿井地面、露天采场及选矿厂等。国内外的生产实践证明，带式输送机无论是在运输能力方面，还是在经济指标方面，都是一种先进的运输设备。

带式输送机按其结构不同可分为多种型号。表 6-1 所列是 JB 2389—78《起重运输机械产品型号编制方法》中所规定的带式输送机分类及代号。

表 6-1 带式输送机分类及代号（JB 2389—78）

名　　称	代　　号	类、组、型代号
通用带式输送机	T(通)	DT
轻型带式输送机	Q(轻)	DQ
移动带式输送机	Y(移)	DY
钢丝绳芯带式输送机	X(芯)	DX
大倾角带式输送机	J(角)	DJ
钢丝绳牵引带式输送机	S(绳)	DS
压带式输送机	A(压)	DA
气垫带式输送机	D(垫)	DD
磁性带式输送机	C(磁)	DC
钢带输送机	G(钢)	DG
网带输送机	W(网)	DW

表 6-2 带式输送机的最大倾角

物料名称	最大倾角/（°）	物料名称	最大倾角/（°）
块煤	18	湿精矿	20
原煤	20	干精矿	18
谷物	18	筛分后石灰石	12
0～25mm 焦炭	18	干矿	15
0～30mm 焦炭	20	湿沙	23
0～350mm 焦炭	16	盐	20
0～120mm 矿石	18	水泥	20
0～60mm 矿石	20	块状干黏土	15～18
40～80mm 油母页岩	18	粉状干黏土	22
干松泥土	20		

注：表中给出的最大倾角是物料向上运输时的倾角，向下运输时最大倾角要减小。

矿用带式输送机主要为通用带式输送机、钢丝绳芯带式输送机和钢丝绳牵引带式输送机。输送带大体上都由带芯和覆盖层两部分构成。带芯是覆盖层的骨架，能提供必要的强度和刚度，并承受全部使用负荷。普通胶带输送机的带芯由多层挂胶帆布组成。钢丝绳芯带式输送机的带芯为纵排钢丝绳与胶黏合而成，其中均无帆布层（国内生产的）。钢丝绳牵引带式输送机的带芯是横排钢条，并贴有挂胶帆布，以便固定钢条间距。覆盖胶为带芯的保护层，保护带芯不受被运物料的直接冲击、磨损和腐蚀，以延长输送带的使用寿命。

普通胶带输送机的单机输送长度很小，不能适应长距离大运量的运输要求。为了增加运输距离，人们往往把几台普通胶带输送机串联使用。这种加长运距的方式，不但给运输线路的维修、操作带来很大不便，而且安装周期长，投资大，在某种程度上限制了输送机的机械化。输送带的拉伸强度是决定单机运输距离的主要因素，目前，钢丝绳芯带式输送机和钢丝绳牵引带式输送机被广泛使用，不仅使运距加长，运量加大，而且运行可靠，维护方便，减少了操作人员，提高了机械化和自动化程度。

带式输送机可用于水平和倾斜运输，倾斜的角度依物料性质的不同和输送带表面形状不同而异。表 6-2 所列为各种物料所允许的最大倾斜角。

6.2　带式输送机的结构原理

由表 6-1 可知，带式输送机有多种类型，以适应在不同条件下使用的需要，但其基本组成部分相同，只是具体结构有所区别。其中用得最多的是通用型带式输送机，国内目前采用的是 DTⅡ型固定式带式输送机系列，该系列带式输送机由许多标准部件组成，各部件的规格也都成系列，按不同的使用条件和工况进行选型设计，组合成整台带式输送机。此系列的选用详见《DTⅡ型固定带式输送机设计选用手册》。

煤矿井下用的带式输送机，除了上述 DTⅡ 型系列外，还有适合井下条件使用的便拆装式各机身长度可伸缩变化的机型，这种机型也是由标准的系列部件组成的，只是某些结构上更适合煤矿井下巷道中使用。

带式输送机整机及各部件的技术要求、试验方法、检验规则等在标准 GB/T 10595—2009《带式输送机》和 ZBD 93008《煤矿井下用带式输送机技术条件》中有详细规定。

6.2.1 带式输送机及其基本组成

带式输送机的基本组成部分是：输送带、托辊、驱动装置（包括传动滚筒）、机架、拉紧装置和清扫装置。输送带绕经传动滚筒和改向滚筒、拉紧滚筒接成环形，拉紧装置给输送带以正常运行所需的张力。工作时，驱动装置驱动传动滚筒，通过传动滚筒与输送带之间的摩擦力带动输送带连续运行，装到输送带上的物料随它一起运行到端部卸出，利用专门的卸载装置也可在中间部位卸载。图 6-1 所示是带式输送机的结构简图。

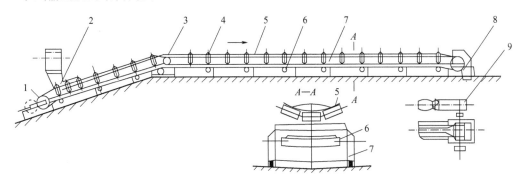

图 6-1 带式输送机的结构简图

1—拉紧装置；2—装载装置；3—改向滚筒；4—上托辊；5—输送带；
6—下托辊；7—机架；8—清扫装置；9—驱动装置

6.2.2 输送带

6.2.2.1 输送带的结构

输送带在带式输送机中既是牵引机构又是承载机构。它不仅应有足够的强度，还应有适当的挠性。为此，输送带是由承受拉力并具有一定宽度的柔性带芯、上下覆盖层及边缘保护层构成。我国目前生产的输送带有以下几种。

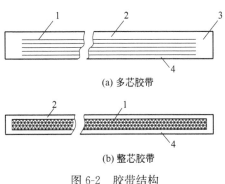

(a) 多芯胶带

(b) 整芯胶带

图 6-2 胶带结构

1—帆布层；2—上覆盖胶；3—边胶；4—下覆盖胶

（1）橡胶输送带　橡胶输送带简称胶带，它是由若干层帆布组成带芯，层与层之间用橡胶粘在一起，并在外面覆以橡胶保护层，上面覆的橡胶称为上保护层，也是承载面；反面覆的橡胶即为下覆盖胶称为下保护层。胶带的覆盖胶厚度见表 6-3。带芯的帆布可以是棉、维尼龙、尼龙等纤维纺织品，或者是由混纺织品组成的。尼龙帆布强度较大，由其制成的胶带属于高强度带。普通橡胶带的结构见图 6-2(a)，普通橡胶带的标准规格见表 6-4，橡胶带的性能见表 6-5。

表 6-3　胶带的覆盖胶厚度

物 料 名 称	物 料 特 性	覆盖胶厚度/mm	
		上胶厚	下胶厚
焦炭、煤、白云石、石灰石、烧结混合料、砂	$\gamma<19.6\text{kN/m}^2$，中小粒度或磨损性小的物料	3.0	1.5
破碎后的矿石、选矿产品、各种岩石、油母页岩	$\gamma>19.6\text{kN/m}^2$，块度≤200mm，磨损性较大的物料	4.5	1.5
大块铁矿石、油母页岩	$\gamma>19.6\text{kN/m}^2$，磨损性较大的物料	6.0	1.5

注：表中 γ 为物料松散容重。

表 6-4　普通橡胶带标准规格

帆布层数	上胶+下胶厚度/mm	带宽/mm					
		500	650	800	1000	1200	1400
		每米质量/（kg/m）					
3	3.0+1.5	5.02	—	—	—	—	—
	4.5+1.5	5.88					
	6.0+1.5	6.74					
4	3.0+1.5	5.82	7.57	9.31	—	—	—
	4.5+1.5	6.68	8.70	10.70			
	6.0+1.5	7.55	9.82	12.10			
5	3.0+1.5	—	8.62	10.60	13.25	15.90	—
	4.5+1.5		9.73	11.98	14.08	17.95	
	6.0+1.5		10.87	13.38	16.71	20.05	
6	3.0+1.5	—	—	11.30	14.86	17.82	20.80
	4.5+1.5			13.28	16.59	19.90	23.20
	6.0+1.5			14.65	18.32	22.00	25.65
7	3.0+1.5	—	—		16.47	19.80	23.10
	4.5+1.5				18.20	21.85	25.50
	6.0+1.5				19.93	23.95	27.95

续表

帆布层数	上胶＋下胶厚度/mm	带宽/mm					
		500	650	800	1000	1200	1400
		每米质量/（kg/m）					
8	3.0＋1.5	—	—	—	18.08	21.65	25.30
	4.5＋1.5	—	—	—	19.81	23.80	27.75
	6.0＋1.5	—	—	—	21.54	25.82	30.10
9	3.0＋1.5	—	—	—	—	23.60	—
	4.5＋1.5	—	—	—	—	25.70	—
	6.0＋1.5	—	—	—	—	27.80	—
10	3.0＋1.5	—	—	—	—	25.55	29.30
	4.5＋1.5	—	—	—	—	27.65	32.25
	6.0＋1.5	—	—	—	—	29.70	32.40
11	3.0＋1.5	—	—	—	—	—	32.10
	4.5＋1.5	—	—	—	—	—	34.50
	6.0＋1.5	—	—	—	—	—	36.80
12	3.0＋1.5	—	—	—	—	—	34.30
	4.5＋1.5	—	—	—	—	—	36.70
	6.0＋1.5	—	—	—	—	—	39.20

表 6-5　橡胶带性能

项目	带宽 B/mm（HG 2297—1992）									带芯强度/[N/(cm·层)]	工作环境温度/℃	物料最高温度/℃
	300	400	500	600	800	1000	1200	1400	1600			
普通型	V	V	V	V	V	V	V	V	V	560	−10～40	50
耐热型	—	V	V	V	V	V	V	V	V	560		120
维尼龙芯	—	V	V	V	V	V	V	V	—	1400	−5～40	50

注："V"表示有，"—"表示无。

（2）塑料输送带　塑料输送带使用维尼龙和棉混纺织物编织成整体平带芯，外面覆以聚氯乙烯塑料。见图 6-2(b)。整芯塑料输送带的优点是胶带厚度小、弹性较大、耐冲击性能较好、柔性亦较好、生产工艺简单，由于不分层，在受到较大弯曲时不会产生层间开裂现象。这种输送带具有耐油、耐酸、耐腐蚀等优点，大多用于温度变化不大的场所，如化工及煤矿井下等工业部门。常用的塑料带规格见表 6-6。

（3）钢丝绳芯胶带　钢丝绳芯胶带是一种高强度的输送带，其主要特点是使用钢丝绳代替帆布层。钢丝绳芯胶带可分为无布层和有布层两种类型。我国目前生产的均为无布层的钢丝绳芯胶带，这种胶带所用的钢丝绳是由高强度的钢丝顺绕制成的，中间有软钢芯，钢芯强度已达到 60000N/cm，上下覆盖胶由优良橡胶制成，具有耐磨、耐冲击性能；中间胶层与钢丝绳有良好的黏着性能，以保证胶带的整体性。

表 6-6　常用塑料带规格

名称	带宽 /mm	总厚度 /mm	上覆面厚度 /mm	下覆面厚度 /mm	整芯厚度 /mm	带芯强度 /mm	每米质量 /mm
普通型	400 500 650 800	9 10 	3	2	4 5	2240 3360	4.45 5.67 8.15 10.00
强力型	800	11	3	2	6	5000	10.80

钢丝绳芯胶带的代号在国外多用 ST 表示，如 ST200，表示用钢丝绳做芯体的胶带，在整个厚度上每厘米宽度的破断力为 19600N（2000kg）。我国目前用 GX 表示，如 GX1000，表示钢丝绳芯胶带的强度在整个厚度上每厘米宽度的破断力为 9800N（1000kg）。其结构如图 6-3、图 6-4 所示。它的规格及特性参数如表 6-7、表 6-8 所示。

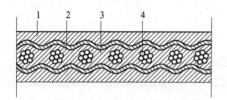

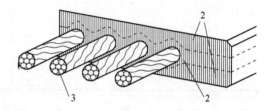

图 6-3　钢丝绳芯胶带
1—耐磨外橡胶覆盖层；2—耐磨和防撕裂的
中间橡胶层；3—防撕裂的与金属连接的
中间橡胶层；4—挠性好的高强度钢丝绳

图 6-4　钢丝绳芯胶带断面
1—上、下覆盖层；2—嵌入胶；
3—高强度钢丝绳

表 6-7　DX 型钢丝绳芯胶带规格

带宽/mm	800	1000	1200	1400	1600	1800	2000
标记号	DX$_3$	DX$_4$	DX$_5$	DX$_6$	DX$_7$	DX$_8$	DX$_9$

表 6-8　钢丝绳芯胶带主要参数

参数名称	GX—650	GX—800	GX—1000	GX—1250	GX—1600	GX—2000	GX—2500	GX—3000	GX—3500	GX—4000
带芯强度/（N/cm）	6500	8000	10000	12500	16000	20000	25000	30000	35000	40000
钢丝绳直径/mm		4.5			6.75		8.1	9.18		10.3
钢丝绳结构		7×7×3—0.25			7×7×7—0.25		7×7×7—0.3	7×7×7—0.34		7×7×7—0.38
厚度/mm		6+6			7+7		8+8	8+8		8+8
带厚/mm		18			22		25	27		28
每平方米质量[①]/（kg/m）	23.54	24.33	24.63	25.33	32.25	33.42	39.93	41.51	44.23	47.10

续表

参数名称	GX—650	GX—800	GX—1000	GX—1250	GX—1600	GX—2000	GX—2500	GX—3000	GX—3500	GX—4000
钢丝绳间距/mm	20	17	13.5	11	20	16	17	18	15.5	17
胶带宽度/mm	800	800~1000	800~1200	800~1400	800~1800	800~2000	800~2000	800~2000	800~2000	800~2000

① 厂家给出的是每平方米质量，如胶带型号及宽度已确定，可折算出所选胶带的每米质量。

普通橡胶带和塑料带为易燃品，在煤矿井下使用很不安全。我国规定禁止煤矿井下使用非阻燃输送带，并已制定出《矿用阻燃输送带》标准，于 1987 年 6 月起实施。

阻燃输送带的基本尺寸应符合表 6-9 和表 6-10 的要求。

6.2.2.2　钢丝绳芯胶带输送机的优缺点及其应用范围

与普通胶带输送机相比，钢丝绳芯胶带输送机有以下优点。

（1）单机运输距离长　胶带输送机的长度主要取决于胶带的拉伸强度。普通胶带受其拉伸强度的限制，不能满足长距离的要求，而我国钢丝绳芯胶带的拉伸强度已达到 60kN/cm，可作长距离运输，在角度较陡的条件下亦可使用。

表 6-9　阻燃带宽度

宽度/mm	400	500	650	800	1000	1200	1400	1600
宽度允差/mm	±6	±6	±7	±8	±10	±12	±14	±16

表 6-10　阻燃带厚度和芯体厚度的最小值

序号	1	2	3	4	5	6	7	8
型号	400S	500S	5805	680S	800S	1000S	1200S	1400S 及以上
带厚/mm	7	7	7.5	8	8.5	8.5	9	9
芯体厚/mm	3.5	4.5	5.9	6.4	6.9	6.9	7.4	7.4 以上
允差/mm	±1	±1	±1	±1	±1	±1	±1	±1

注：1. 型号中数字表示该输送带整体纵向拉断强度，N/mm，S 表示具有阻燃和抗静电性能。

2. 表 6-10 中的数值可根据使用要求增大或减少。

3. 用户对覆盖胶厚度有特殊要求时，应以 1mm 的递增值增加。

（2）运输能力大　钢丝绳芯胶带内的钢丝绳柔软且为纵向排列，故它放在托辊上的成槽性好，因此它的生产率高，运输能力大。只要适当地提高带速，增大带宽，生产率将会急剧上升。

（3）经济效益好　钢丝绳芯带式输送机比汽车、火车的爬坡能力大，故能缩短运输距离，减小基建工程量和投资，缩短施工时间。

通常铁路火车的爬坡能力为 $30‰\sim40‰$（$1°43'\sim2°17'$），汽车的爬坡能力为 $100‰\sim120‰$（$5°43'\sim6°50'$），而钢丝绳芯带式输送机的爬坡能力则为 $287‰\sim325‰$（$16°\sim18°$）。

钢丝绳芯带式输送机的设备数量少，调度组织简单，维护方便，生产率高，因此经营费用低。与火车运输及内河轮船运输相比，运输量越大，单位运费越低。

（4）结构简单　钢丝绳芯胶带输送机的结构比普通胶带输送机更为简单紧凑。

在目前使用的各种胶带中，钢丝绳芯胶带的伸长率最小，一般仅为 0.2%（帆布胶带为 1.3%～1.5%，尼龙胶带为 2%～3%），故其拉紧行程短，拉紧装置紧凑，占地少，对井下运输更为有利。钢丝绳芯胶带挠性好，其要求的滚筒直径比帆布胶带的小，使输送机的尺寸更为紧凑。

（5）使用寿命长　钢丝绳芯胶带为单层结构，故柔软，弹性好，抗冲击，弯曲疲劳小，工作时更能适应在托辊上运行。同时因为单机长度长，在同样使用年限中胶带受冲击、受弯曲次数少，因此使用寿命较长，一般可达 10 年左右。

（6）运行速度大　钢丝绳芯胶带输送机的速度一般比普通胶带输送机和钢丝绳牵引胶带输送机的大。目前钢丝绳芯胶带输送机的最高速度达 10m/s，一般速度为 5～6m/s。增加带速是提高运输量的有效措施之一。在运输量相同的条件下，可减小带宽，节省投资。

钢丝绳芯胶带输送机的缺点如下。

（1）胶带横向强度低　钢丝绳胶带因芯体无横丝，故横向强度低。当金属物或尖硬物料卡在溜槽口时，会引起胶带的纵向撕裂，其抗纵向破裂的能力比帆布芯胶带弱。

（2）较易断丝　由于钢丝绳芯胶带的伸长率小，当滚筒与胶带间卡进物料时，就较易引起钢丝绳芯的局部变形，致使断丝。这对黏性大的而坚硬的矿石来说，尤其应特别重视胶带的清扫工作。

（3）胶带的接头比较困难和复杂　一般采用硫化接头时需要能源和较多的设备，硫化接头工艺比较复杂，接头施工要求有一定的空间，这样就给现场处理接头带来一定的困难，比较费时费工。

钢丝绳芯胶带输送机的应用范围，主要用于平巷、斜井和地面，作大运量、长距离连续运输矿石、岩石和其他物料。对于大运输量、大倾角、长距离、胶带张力很大的矿山，确定用胶带输送机运输时，应优先考虑采用钢丝绳芯胶带运输机。

输送物料的松散容重一般为 9.8～24.5kN/m³；输送矿石的块度为 500mm（个别最大块度可以达到 900mm），但以块度在 150～250mm 之间为最适宜。

钢丝绳芯胶带输送机的最大倾角是有一定限度的。倾斜向上运输矿石时，允许的最大倾角为：当带速≤2.5m/s 时，不大于 18°；当带速＞2.5m/s 时，其最大倾角应按速度递增降低 2°～4°。倾斜向下运输矿石时，允许的最大倾角为 12°。

钢丝绳芯胶带输送机适应的环境温度一般为 −10～+40℃。

6.2.2.3　输送带的连接

输送带限于运输的条件，出厂时一般制成 100m 的带段，使用时，需要将若干条带段连接在一起。输送带的连接方式有机械法、硫化法和冷粘法三种。

机械法连接头有铰接合页、铆钉夹板和钩状卡三种。如图 6-5 所示。用机械法连接时，输送带接头处的强度被削弱的情况很严重，一般只能相当于原来强度的 35%～40%，且使用寿命很短。但在便拆装式的带式输送机上还只能采用这种连接方式。

硫化法是利用橡胶与芯体的黏结力，把两个端头的带芯粘连在一起。其原理是将连接用的胶料置于连接部位，在一定的压力、温度和时间作用下，使缺少弹性和强度的生胶变成具有高弹性、高黏结强度的熟胶，从而使得两条输送带的芯体连在

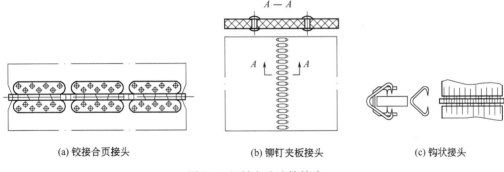

(a) 铰接合页接头　　　　　(b) 铆钉夹板接头　　　　　(c) 钩状接头

图 6-5　机械方法连接接头

一起。为使接头有足够的强度，接头处应将带芯分层错开搭接一定的长度，如图 6-6 所示。两端头钢丝绳搭接方式可有多种，图 6-7 所示是常用的二级错位搭接法。用硫化法连接胶带时，需用专门的胶带硫化器。

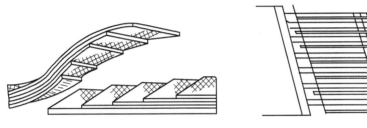

图 6-6　硫化胶合接头　　　　　　图 6-7　钢丝绳的二级错位搭接

　　硫化法的优点是接头强度高，且接口平整。硫化法连接的接头静强度可达输送带本身强度的 85%～90%。但该数据是用宽度不大的试件做硫化接头试验得出的，与在输送带上将输送带的全宽进行硫化连接是有差别的，在设计和选型时应充分考虑该因素，留有充足的裕量，保证输送带具有足够的强度及可靠性。

6.2.3　托辊

　　托辊是承托输送带使它的垂度不超过限定值以减少运行阻力，保证带式输送机平稳运行的部件。托辊沿带式输送机全长分布，数量很多，其总重约占整机的 30%～40%，价值约占整机的 20%，所以，托辊质量的好坏直接影响输送机的运行，而且托辊的维修费用已成为带式输送机运营费用的重要组成部分，这就要求托辊运行阻力小、运转可靠、使用寿命长等。因此，对托辊的结构形式、材质、润滑及辊径等的改进和提高都是国内外重点研究的内容。托辊按用途不同分为承载托辊、调心托辊和缓冲托辊三种。

　　(1) 承载托辊　承载装运物料和支承返回的输送带用，有槽形托辊和平行托辊两种。承载装运物料的槽形托辊多由三个等长托辊组成，两个侧辊的斜角 α 称为槽角，一般为 35°，需要时，可设计成更大的槽角，如五托辊组。平行托辊是一个长托辊，主要用做下托辊，支承下部空载段输送带，在装载量不大的输送机上部承载段有时也使用平行托辊，如选矿厂的手选输送带。Ｖ形和反Ｖ形托辊主要用于支承下部空载段输送带，在下部空载段采用Ｖ形和反Ｖ形托辊能扼制输送带跑偏。图 6-8 所示是各种承载托辊的结构形式。

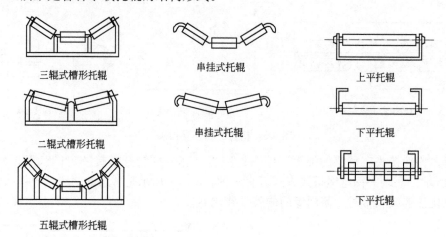

图 6-8　各种承载托辊的结构形式

（2）调心托辊　是将槽形或平形托辊安装在可转动的支架上构成，如图 6-9 所示。当输送带在运行中偏向一侧时（称为跑偏），调心托辊能使输送带返回中间位置。它的调偏过程如下：输送带偏向一侧碰到安装在支架上的立辊时，托辊架被推到斜置位置，如图 6-10 所示。此时，作用在斜置托辊上的力 F 分解成切向力 F_t 和轴向力 F_a。切向力 F_t 用于克服托辊的运行阻力，使托辊旋转；轴向力 F_a 作用在托辊上，欲使托辊沿轴向移动，由于托辊在轴向不能移动，因而 F_a 作为反推力作用于输送带，当达到足够大时，就使输送带向中间移动返回，这时，由立辊的推动使转动支架逐渐回到原位。这个反推作用，像在船上作用于岸边的撑力使船离岸一样，力的大小与托辊斜置角度有关。一般在重载侧每隔 10～15 组固定托辊设置一组槽形调心托辊，空载侧每隔 5～10 组固定托辊设置一组平形调心托辊。

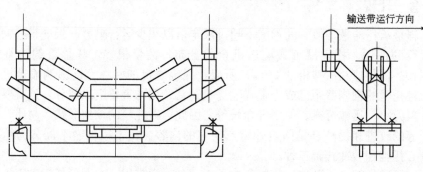

图 6-9　调心托辊

斜置托辊对输送带的这种横向反推作用也能用于不转动的托辊架。如发现输送带由于某种原因在某一位置上跑偏比较严重时，可将该处的若干组托辊斜置一适当的角度，就能纠正过来。

防止输送带跑偏的另一简单方法是：将槽形托辊中两侧辊的外侧向前倾斜
$2°\sim3°$。

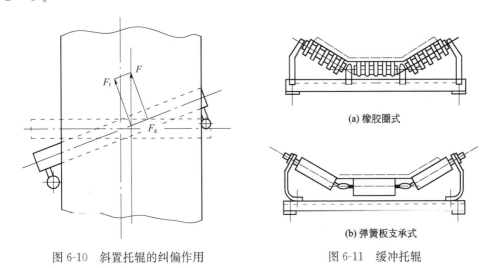

图 6-10　斜置托辊的纠偏作用　　　　　　图 6-11　缓冲托辊

（3）缓冲托辊　是安装在输送机受料处的特殊承载托辊，用于降低输送带所受
的冲击力，从而保护输送带。它在结构上有多种形式，例如橡胶圈式、弹簧板支承
式、弹簧支承式或复合式，图 6-11 所示为其中两种形式。此外，还有梳形托辊和
螺旋托辊。在回程段采用这种托辊，能清除输送带上的粘料。

表 6-11　上托辊间距　　　　　　　　　　单位：mm

物料特性	带宽/mm	300~400	500~650	800~1000	1200~1400
松散物料 堆积密度 $\gamma /（kg/m^3）$	≤1800	1500	1400	1300	1200
	1000~2000	1400	1300	1200	1100
	>2000	1300	1200	1100	1000

托辊间距的布置应保证输送带在托辊间的下垂度尽可能的小。一般输送带在托
辊间产生的垂度应小于托辊间距的 2.5%。上托辊间距见表 6-11。在受料处的托辊
间距需要小一些，一般为 300~600mm，而且必须选用缓冲托辊。机尾滚筒中心到
第一个槽形上托辊的间距为 800~1000mm。下托辊间距一般为 2~3m，或取上托
辊间距的 2 倍。

大型带式输送机的托辊间距可以不同，输送带张力大的部位间距大，输送带张
力小的部位间距小。增大托辊间距能减少输送带的运行阻力。但对高速运行的输送
机，设计时要注意防止因输送带发生共振而产生输送带的垂直拍打。

托辊是带式输送机的主要旋转部分，对能量消耗和胶带的寿命影响极大。因
此，托辊应当耐用、阻力小、质量轻。托辊有钢托辊和塑料托辊两种。钢托辊多用
无缝钢管制成。目前钢丝绳芯带式输送机多用性能良好的塑料托辊。托辊直径根据

胶带宽度增加而增加，在世界各国都已标准化，ISO 有两种标准。世界部分国家的公制托辊直径列于表 6-12 中。

表 6-12　世界部分国家托辊直径

国别及型号	托辊直径/mm										
中国	76	89	108	133	159	194	219				
日本 JIS 8803—76	89.1	93	114.3	118	139.8	143	165.2				
联邦德国 DIN 1580—71	63.5	88.9	108	133	159	193.7	219.1				
俄罗斯 гост 22646—77	63	89	(102)	108	(127)	133	(152)	159	194		
ISOR 1537—75	63.5	76	89.9	101.6	108	127	133	150	152.4	168.3	193.7 219.1

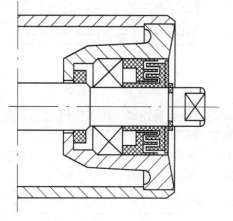

图 6-12　DT-75 型托辊结构

托辊密封结构的好坏直接影响托辊阻力系数和托辊寿命。日本、德国和我国的 DT-75 托辊都采用迷宫式密封装置。图 6-12 所示为我国 DT-75 托辊结构。迷宫式密封的缺点是托辊在低温下工作时，其旋转阻力较常温下成倍增加。因此在低温条件下工作的托辊，设计和使用时要充分注意温度的影响。

6.2.4　驱动装置

驱动装置的作用是将电动机的动力传递给输送带，并带动它运行。功率不大的带式输送机一般采用电动机直接启动的方式；而对于长距离、大功率、高带速的带式输送机，采用的驱动装置须满足下列要求：

① 电动机无载启动；
② 输送带的加、减速度特性任意可调；
③ 能满足频繁启动的需要；
④ 有过载保护；
⑤ 多电动机驱动时，各电机的负荷均衡。

带式输送机采用可控方式使输送带启动，这样可减少输送带及各部件所受的动负荷及启动电流。

6.2.4.1　驱动装置的组成

一般的驱动装置由电动机、联轴器、减速器、传动滚筒组及控制装置组成。

(1) 电动机　常用的电动机有鼠笼式、绕线异步式电动机。在有防爆要求的场合，应选用矿用隔爆型。用于采区巷道的带式输送机，如功率相同，可选用与工作面相同的电机，以便于维护和更换。

（2）联轴器　按传动和结构上的需要，分别采用液力耦合器、柱销联轴器、棒销联轴器、齿轮联轴器、十字滑块联轴器和环形锁紧器。

环形锁紧器在带式输送机中主要用于主动滚筒与轴的连接（代替键连接）和减速器输出轴与主动滚筒轴的连接（代替十字滑块联轴器），如图 6-13 所示。环形锁紧器具有压配合的全部优点，又避免了压配合计算繁琐、公差数值要求严格、装配困难等缺点。环形锁紧器的结构原理如图 6-14 所示。紧定螺钉 6、前压环 2 与后压环 4 互相贴近，迫使带开口的外环 3 胀大，内环 5 缩小，从而使轴与轮毂刚性连接。

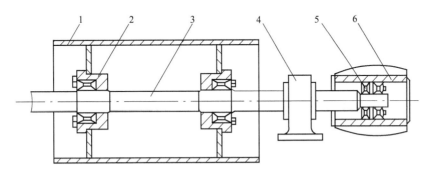

图 6-13　环形锁紧器的安装位置

1—滚筒；2—HS160P 环形锁紧器；3—滚筒轴；4—轴承座；

5—HS120P 环形锁紧器；6—减速器低速空心轴

长距离大型带式输送机都采用液力耦合器，尤其是多滚筒驱动的长距离带式输送机更应采用液力耦合器，它能解决功率平衡问题。另外，液力耦合器还能降低运输机启动时的动载荷。

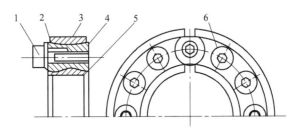

图 6-14　环形锁紧器结构

1—辅助螺钉；2—前压环；3—外环；

4—后压环；5—内环；6—紧定螺钉

（3）减速器　带式输送机用的减速器，有圆柱齿轮减速器和圆锥-圆柱齿轮减速器。圆柱齿轮减速器的传动效率高，但要求电机轴与输送机垂直，因而驱动装置占地宽大，井下使用时需加宽硐室，若把电机布置在输送带下面，会给维护和更换带来困难。所以，用于采区巷道的带式输送机应尽量采用圆锥-圆柱齿轮减速器，使电机轴与输送机平行。

（4）传动滚筒　传动滚筒是依靠它与输送带之间的摩擦力带动输送带运行的部件，分钢制光面滚筒、包胶滚筒和陶瓷滚筒等。钢制光面滚筒制造简单，缺点是表面摩擦因数小，一般用在短距离输送机中。包胶滚筒和陶瓷滚筒的主要优点是表面摩擦因数大，适用于长距离大型带式输送机中。其中，包胶滚筒按表面形状不同可分为：面包胶滚筒、菱形（网纹）包胶滚筒、人字形沟槽包胶滚筒。人字形沟槽包胶胶面摩擦因数大，防滑性和排水性好，但有方向性。菱形包胶胶面用于双向运行的输送机。用于重要场合的滚筒，最好选用硫化橡胶胶面。用于井下时，胶面应采用阻燃材料。

一种特殊的传动滚筒叫电动滚筒，电动滚筒将电机和减速齿轮全安装在滚筒内，其中内齿轮装在滚筒端盖上，电动机经两级减速齿轮带动滚筒旋转。图 6-15 所示是其中一种结构。电动滚筒结构紧凑，外形尺寸小，功率范围为 2.2～55kW，环境温度不超过 40℃，适用于短距离及较小功率的单机驱动带式输送机。

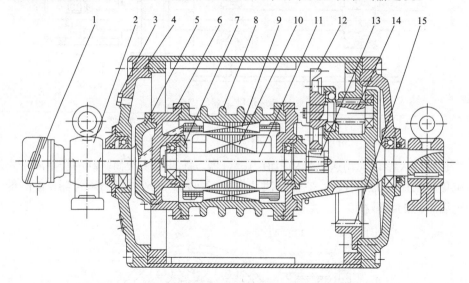

图 6-15　油冷式电动滚筒

1—接线盒；2—支座；3—油塞；4—端盖；5—法兰盘；6—电机端盖；

7—内盖；8—电机外壳；9—电机定子；10—电机转子；11—电机轴；

12，13，14—齿轮；15—内齿轮

（5）可控启动装置　对带式输送机实现可控启动有多种方式，大致可分为两大类：一类是用电动机调速启动；另一类是用鼠笼式电动机配用机械调速装置对负载实现可控启动和减速停车。

电动机调速启动可用绕线式感应电动机转子串电阻调速、直流电机调速、变频调速即可控硅调压调速等多种方式。

机械调速装置有调速型液力耦合器、CST 可控启动传输及液体黏滞可控离合器三种。这里介绍一下 CST 可控启动传输。

CST（controlled start transmission）可控启动传输是美国为带式输送机设计

使用的一套可控启动装置的总称。它的主体是一个可控无级变速的减速器。其原理是在一级行星传动中，用控制内齿圈转速的办法调节行星架输出的转速，使负载得到所需要的启动速度特性和减速特性，并能以任意非额定的低速运行。内齿圈的转动用多片型液体黏滞离合器控制。

多片型液体黏滞离合器是由若干个动片和静片交叉叠而合成的，动片组经外齿花键与行星轮系的内齿圈连接，静片组经内齿花键与固定在减速箱体上的轴套连接，离合器的离合由环形液压缸操作。

多片型液体黏滞离合器的原理是依靠动、静片之间的油膜剪切力传递力矩。研究表明，两块盘状平行平板之间充有极薄的油膜（小于 $20\mu m$）时，主动板依靠油膜的剪切力可以向从动板传递转矩，它所传递转矩的大小与两板的间隙（即油膜厚度）成反比。据此，调节离合器环形液压缸的压力，改变动、静片间的油膜厚度，就能控制它所传递的转矩。当输出轴上的转矩大于负载的静阻力矩时，负载就加速；转矩平衡时，负载就稳定运行。

CST 的可控无级变速减速器的传动系统是由输入轴与鼠笼式感应电动机连接，输出轴与负载（带式输送机的驱动滚筒）相接。电动机启动时，多片型离合器的液压缸上不加压，动、静片之间有较大的间隙。输入轴经一级齿减速后，带动行星轮系的太阳轮旋转，由于动、静片之间的间隙大，动片的转动不受阻，内齿圈可自由旋转，使得行星轮只能自转，行星架和输出轴不能动，这样一来，电动机是无载启动。当电动机无载启动达到其额定转速稳定运行后，负载的启动是由环形液压缸向离合器的动、静片上加压，改变动、静片间的间隙来执行。当输出轴上由电动机得到的转矩大于负载的静阻力矩时，负载就开始启动运转。

在 CST 总体中与主体可控无级变速减速器配套的装置有：控制离合器环形油缸的液压伺服系统、给离合器和润滑系统供油的液压系统、油液冷却系统及电控监测系统。电控监测系统由可编程控制器和监测各种参数的传感器组成。

CST 可控启动传输对带式输送机有如下功能：

① 电动机无载启动；

② 输送带的加、减速度特性任意可调；

③ 输送带可低速运行；

④ 冷却系统可满足频繁启动的需要；

⑤ 控制系统的响应极快；

⑥ 过载保护灵敏；

⑦ 多电机驱动时的功率分配均衡；

⑧ 有多种监测、保护装置，能连续对各种参数进行有效监测和控制，可靠性高。

6.2.4.2 传动滚筒直径的选择

传动滚筒直径的大小影响输送带绕经滚筒时的附加弯曲应力及输送带在滚筒上的比压。为使弯曲应力不过大，对于帆布层芯体的输送带，传动滚筒的直径 D 与帆布层数 z 之比值可做如下确定：

① 当采用硫化接头时，$D/z \geqslant 125$；

② 当采用机械接头时，$D/z \geqslant 100$；

③ 对于移动式和井下便拆装式输送机：$D/z \geqslant 80$。

整编芯体塑料输送带使用的滚筒直径与同等强度的帆布层输送带相同。

钢丝绳芯输送带：$D/d \geqslant 150$，其中 d 为钢丝绳的直径。

上述输送带滚筒直径的选择也可参照表 6-13、表 6-14 进行。

表 6-13   帆布层输送带用驱动滚筒直径

滚筒直径/mm		500	650	800	1000	1250	1400
帆布层数	硫化接头	4	5	6	8.1	9.81	10.3
	机械连接	5	6	7~8	9~10	11~12	—

表 6-14   钢丝绳芯输送带用驱动滚筒直径

输送带强度/（N/cm）	6500~12500	16000~20 000	25000	30000	40000
带芯钢丝绳直径/mm	4.5	6.75	8.1	9.81	10.3
滚筒直径/mm	800	1000	1250	1400	16000

输送带带宽与传动滚筒直径的配合关系参阅《运输机械手册》。此外，滚筒宽度应比输送带带宽大 $100 \sim 200$mm。

输送带在滚筒上的比压不能大于许用值。对于织物芯体输送带用式（6-1）计算；对于钢丝绳芯输送带用式（6-2）计算。

$$N_{\mathrm{ZH}} = \frac{2F}{DB} \leqslant [N] \tag{6-1}$$

$$N_{\mathrm{GX}} = \frac{2Fl_{\mathrm{s}}}{DBd_{\mathrm{s}}} \leqslant [N] \tag{6-2}$$

式中，N_{ZH} 为织物芯体输送带的比压，N/cm²；N_{GX} 为钢丝绳芯输送带的比压，N/cm²；$[N]$ 为许用比压，取 $[N] = 100$N/cm²；F 为输送带的张力，N；D 为滚筒直径，cm；B 为滚筒宽度，cm；l_{s} 为钢丝绳间距，cm；d_{s} 为钢丝绳直径，cm。

6.2.4.3 驱动装置的布置

驱动装置的布置按电动机数目分为单机驱动和多电机驱动；按传动滚筒的数目分为单滚筒驱动和多滚筒驱动。图 6-16 所示是 DX 型钢丝绳芯带式输送机的典型布置方式。

6.2.5 机架

机架是用于支承滚筒及承受输送带张力的装置，它包括机头架、机尾架和中间架等，各种类型的机架结构不同。

井下用便拆式带式输送机中，机头架、机尾架做成结构紧凑便于移置的构件。中间架则是便于拆装的结构，有钢丝绳机架、无螺栓连接的型钢机架两种。钢丝绳

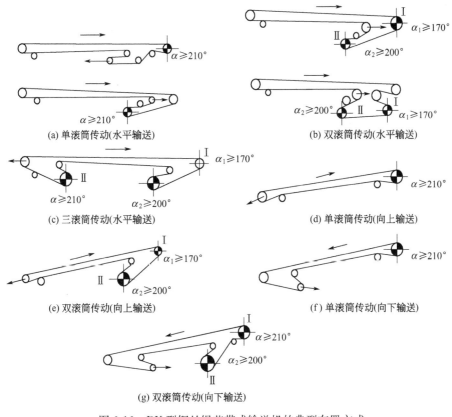

(a) 单滚筒传动(水平输送)

(b) 双滚筒传动(水平输送)

(c) 三滚筒传动(水平输送)

(d) 单滚筒传动(向上输送)

(e) 双滚筒传动(向上输送)

(f) 单滚筒传动(向下输送)

(g) 双滚筒传动(向下输送)

图 6-16　DX 型钢丝绳芯带式输送机的典型布置方式

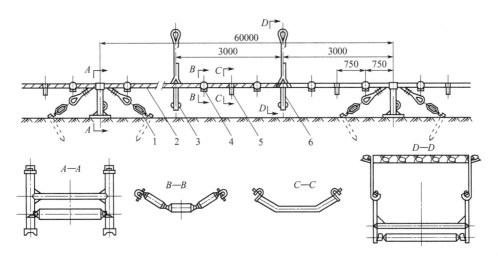

图 6-17　绳架吊挂式机架
1—紧绳装置；2—钢丝绳；3—下托辊；4—铰接式上托辊；
5—分绳架；6—中间吊架

机架如图 6-17 所示。

　　支架可用钢板冲压而成，重型的要用槽钢制成，两侧支腿要有足够的强度。对于缓冲托辊的支架，为了减轻冲击载荷，可用弹簧钢制成，以达到保护胶带的目的。

6.2.6　拉紧装置

　　拉紧装置的作用在于使输送带具有足够的张力，保证输送带和传动滚筒之间产生摩擦力使输送带不打滑，并限制输送带在各托辊间的垂度，使输送带正常运行。常见的几种拉紧装置如图 6-18 所示。

　　(1) 螺旋拉紧装置　螺旋拉紧装置如图 6-18(a) 所示，拉紧滚筒的轴承座安装在活动架上，活动架可在导轨上滑动。螺杆旋转时，活动架上的螺线跟活动架一起前进和后退，实现张紧和放松的目的。这种拉紧装置只适用于机长小于 80m 的短距离输送机。

　　(2) 垂直式各重锤车式拉紧装置　垂直式和重锤车式拉紧装置都是利用重锤自动拉紧，其结构原理如图 6-18(b) 和图 6-18(c) 所示。这两种拉紧装置拉力恒定，适用于固定式长距离输送机。

　　(3) 钢丝绳绞车式拉紧装置　这种拉紧装置是利用小型绞车拉紧，其结构原理如图 6-18(d) 所示。因其体积小，拉力大，所以广泛应用于井下带式输送机。

　　中国矿业大学研制的 YZL 系列液压绞车自动拉紧装置如图 6-19 所示，这种自动拉紧装置结构紧凑，绞车不须频动作，拉紧力传感器不怕潮湿和泥水的影响，工作可靠。表 6-15 所示是其主要技术特征。

表 6-15　YZL 系列液压绞车自动拉紧装置的主要技术特征

型　　号	YZL—50	YZL—100	YZL—150
最大拉紧力/kN	50	100	150
拉紧行程/m	20	25	30
拉紧站外形尺寸/mm×mm×mm	1600×1100×1000	1700×1200×1000	1700×1200×1000

6.2.7　制动装置

　　带式输送机使用的制动装置有逆止器和制动器。逆止器是供向上运输的输送机停车后限制输送带倒退用；制动器是供向下运输的输送机停车用，水平运输若需要准确停车或紧急制动，也应装设制动器。

　　逆止器有多种，最简单的是塞带逆止器，如图 6-20(a) 所示。输送带向上正向运行时，制动带不起制动作用，输送带倒行时，制动带靠摩擦力被塞入输送带与滚筒之间，因制动带的另一端固定在机架上，依靠制动带与输送带之间的摩擦力制止输送带倒行。制动摩擦力的大小决定于制动带塞入输送带与滚筒之间的包角及输送带的张力。塞带逆止器的优点是结构简单，容易制造，缺点是必须倒转一段距离才能制动，而输送带倒行将使装载点堆积洒料。由于塞带制动器的制动力有限，故只适用于倾角和功率不大的带式输送机。

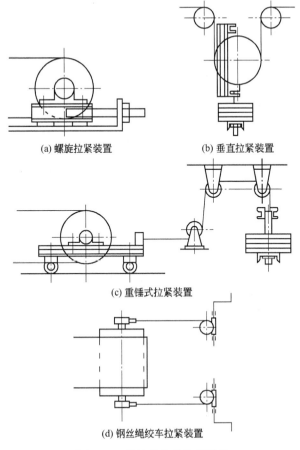

(a) 螺旋拉紧装置　　(b) 垂直拉紧装置

(c) 重锤式拉紧装置

(d) 钢丝绳绞车拉紧装置

图 6-18　常见的几种拉紧装置

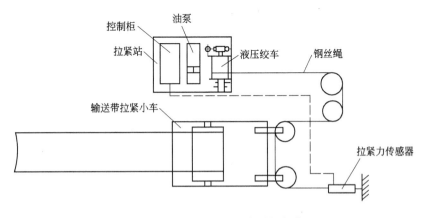

图 6-19　YZL 型液压绞车自动拉紧装置

　　滚柱逆止器如图 6-20(b) 所示。星轮装在双端输出减速器的外端，与输送带滚筒同向旋转，向上运输时，星轮切口内的滚柱位于切口的宽侧，不妨碍星轮在固

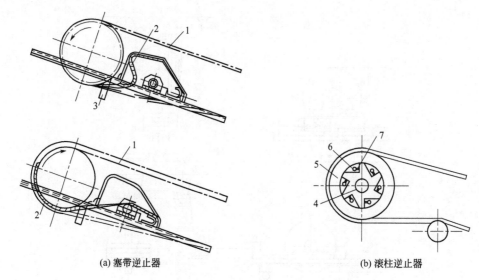

(a) 塞带逆止器　　　　　　　　　　　　　　　(b) 滚柱逆止器

图 6-20　带式输送机逆止器

1—输送带；2—制动带；3—固定挡块；4—星轮；5—固定圈；6—滚子；7—弹簧

定圈内转动；停车后，输送带倒转时，星轮反向转动，滚柱挤入切口的窄侧，滚柱愈挤愈紧，将星轮楔住。滚筒被制动后不能旋转。这种逆止器的空行程小，动作可靠。在老式 TD 型带式输送机中已系列化，有定型产品供选用。这种逆止器的最大逆止力矩已不能满足大型带输送机的需要。

新式的异形块逆止器承载能力高，结构紧凑，其最大逆止力矩能达 700000N·m。

多驱动的带式输送机采用几个逆止器时，若不能保证各逆止器均匀分担逆止力矩，每个逆止器都必须按能单独承担输送机的全部逆止力矩选定。

制动器有闸瓦制动器和盘式制动器两种。

闸瓦制动器通常采用电动液压推杆制动器，如图 6-21 所示。制动器装在减速器输入轴的制动轮联轴上，闸瓦制动器通电后，由电-液驱动器推动松闸。失电时弹簧抱闸，制动力是由弹簧和杠杆加在闸瓦上的。这种制动器有定型系列产品。闸瓦制动器的结构紧凑，但制动副的散热性能不好，不能单独用于下运带式输送机。

图 6-22 所示是安装在电动机与减速器之间的一套制动装置，称为盘式制动器。其中图 6-22（a）所示是总体布置，图 6-22（b）所示是盘式制动器。盘式制动器由制动盘、制动缸成对安装在制动盘两侧，闸瓦靠制动缸内的碟形弹簧加压，用油压松闸或调节闸瓦压力。液压系统如图 6-23 所示，由电磁比例溢流阀按控制信号调节进入制动缸的油压。

煤矿井下如有防爆要求，则盘式制动器不能安装在高速轴上，因为它会使制动副上产生火花，这时可以安装在不足以产生火花的低速轴上。盘式制动器如能装在驱动滚筒上，安全作用最好。

井下使用的制动器，制动副表面温度不能超过 150℃，在有防爆要求的场合使

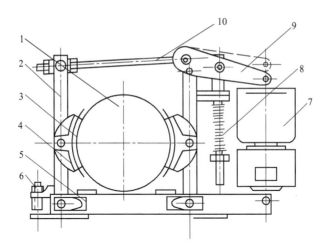

图 6-21　电动液压推杆制动器

1—制动轮；2—制动臂；3—制动瓦衬垫；4—制动瓦块；5—底座；
6—调整螺钉；7—电液驱动器；8—制动弹簧；9—制动杠杆；10—推杆

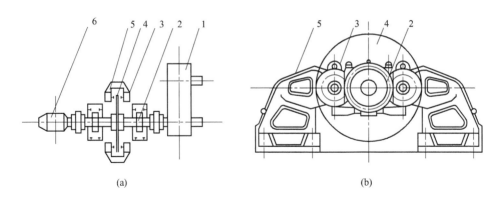

(a)　　　　　　　　　　　　　　　　　(b)

图 6-22　盘式制动器

1—减速器；2—制动盘轴承座；3—制动缸；4—制动盘；5—制动缸支座；6—电动机

用，应采用隔爆元件。

6.2.8　清扫装置

清扫装置是为卸载后的输送带清扫表面黏着物之用。最简单的清扫装置是刮板式清扫器，见图 6-1 中的 8，是用重锤或弹簧使刮板紧压在输送带上。此外，还有旋转刷、指状弹性刮刀、水力冲刷、振动清扫等。采用哪种装置，视所运物料的黏性而定。

输送带的清扫效果，对延长输送带的使用寿命和双滚筒驱动的稳定运行有很大影响，在设计和使用中都必须给予充分的注意。

6.2.9　装载装置

装载装置由漏斗和挡板组成。对装载装置的要求：当物料装在输送带的正中

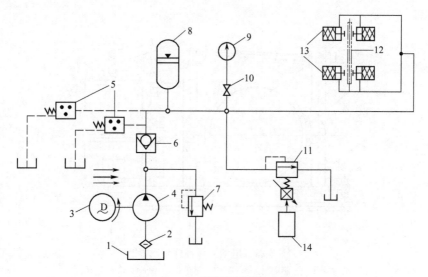

图 6-23　盘式制动器液压系统

1—油箱；2—过滤器；3—电动机；4—泵；5—压力继电器；6—单向阀；

7—溢流阀；8—蓄压器；9—压力表；10—压力表开关；11—电磁比例

溢流阀；12—制动盘；13—制动缸；14—控制信号源

位置时，应使物料落下时能有一个与输送方向相同的初速度；当运送物料中有大块时，应使碎料先落入输送带垫底，大块物料后落入输送带，以减轻输送带的损伤。

6.3　带式输送机的传动原理

6.3.1　胶带的摩擦传动原理

带式输送机所需要的牵引力是通过传动滚筒与胶带之间的摩擦力来传递的。图 6-24 所示为带式输送机传动原理。当电动机经减速器带动传动滚筒转动时，传动滚筒靠摩擦力带动胶带沿圈中所示箭头方向运动，使得胶带与传动滚筒相遇点的张力 F_y 大于分离点的张力 F_l。F_y 与 F_l 之差值为传动滚筒所传递的牵引力。

取 AB 这段长度的胶带为隔离体，如图 6-24(c) 所示。当传动滚筒顺时针转动时，作用在单元体上的力有：A 点的张力 F；B 点的张力 $F+dF$，与 F 成 $d\theta$ 角；传动滚筒对胶带的法向反力 dN 及摩擦力 μdN，μ 为滚筒与胶带之间的摩擦因数。当忽略胶带自重、离心力和弯曲力矩时，该单元体受力平衡方程为：

$$dN = F\sin\frac{\theta}{2} + (F+dF)\sin\frac{\theta}{2}$$

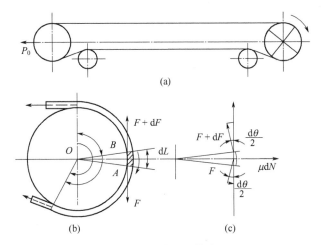

图 6-24　带式输送机传动原理

$$F\cos\frac{\theta}{2}+\mu\mathrm{d}N=(F+\mathrm{d}F)\cos\frac{\theta}{2}$$

由于 $\mathrm{d}\theta$ 很小，故 $\sin\dfrac{\theta}{2}\approx\dfrac{\theta}{2}$，$\cos\dfrac{\theta}{2}\approx1$。因此，上述方程组可简化为：

$$\mathrm{d}N=F\mathrm{d}\theta+\left(F+\mathrm{d}F\,\frac{\mathrm{d}\theta}{2}\right)$$

$$\mathrm{d}F=\mu\mathrm{d}N$$

略去二次微量 $\mathrm{d}F\times\mathrm{d}\theta$ 项，解上述方程组，得：

$$\frac{F}{\mathrm{d}F}=\mu\mathrm{d}\theta \tag{6-3}$$

式(6-3) 为一阶常微分方程，解之可得出张力随围抱角 θ 变化而变化的函数 $F=f(\theta)$。在极限平衡状态下，当围抱角 θ 由 0 增加到 α 时，张力由 F_l 增加到 $F_{l\max}$。利用这两个边界条件，对微分方程式(6-3) 两边定积分得：

$$\int_{F_l}^{F_{y\max}}\frac{F}{\mathrm{d}F}=\int_{0}^{a}\mu\mathrm{d}\theta$$

解上式，得：

$$\frac{F_{y\max}}{F_l}=\mathrm{e}^{\mu\alpha} \tag{6-4}$$

同理，对于围包弧上任意一点 A 的张力 F 可以表示为：

$$F=F_l\mathrm{e}^{\mu\alpha} \tag{6-5}$$

相遇点张力 F_l 随负载的增加而加大，当负载增加过多时，就会出现相遇点张力 F_y 与分离点张力 F_l 之差大于传动滚筒与胶带间的极限摩擦力，胶带将在滚筒上打滑而不能工作。若使胶带不

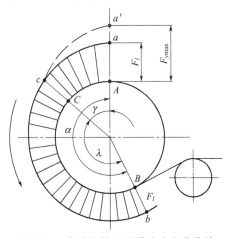

图 6-25　传动滚筒上胶带张力变化曲线

在滚筒上打滑，必须满足如下条件

$$F_l < F_y < F_{y\max} \tag{6-6}$$

图 6-25 所示是按式(6-4)、式(6-6) 绘制的胶带张力变化规律曲线。从图中可以看，胶带张力在 BC 弧内按欧拉公式(6-4) 所反映的规律变化，在 C 点胶带的张力达到 F_l，在 CA 弧内胶带的张力保持不变。

胶带是弹性体，在张力作用下要产生弹性伸长，而且受力越大变形越大。而胶带张力由相遇点到分离点是逐渐变小的，也就是说在相遇点被拉长的胶带，在向分离点运动时，就会随着张力的减小而逐渐收缩。在这个过程中，胶带与滚筒之间便产生相对滑动，称其为弹性滑动（或叫弹性蠕动），显然，弹性滑动只发生在传动滚筒上有张力差的一段胶带内。这个张力差就是滚筒传递给胶带的牵引力。也就是说在传递牵引力的围包弧内必然有弹性滑动现象。这段由弹性滑动产生的弧叫滑动弧，滑动弧所对应的中心角 γ 叫静止角。滑动弧随着相遇点张力的增大而增加。

6.3.2 传动装置的牵引力

由式(6-4) 可知，带式输送机单滚筒传动装置可能传递的最大牵引力为：

$$F_{\mu\max} = F_{y\max} - F_l = F_l\,(e^{\mu\alpha} - 1) \tag{6-7}$$

从式(6-7) 中可以看出，提高传动装置牵引力有如下方法：

① 增大 F_l。增加拉紧力可使分离点张力 F_l 增大。但在增大 F_l 的同时，必须相应地增大胶带断面，这样就使胶带费用及传动装置的结构尺寸随之加大，故不经济。

② 增大围抱角 α。对于井下带式输送机，因工作条件较差，所需牵引力较大，可采用双料，以增大摩擦因数。

③ 增大摩擦因数 μ。通常是在传动滚筒上覆盖摩擦因数较大的橡胶、牛皮等衬垫材料，以增大摩擦因数。

式(6-7) 表示的是传动滚筒能传递的最大摩擦牵引力。在实际使用中，考虑到摩擦因数和运行阻力的变化，以及启动加速时的动负荷影响，应使摩擦牵引力有一定的富余量作为备用。因此，设计采用的摩擦牵引力 F_μ 应为：

$$F_\mu = \frac{F_{\mu\max}}{n} = F_l\,\frac{e^{\mu\alpha} - 1}{n} \tag{6-8}$$

式中，n 为摩擦力备用系数（又称启动系数），可使 $n = 1.3 \sim 1.7$。

摩擦因数对所能传递的牵引力有很大影响，影响摩擦因数的因素很多，主要是输送带与滚筒接角面的材料、表面状态以及工作条件。对于功率大的带式输送机，还要考虑比压、输送带覆盖胶和滚筒包覆层的硬度、滑动速度、接触面温度。在一般情况下，摩擦因数可按表 6-16 选取。

表 6-16　输送带与滚筒间的摩擦因数

滚筒 / 输送带		橡胶输送带	塑料输送带
无衬光面滚筒	干　燥	0.25	0.17
	潮　湿	0.20	0.15
	有泥水	0.10	—
胶面滚筒	干　燥	0.40	0.30
	潮　湿	0.35	0.25
	有泥水	—	—
"人"字沟槽胶面滚筒	干　燥	0.40～0.50	—
	潮　湿	0.30～0.35	—
	有泥水	0.25	—

6.3.3　双滚筒传动牵引力的分配

目前采用双滚筒传动的带式输送机有两种形式：一是两滚筒通过一对齿数相同的传动齿轮连接（即刚性连接），见图 6-26(a)；一是两个滚筒分别传动，见图 6-26(b)。

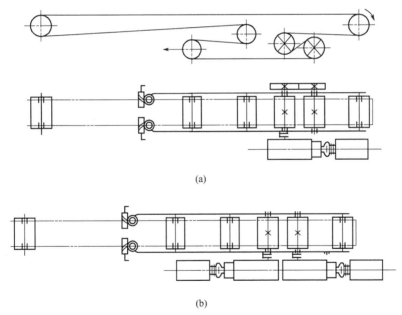

(a)

(b)

图 6-26　双滚筒传动的传动方式

6.3.3.1　刚性连接的双滚筒传动

具有刚性连接的双滚筒传动，两个滚筒的转数相同。若两滚筒的直径也相等，则从图 6-27 中可以看出，胶带由滚筒 Ⅱ 的 D 点到滚筒 Ⅰ 的 B 点的张力是相等的。故 B 点可以看做是 D 点的继续。当滚筒 Ⅱ 传递的牵引力达到极限值后，滚筒 Ⅰ 开始传递牵引力。这时，静止角仅存在于滚筒 Ⅰ 上。

滚筒 Ⅱ 可能传递的最大牵引力为

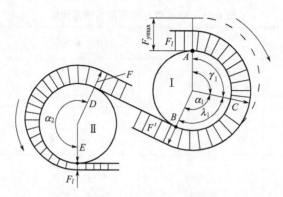

图 6-27　具有刚性连接的双滚筒上胶带张力变化曲线

$$F_{\text{II max}} = F' - F_l = F_l(\mathrm{e}^{\mu\alpha_2} - 1)$$

滚筒 I 可能传递的最大牵引力为

$$F_{\text{I max}} = F_{y\text{max}} - F' = F_l(\mathrm{e}^{\mu\alpha_1} - 1)\mathrm{e}^{\mu\alpha_2}$$

式中，F' 为两滚筒间胶带的张力。

传动装置可能传递的牵引力为

$$F_{\text{max}} = F_{\text{I max}} + F_{\text{II max}} F_l(\mathrm{e}^{\mu\alpha} - 1) \tag{6-9}$$

式中，$\alpha = \alpha_1 + \alpha_2$。

两滚筒可能传递的最大牵引力之比为

$$\frac{F_{\text{I max}}}{F_{\text{II max}}} = \frac{(\mathrm{e}^{\mu\alpha_1} - 1)\mathrm{e}^{\mu\alpha_2}}{\mathrm{e}^{\mu\alpha_2} - 1} \tag{6-10}$$

通常情况下，$\alpha_1 = \alpha_2 = \dfrac{\alpha}{2}$，故得

$$\frac{F_{\text{I max}}}{F_{\text{II max}}} = \mathrm{e}^{\mu\frac{\alpha}{2}} \tag{6-11}$$

式（6-11）说明，对于具有刚性连接的双滚筒传动装置，滚筒 I 可能传递的最大牵力比滚筒 II 大 $\mathrm{e}^{\mu\frac{\alpha}{2}}$ 倍。

具有刚性连接的双滚筒传动装置，其优点是结构简单，造价低；其缺点是设计好的牵引力分配比值只适用于一定的载荷及一定的 μ 值，当载荷变化及滚筒表面情况变化时，牵引力的比值也随之改变。

在生产实践中，一般井下带式输送机是在过度张紧状态下运行，同时脏物使摩擦因数 μ 增大，这就使滚筒 II 传递的牵引力过大，故滚筒 II 磨损较快。为了使负荷不集中在滚筒 II 上，滚筒 II 的直径应略小于滚筒 I 的直径。据有关资料介绍，$D_1 : D_2$ 可取为 $(1.005 : 1) \sim (1.01 : 1)$。此外，还应根据外界条件的变化及时调整胶带的拉紧力，改变 F_l 值使负荷平均分配在两个滚筒上。

6.3.3.2　双滚筒分别传动

在这种情况下，两滚筒分别用单独的电动机驱动，如图 6-26（b）所示。设计时在总功率确定后，需要解决如何分配两个滚筒所传递的功率问题。运转中由于两

台电机的特性差别、两滚筒直径的差别以及输送带弹性的影响，两台电机的实际输出功率与设计时分配的功率往往不同。传动功率的分配，有按最小张力分配和按比例分配两种方式。

（1）按最小张力分配　这是指传递一定的牵引力，输送带的张力最小。从式(6-7)可以看出，总的摩擦牵引力 $F_{\mu max}$ 一定时，为使 F_l 最小，在摩擦因数不变的条件下，要充分利用围抱角 α。若两滚筒的围抱角分别为 α_1 和 α_2，如图6-28所示，则相遇点一侧的滚筒 I 所能传递的最大牵引力为：

$$F_{l max}=F'(e^{\mu\alpha_1}-1) \tag{6-12}$$

分离点一侧的滚筒 II 所能传递的最大牵引力为：

$$F_{II max}=F_L(e^{\mu\alpha_2}-1) \tag{6-13}$$

当滚筒 II 的围抱角充分利用，都是利用 α_2 角时

$$F'=F_l e^{\mu\alpha_2} \tag{6-14}$$

将式(6-14)代入式(6-12)得

$$F_{l max}=F_l e^{\mu\alpha_2}(e^{\mu\alpha_1}-1) \tag{6-15}$$

为充分利用围抱角，应按式(6-15)和式(6-13)求得的牵引力计算和配备两个滚筒所需要的电动机功率。按图6-28所示的围包方式，一般情况下 $\alpha_1=\alpha_2=\alpha/2$，代入式(6-15)、式(6-13)得

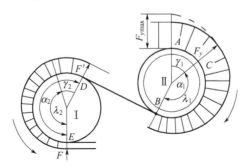

图6-28　双滚筒分别传动时的胶带张力变化曲线

$$F_{I max}=F_l e^{\mu\frac{\alpha}{2}}(e^{\mu\frac{\alpha}{2}}-1) \tag{6-16}$$

$$F_{II max}=F_l(e^{\mu\frac{\alpha}{2}}-1) \tag{6-17}$$

由

$$F_{\mu max}=F_{I max}+F_{II max}=F_l(e^{\mu\frac{\alpha}{2}}-1)(e^{\mu\frac{\alpha}{2}}+1) \tag{6-18}$$

得

$$F_l=\frac{F_{\mu max}}{(e^{\mu\frac{\alpha}{2}}-1)(e^{\mu\frac{\alpha}{2}}+1)} \tag{6-19}$$

式(6-19)是传递一定的摩擦牵引力 $F_{\mu max}$ 时，按式(6-16)、式(6-17)配备两滚筒电机时，输送带分离点应有的张力。

按最小张力分配的优点是：传递一定的牵引力时，输送带张力最小，有利于输送带运行。缺点是很难选到合适的电动机，且两滚筒所用的电动机功率不同，减速

器不同，设计和使用都不便。

（2）按比例分配　这是按比例将总功率分配到两个滚筒上，通常采用按 1∶1 和 2∶1 两种分配方式。

① 按 1∶1 分配。以这种方式分配时，可设两滚筒功率相同，各为总功率的 1/2。其优点是电机、减速器及有关设备全一样，运转维护方便，因此采用较多。缺点是不能充分利用相遇点一侧的滚筒 Ⅰ 所能传递的摩擦牵引力，因而需要加大输送带的张力。这个问题可以作一简要分析：

按 1∶1 分配，两滚筒传递的总牵引力为：

$$F_{(1:1)\mu max} = 2F_{\text{II} max} = 2F_{l(1:1)}(e^{\mu\frac{a}{2}}-1) \tag{6-20}$$

$$F_{l(1:1)} = \frac{F_{(1:1)\mu max}}{2(e^{\mu\frac{a}{2}}-1)} \tag{6-21}$$

将式(6-21) 与式(6-19) 比较，因 $e^{\mu\frac{a}{2}} > 1$，当两滚筒传递的总牵引力相同，$F_{(1:1)\mu max} = F_{\mu max}$ 时，$F_{l(1:1)} > F_l$。这就是说为传递同样的牵引力，采用 1∶1 分配，需要加大分离点的张力，即需要输送带的张力加大。

② 按 2∶1 分配。这是将相遇点一侧的滚筒 Ⅰ 的功率按两倍于滚筒 Ⅱ 分配。这种方式的优点是：两滚筒既可使用相同的电机、减速器及有关设备，又可充分发挥滚筒 Ⅰ 的摩擦牵引力。传递同样牵引力时，所需要输送带的张力比按 1∶1 分配小得多。缺点是：滚筒 Ⅰ 需两套电机和减速器，占地面积大。

由式(6-16) 和式(6-17) 可知，当两个滚筒的布置如图 6-26 所示时，$\alpha_1 = \alpha_2 \approx$ 210°，如摩擦因数 $\mu = 0.2$，$e^{\mu\frac{a}{2}} = 2.08$，按张力最小分配法计算可得：$F_{\text{I} max} =$ $2.08F_{\text{II} max}$。相当于按 2∶1 的功率分配，此时两个滚筒的摩擦牵引力已接近充分发挥。如围抱角和摩擦因数不是上述数值，按 2∶1 分配电机功率时，输送带张力要大一些，但比按 1∶1 分配所需张力要小得多。设计时，应按实际条件的摩擦因数合理调整围抱角，使两滚筒所传递的牵引力比值接近 2∶1。

以上分析了双滚筒分别传动时，按一定关系分配两个滚筒的功率。在实际运转中，由于所用电机特性差别、滚筒直径差别和输送带弹性的影响，会使电机实际功率发生变化，若考虑这些因素的影响，则两个滚筒实际负载牵引力之比 t 为：

$$t = \frac{F_{\text{I}}}{F_{\text{II}}} = \frac{\dfrac{\sigma_{e_2}}{F_{e_2}}D_2F - (D_2 - D_1)}{\left(\dfrac{\sigma_{e_1}}{F_{e_1}} + \dfrac{1}{G}\right)D_1F + (D_2 - D_1)} \tag{6-22}$$

式中，F_{I}、F_{II} 分别为滚筒 Ⅰ、滚筒 Ⅱ 的分配牵引力；F_{e_1}、F_{e_2} 分别为滚筒 Ⅰ 额定转速 n_{e_1}、滚筒 Ⅱ 在额定转速 n_{e_2} 时额定牵引力；σ_{e_1}、σ_{e_2} 分别为滚筒 Ⅰ、滚筒 Ⅱ 电机的额定滑差；D_1、D_2 分别是为滚筒 Ⅰ、滚筒 Ⅱ 的直径；G 为输送带的刚度；F 为输送带的总牵引力，$F = F_{\text{I}} + F_{\text{II}}$。

由式(6-22) 可以看出，在实际运转中，由于上述因素的影响，尤其是两滚筒直径差别较大时，对分别传动的两滚筒的实际影响很大，特别是对滚筒 Ⅱ 的影响更大，在设计和使用中应充分注意。选用电机功率时，应有一定的富裕量，以免严重过载时烧坏电动机。

改善双滚筒传动负载不均匀的有效方法，除在电动机和减速器之间采用液力耦合器，以增大滚筒的滑差外，还应在工作中对输送机加强维修，将卸载后的输送机清扫干净，防止煤粉黏结在滚筒表面，使两传动滚筒的直径大小不一。

6.4 带式输送机的设计与计算

带式输送机的设计计算分设计型和选用型两种。前者是按给定的工作条件经计算选用 DT II 型的标准零部件组成固定式带式输送机的整机；后者是按给定的使用条件选用有定型规格的整机产品。两种情况下的计算方法基本是一致的。

固定式带式输送机一般无定型整机产品，但其各个部件如输送带、滚筒组件、驱动装置、托辊组件、机架、拉紧装置、制动装置、清扫装置、电控及保护装置都有标准系列，可供选用。设计时，按给定的工作条件经过计算和优化，再选用适当规格的标准部件组成输送机的整机。

煤矿井下用的便拆装式输送机有固定规格的定型整机产品，其主要产品的技术特征列于表 6-17。如给定的使用条件与某种型号的技术特征基本一致，经验算后其主要技术特征满足工作要求，即可选用该整机。

表 6-17 便拆装式带式输送机的主要技术特征

型号	运输能力 /（t/h）	输送长度 /m	带宽 /mm	带速 /（m/s）	电动机			液力耦合器型号	机头外形尺寸（长×宽×高） /mm	整机质量 /t
					型号	功率 /kW	电压 /V			
SPJ-800	350	300	800	1.63	DS3B-17 DS2B-30	17 30	380/660	YL-420	6600×2100 ×1300	25
SD-80	400	600	800	2.00	JDSB-40	2×40	380/660	YL-400	4230×1961 ×1500	46
SDJ-150	630	1000	1000	1.90	DSB-75	2×75	380/660	YL-450	4755×2269 ×1665	87
DSP-1063/1000	630	1000	1000	1.88	JDSB-125	125	660/1140	YL-500	4755×2269 ×1665	95
DPS-1000	660	1000	1000	2.10		2×30		YL-420	7270×2300 ×1470	26

带式输送机的计算内容有输送能力及相关参数、运行阻力、牵引力及牵引功率、输送带强度验算、拉紧力和制动力矩。下面给出详细的计算步骤和计算方法。

6.4.1 原始数据及工作条件

带式输送机的计算，应具有下列原始数据。

① 带式输送机的使用地点及工作环境；

② 带式输送机的布置形式及尺寸：运输距离、倾角及向上运输还是向下运输；

③ 所运物料名称和运输量；

④ 所运物料的性质：块度、松散密度、堆积角、温度、湿度、磨琢性、腐蚀性；

⑤ 装载和卸载情况。

6.4.2 输送能力及相关参数

带式输送机的最大输送能力是由输送带上物料的最大截面积、带速和设备倾斜系数决定的，即

$$Q_v = 3600Avk \tag{6-23}$$

如考虑物料的质量，则式(6-23)可写成

表 6-18　物料的最大截面积

带宽 /mm	堆积角 /(°)	槽角/(°)					
		20	25	30	35	40	45
500	0	0.0098	0.0120	0.0130	0.0157	0.0173	0.0186
	10	0.0142	0.0162	0.0180	0.0196	0.0210	0.0220
	20	0.0206	0.0206	0.0222	0.0236	0.0247	0.0256
	30	0.0234	0.0252	0.0266	0.0278	0.0287	0.0293
650	0	0.0184	0.0224	0.0260	0.0294	0.0322	0.0347
	10	0.0262	0.0299	0.0332	0.0362	0.0386	0.0407
	20	0.0342	0.0377	0.0406	0.0433	0.0453	0.0469
	30	0.0427	0.0459	0.0484	0.0507	0.0523	0.0534
800	0	0.0279	0.0344	0.0402	0.0454	0.0500	0.0540
	10	0.0405	0.0466	0.0518	0.0564	0.0603	0.0636
	20	0.0536	0.0591	0.0638	0.0672	0.0710	0.0736
	30	0.0671	0.0722	0.0763	0.0793	0.0822	0.0840
1000	0	0.0478	0.0582	0.0677	0.0763	0.0838	0.0898
	10	0.0674	0.0771	0.0857	0.0933	0.0998	0.1050
	20	0.0876	0.0966	0.1040	0.1110	0.1160	0.1200
	30	0.1090	0.1170	0.1240	0.1290	0.1340	0.1360
1200	0	0.0700	0.0853	0.0992	0.1120	0.1230	0.1320
	10	0.0988	0.1130	0.1260	0.1370	0.1460	0.1540
	20	0.1290	0.1420	0.1530	0.1630	0.1710	0.1760
	30	0.1600	0.1720	0.1820	0.1900	0.1960	0.2000
1400	0	0.0980	0.1200	0.1390	0.1570	0.1710	0.1840
	10	0.1380	0.1580	0.1750	0.1910	0.2040	0.2140
	20	0.1790	0.1970	0.2130	0.2200	0.2370	0.2450
	30	0.2210	0.2380	0.2530	0.2640	0.2720	0.2770
1600	0	0.1300	0.1590	0.1850	0.2080	0.2280	0.2440
	10	0.1820	0.2090	0.2330	0.2530	0.2700	0.2830
	20	0.2360	0.2610	0.2820	0.3000	0.3140	0.3240
	30	0.2930	0.3150	0.3340	0.3490	0.3600	0.3660

带宽 /mm	堆积角 /(°)	槽角/(°)					
		20	25	30	35	40	45
1800	0	0.1670	0.2030	0.2370	0.2660	0.2920	0.3130
	10	0.2330	0.2680	0.2980	0.3240	0.3460	0.3630
	20	0.3020	0.3340	0.3610	0.3840	0.4010	0.4140
	30	0.3740	0.4030	0.4270	0.4460	0.4600	0.4630
2000	0	0.2070	0.2630	0.2940	0.3310	0.3620	0.3830
	10	0.2900	0.3320	0.3700	0.4030	0.4290	0.4500
	20	0.3760	0.4150	0.4480	0.4760	0.4980	0.5140
	30	0.4650	0.5010	0.5300	0.5540	0.5710	0.5810

$$Q_V = 3.6 A v \gamma k \tag{6-24}$$

式中，Q_V 为容积输送能力，$\mathrm{m^3/h}$；A 为输送带上物料的最大横断面积，$\mathrm{m^2}$，按式(6-27)计算或参看表 6-18；v 为输送带的运行速度，$\mathrm{m/s}$；γ 为物料的松散密度，$\mathrm{kg/m^3}$；k 为输送机的倾斜系数，参看表 6-19。

表 6-19　输送机的倾斜系数

倾角/(°)	2	4	6	8	10	12	14	16	18	20
k	1.00	0.99	0.98	0.97	0.95	0.93	0.91	0.89	0.85	0.91

对于沿水平运行的输送带可用一辊、二辊和三辊承托，物料在输送带上的最大横断面积如图 6-29 所示。计算方法如下。

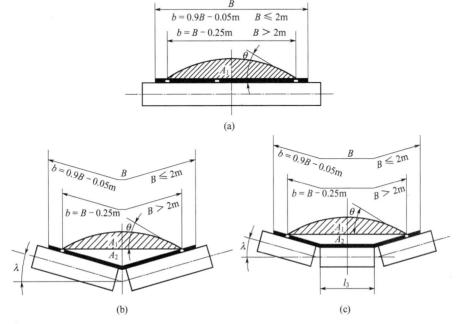

图 6-29　物料的最大堆积面积

$$A_1 = [l_3 + (b - l_3)\cos\lambda]^2 \frac{\tan\theta}{6} \tag{6-25}$$

$$A_2 = \left(l_3 + \frac{b - l_3}{2}\cos\lambda\right)\frac{b - l_3}{2}\sin\lambda \tag{6-26}$$

$$A = A_1 + A_2 \tag{6-27}$$

式中，b 为有效带宽（$B \leqslant 2\text{m}$，$b = 0.9B - 0.05$；$B > 2\text{m}$，$b = B - 0.25$），m；θ 为动堆积角，一般为安息角的 $50\% \sim 75\%$；λ 为槽角，对于一辊组成的槽形，$\lambda = 0$；l_3 为中心托辊长，设计时一般取 $0.38b \sim 0.4b$，对于一辊或二辊组成的槽形，$l_3 = 0$。

由上可知，输送带的带宽 B 和它的运行速度 v 决定了带式输送机的输送能力。带宽和带速已标准化，可查 GB/T 10595—2009 的规定。一般情况下，按表 6-20 选择带速。

确定带宽要考虑所运物料的最大块度，以使输送机能稳定运行。不同带宽实用的物料最大块度见表 6-21。此外，表 6-22 给出了带宽 B、带速 v 与输送能力 Q 的匹配关系。

表 6-20　不同性质的物料选用带速的推荐值

序号	物料特性	物料种类	不同带宽 B/mm，推荐带速 v/（m/s）			
			500,650	800,1000	1200～1600	1800 以上
1	磨琢性较小或不会因粉化而引起物料品质下降	原煤、盐、沙等	≤2.5	≤3.15	2.5～5.0	3.15～6.3
2	磨琢性较大，中、小粒度的物料（160mm 以下）	剥离岩、矿石、碎石等	≤2.0	≤3.15	2.0～4.0	2.5～5.0
3	磨琢性较大，粒度较大的物料（160mm 以上）	剥离岩、矿石、碎石等	≤1.6	≤2.5	2.0～4.0	2.0～4.0
4	品质会因粉化而降低的物料		≤1.6	≤2.5	2.0～3.15	—
5	筛分后的物料	焦炭、精煤等	≤1.6	≤2.5	2.0～4.0	—
6	粉状、容易起尘的物料	水泥等	≤1.0	≤1.25	1.0～1.6	—

表 6-21　各种带宽使用的最大块度

带宽/mm	500	650	800	1000	1200	1400	1600	1800	2000	2200	2400
最大块度/mm	150	150	200	300	350	350	350	350	350	350	350

最佳带宽与带速的匹配，应经优化设计确定，特别是对大型带式输送机。因为在满足输送能力的前提下，可有多种带宽与带速的匹配。一般来说，带宽大，不仅使输送带加重，还会使整机加重、占地加宽、造价升高。因此，适当提高带速可有效解决这一问题。但过分提高带速，也会带来负面效应，如所需电动机功率加大，则运营费用增加；同时，维护工作量和难度也要加大。对设计人员而言，应从技术和经济两个方面综合考虑，以吨量运输费用最低为目标函数，经优化设计最终确定带宽和带速。

表 6-22　带宽 *B*，带速与输送能力 *Q* 的匹配关系

带宽/mm ＼ 输送能力 Q/(t/h) ＼ 带速/(m/s)	1.25	1.6	2.0	2.5	3.15	4.0	(4.5)	5.0	(5.6)	6.3
500	108	139	174	217						
650	198	254	318	397						
800	310	397	496	620	781					
1000	507	649	811	1014	1278	1622				
1200	742	951	1188	1486	1872	2377	2674	2971		
1400	1032	1321	1652	2065	2602	3304	3718	4130		
1600			2186	2733	3444	4373	4920	5466	6122	
1800			2795	3494	4403	5591	6291	6989	7829	9083
2000			3470	4338	5466	6941	7808	8676	9717	11277
2200					6843	8690	9776	10863	12166	14120
2400					8289	10526	11842	13158	14737	17104

注：1. 输送能力 *Q* 值是按水平运输、动堆积角 $\theta=20°$、托辊槽角 $\lambda=35°$ 计算的。

2. 表中带速 (4.5)m/s、(5.6)m/s 为非标准值。一般不推荐使用。

6.4.3　运行阻力

带式输送机的运行阻力由以下几种阻力组成：主要阻力 F_H、附加阻力 F_N、特种主要阻力 F_{S_1}、特种附加阻力 F_{S_2}、倾斜阻力 F_{S_t}。这五种阻力不是每种带式输送机都有的，如特种阻力 F_{S_1}、F_{S_2} 只出现在某些设备中。

（1）主要阻力 F_H　主要阻力包括托辊旋转阻力和输送带的前进阻力。托辊旋转阻力是由托辊轴承和密封间的摩擦产生的；输送带的前进阻力是由于输送带在托辊上反复被压凹陷，以及输送带和物料经过时反复弯曲变形产生的。计算方法如下：

$$F_H=fLg[(2q_B+q_G)\cos\beta+q_{RO}+q_{RU}]　　　（6-28）$$

式中，f 为模拟摩擦因数，根据工作条件及制造、安装水平选取，参见表 6-23；L 为输送机长度（头、尾滚筒中心距），m；g 为重力加速度，$g=9.81\text{m/s}^2$；β 为输送机的工作倾角，当输送机倾角小于 18° 时，可取 $\cos\beta\approx1$；q_B 为每米长输送带的质量，kg/m；q_G 为每米长输送物料的质量，kg/m；q_{RO} 为承载分支托辊每米长旋转部分的质量，kg/m；q_{RU} 为回程分支托辊每米长旋转部分的质量，kg/m。

每米长输送物料的质量 q_G 及承载分支和回程分支托辊每米长旋转部分的质量 q_{RO}、q_{RU} 分别按下列各式计算

表 6-23 模拟摩擦因数

安装情况	工 作 条 件	f
水平、向上倾斜及向下倾斜的电动工况	工作环境良好,制造、安装良好,带速低,物料内摩擦因数小	0.02
	按标准设计制造、调整好,物料内摩擦因素中等	0.022
	多尘,低温,过载,高带速,安装不良,托辊质量差,物料内摩擦因数大	0.023~0.03
向下倾斜	设计、制造正常,处于发电工况时	0.012~0.016

注:本表取自 DT$_{II}$ 型固定带式输送机设计选用手册。

$$q_G = \frac{Q}{3.6v} \tag{6-29}$$

$$q_{RO} = \frac{m_{RO}}{l_{RO}} \tag{6-30}$$

$$q_{RU} = \frac{m_{RU}}{l_{RU}} \tag{6-31}$$

式中,Q 为输送能力,t/h;v 为带速,m/s;m_{RO} 为承载分支中一组托辊旋转部分的质量,kg,查表 6-24;m_{RU} 为回程分支中一组托辊旋转部分的质量,kg,查表 6-24;l_{RO} 为承载分支(上)托辊的间距,m;l_{RU} 为回程分支(下)托辊的间距,m。

表 6-24 托辊旋转部分的质量 m_{RO} 和 m_{RU}

托辊形式（轴承座形式）		带宽/mm						
		800	1000	1200	1400	1600	1800	2000
上托辊 m_{RO}/kg	铸铁座	14	22	25	47	50	72	77
	冲压座	11	17	20	—	—	—	—
下托辊 m_{RU}/kg	铸铁座	12	17	20	30	42	61	65
	冲压座	11	15	18	—	—	—	—

附加阻力 F_N 的计算如下。

① 物料在装载段被加速的惯性阻力和摩擦阻力

$$F_{Na} = Q_V \gamma (v - v_0) \tag{6-32}$$

式中,Q_V 为容积输送能力,m³/h;v 为输送带的速度,m/s;v_0 为装入的物料在输送带运行方向的速度分量,m/s;γ 为物料的松散堆积密度,kg/m³。

② 物料在装载段导料栏挡侧壁上的摩擦阻力

$$F_{Nb} = \frac{\mu_2 Q_V^2 \gamma g l_b}{\frac{v + v_0}{2} b_1^2} \tag{6-33}$$

式中,b_1 导料挡板间的宽度,m;l_b 为加速段长度 $l_{bmin} = \frac{v^2 - v_0^2}{2g\mu_1}$,m;$\mu_1$ 物料与输送带间的摩擦因数,0.5~0.7;μ_2 物料与导料挡板间的摩擦因数,0.5~0.7。

③ 滚筒轴承阻力（传动滚筒的不计入）

$$F_{Nc}=0.005\frac{d_0}{D}F_T \tag{6-34}$$

式中，D 为滚筒直径，m；d_0 为轴承内径，m；F_T 作用于滚筒上的输送带张力与滚筒旋转部分重力的向量和，N。

④ 输送带绕经滚筒的弯曲阻力

a. 各种帆布输送带

$$F_{Nd}=9B(140+0.01\frac{F_P}{B})\frac{\delta}{D} \tag{6-35}$$

b. 钢丝绳芯输送带

$$F_{Nd}=12B(200+0.01\frac{F_P}{B})\frac{\delta}{D} \tag{6-36}$$

式中，F_P 滚筒上输送带平均张力；δ 输送带的厚度，m；B 为输送带带宽，m。

普通胶带每米质量见表 6-4，钢丝绳芯胶带每米质量见表 6-8。

（2）附加阻力　附加阻力包括：物料在装卸段被加速的惯性阻力和摩擦阻力；物料在装载段的导料挡板侧壁上的摩擦阻力；除驱动滚筒以外的滚筒轴承阻力；输送带在滚筒上绕行的弯曲阻力。

附加阻力的计算：

$$F_N=F_{Na}+F_{Nb}+F_{Nc}+F_{Nd} \tag{6-37}$$

F_{Na}、F_{Nb}、F_{Nc}、F_{Nd} 的计算见表 6-25。

对于长距离的带式输送机（机长大于 80m），附加阻力明显小于主要阻力，这时，在计算中把附加阻力划到主要阻力中去，以简化运行阻力的计算，也不会产生严重错误。具体方法是把主要阻力乘以系数 C，即

$$F_H+F_N=CF_H \tag{6-38}$$

系数 C 根据输送机长度的不同按表 6-25 选取，也可由图 6-30 曲线中查取，从图 6-30 中可以看出，当输送机长度 $L>80m$ 时，系数 C 是稳定值，当 $L<80m$ 时，系数 C 不是稳定值。输送带越短，系数 C 值变化越大，而当 $L>1000m$ 时，系数 C 变化很小。

表 6-25　计入附加阻力的系数 C

L/m	80	100	150	200	300	400	500	600	700	800	900	900	1000	1500	2000	5000
C	1.92	1.78	1.58	1.45	1.31	1.25	1.20	1.17	1.14	1.12	1.10	1.09	1.06	1.05	1.04	1.03

（3）特种主要阻力　特种主要阻力包括：由于槽形托辊的两侧向前倾斜引起的摩擦阻力，在输送带的重段沿线设有导料挡板时，物料与挡板之间的摩擦阻力。

特种主要阻力的计算

$$F_{S1}=F_{Sa}+F_{Sb} \tag{6-39}$$

（4）特种附加阻力　特种附加阻力包括：输送带清扫器的阻力；犁式卸料器的阻力；卸料车的阻力；空段输送带的翻转阻力。

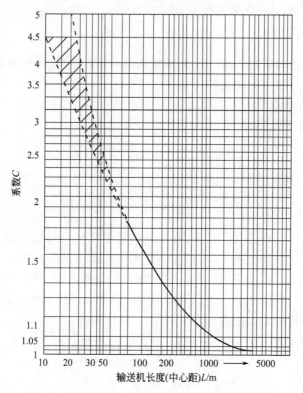

图 6-30　系数 C 随 L 变化的曲线

特种附加阻力的计算

$$F_{S2} = F_{Sc} + F_{Sd} \tag{6-40}$$

F_{Sa}，F_{Sb}，F_{Sc}，F_{Sd} 的计算如下。

① 托辊前倾的摩擦阻力

a. 对重载段等长三托辊

$$F_{Sa} = C_{\varepsilon}\mu_0 L_{\varepsilon}(q_B + q_G)g\cos\beta\sin\varepsilon \tag{6-41}$$

b. 对空载段 V 形托辊

$$F_{Sa} = \mu_0 L_{\varepsilon}q_B g\cos\lambda\cos\beta\sin\varepsilon \tag{6-42}$$

式中，C_{ε} 为槽形系数：$C_{\varepsilon} = 04$（30°槽角），$C_{\varepsilon} = 0.5$（45°槽角）；μ_0 为承载托辊与输送带间的摩擦因数，$0.3 \sim 0.4$；L_{ε} 装有前倾托辊的区段长度，m；β 为输送机的工作倾角，(°)；ε 为托辊轴线相对于垂直输送带纵向轴线的前倾角，(°)。

② 物料与导料挡板间的摩擦阻力

$$F_{Sb} = \frac{\mu_2 Q_V^2 \gamma g l}{v^2 b_1^2} \tag{6-43}$$

式中，Q_V 为容积输送能力，m³/h；γ 为物料的松散堆积密度，kg/m³；l 为导料挡板的长度，m；b_1 为导料挡板间的宽度，m；μ_2 为物料与导料挡板间的摩擦因数，$0.5 \sim 0.7$。

③ 输送带清扫器的摩擦阻力

$$F_{Sc} = Ap\mu_3 \tag{6-44}$$

式中，A 为输送带和清扫器的接触面积，m^2；p 为输送带和清扫器的压力，N/m^2，$p = 3 \times 10^4 \sim 10 \times 10^4 N/m^2$；$\mu_3$ 为清扫器与输送带间的摩擦因素，$0.5 \sim 0.7$。

④ 犁式卸料器的摩擦阻力

$$F_{Sd} = BK_a \tag{6-45}$$

式中，B 为输送带宽度，m；K_a 为犁式卸料器的阻力系数，N/m，一般为$1500N/m$。

（5）倾斜阻力 F_{St}　倾斜阻力是在倾斜安装的输送机上，物料上运时要克服的重力，或物料下运时的负重力。倾斜阻力的计算式为

$$F_{st} = q_G Hg = q_G L\sin\beta \tag{6-46}$$

式中，H 为输送机提升或下降物料的高度，m。

（6）牵引力（圆周力）F_U　带式输送机传动滚筒上所需牵引力（圆周力）是所有运行阻力之和，即

$$F_U = F_H + F_N + F_{S1} + F_{S2} + F_{st} \tag{6-47}$$

6.4.4　胶带张力、托辊间垂度计算及胶带强度校核

（1）胶带张力　由式(6-8)可知，为了满足启动要求（启动时胶带张力较大，另外有时会出现超载和意外载荷，胶带张力也会增大）及摩擦阻力和运行阻力的变化，牵引力应有一定的储备能力，保证滚筒与胶带不打滑。则相遇点的最大张力为

$$F_{ymax} = \left(\frac{n}{e^{\mu\alpha} - 1} + 1\right)F_u \tag{6-48}$$

分离点的最小张力为

$$F_{lmin} = \frac{F_{ymax}}{e^{\mu\alpha}} \tag{6-49}$$

式中符号意义同前，μ 值按表 6-26 选取。

表 6-26　驱动滚筒和橡胶带之间的摩擦因数

运行条件	光滑裸露的钢滚筒	带"人"字形沟槽的橡胶覆盖面	带"人"字形沟槽的聚氨基酸酯覆盖面	带"人"字形沟槽的陶瓷覆盖面
干态运行	0.35~0.4	0.4~0.45	0.35~0.4	0.4~0.45
清洁湿态(有水)运行	0.1	0.35	0.35	0.35~0.4
污浊湿态(有泥)运行	0.05~0.1	0.25~0.3	0.2	0.35

这里的 F_{lmin} 不一定是运输机最小张力点，而要根据运输机布置情况和倾角大小而定，且要满足垂度要求。如果满足不了垂度要求，则由垂度要求确定 F_{lmin}，再反求最大张力 F_{ymax}，输送机其他各点的张力利用逐点计算法求出。

（2）托辊间垂度的计算　承载段垂度要求胶带最小张力点的张力为

$$F_{min} \geqslant \frac{g(q_G + q_B)l_{RO}}{8 \times \dfrac{f_{max}}{l_{RO}}} \tag{6-50}$$

回程段垂度要求胶带最小张力点的张力为

$$F'_{min} \geqslant \frac{g q_B l_{RU}}{8 \dfrac{f'_{max}}{l_{RU}}} \tag{6-51}$$

式中，f_{max} 和 f'_{max} 分别为重段和空段最大垂度，其他符号意义同前。
ISO 标准规定

$$\frac{f_{max}}{l_{RO}} = \frac{f'_{max}}{l_{RU}} = 0.02 \tag{6-52}$$

（3）胶带张度校核　计算出胶带最大张力 F_{max} 后，应验算胶带的强度，对于帆布胶带校核帆布层 Z 的计算公式如下

$$Z \geqslant \frac{F_{max} m}{B \sigma_b} \tag{6-53}$$

式中，σ_b 为胶带强度，按表 6-5、表 6-8 选取；B 为带宽，cm；m 为安全系数，按表 6-27 选取。

表 6-27　帆布层橡胶带安全系数 m

帆布层数 Z	3～4	5～8	9～12
硫化接头	8	9	10
机械接头	10	11	12

整芯塑料带及钢丝绳芯胶带的强度按下式计算

$$\sigma_b = \frac{F_{max} m}{B} \tag{6-54}$$

式中，m 为整芯塑料带或钢丝绳芯胶带的安全系数，整芯塑料带 $m=9$，钢丝绳芯胶带 $m=10$。

6.4.5　带式输送机所需的传动功率

（1）驱动滚筒所需功率　驱动滚筒所需功率可按下式求得

$$N_A = \frac{F_u v}{1000} \tag{6-55}$$

式中，N_A 为驱动滚筒所需功率，kW；F_u 为驱动滚筒的圆周力，N；v 为带速，m/s。

（2）电动机所需功率　电动机所需功率可按下式求得

$$N = \frac{N_A}{\eta_m} = \frac{F_u v}{1000 \eta_m} \tag{6-56}$$

式中，N 为电动机所需功率，kW；η_m 为传动效率，一般取 $\eta_m = 0.85 \sim 0.95$。

如果是反馈运转时，其电动机功率为

$$N' = N_A \eta_m' \tag{6-57}$$

式中，η_m' 为反馈传动效率，一般取 $\eta_m' = 0.95 \sim 1.0$。

6.4.6　带式输送机的计算实例

例　要求设计一台胶带输送机，其输送量 $Q = 2000\text{t/h}$，输送机长度 $L = 2000\text{m}$，倾角 $\beta = 2°$，矿石最大块度 $a_{\max} = 250\text{mm}$，矿石密度 $\gamma = 1600\text{kg/m}^3$。

解　(1) 带速 v 的确定。带速 v 根据带宽和被运物料性质确定，我国带速已标准化，具体选取可参考表 6-20。由表 6-20 初步确定带速 $v = 2\text{m/s}$。

(2) 带宽 B 的确定。按给定条件 $Q = 2000\text{t/h}$、$\gamma = 1600\text{kg/m}^3$、$v = 2\text{m/s}$，又查表 6-19，得 $k = 1.00$，求出物料面积 A 为：

$$A = \frac{Q}{3.6\gamma v k} = 0.174(\text{m}^2)$$

按槽角 $a = 30°$、堆积角 $\theta = 10°$ 查表 6-18，取带宽 $B = 1400\text{mm}$。

(3) 求圆周力 F_u。

$$F_u = F_H + F_N + F_{S1} + F_{S2} + F_{St} = CfL[(2q_B + q_G)\cos\beta + q_{RO} + q_{RU}] + q_G Hg + F_{S1} + F_{S2}$$

查表 6-23 得：$f = 0.025$。

查表 6-24 得：$m_{RO} = 47\text{kg}$，$m_{RU} = 39\text{kg}$。取 $l_{RO} = 1.2\text{m}$，$l_{RU} = 3\text{m}$，则

$$q_{RO} = \frac{47}{1.2} = 39(\text{kg/m}) ; q_{RU} = \frac{39}{3} = 13(\text{kg/m})$$

查表 6-8，选钢丝绳芯胶带 GX-4000，得 $q_B = 66\text{kg/m}$，则

$$q_G = \frac{Q}{3.6v} = \frac{2000}{3.6 \times 2} = 278(\text{kg/m})$$

倾斜阻力：$F_{St} = q_G g L \sin\beta = 278 \times 9.81 \times \sin2° = 190354$（N）

特种主要阻力：按重载段为等长三托辊、前倾角 $\varepsilon = 2°$ 计算

$$F_{Sa} = C_\varepsilon \mu_0 L_\varepsilon (q_B + q_G) g \cos\beta \sin\varepsilon$$
$$= 0.4 \times 0.3 \times 2000 \times (66 + 278) \times 9.81 \times \cos2° \times \sin2° = 28248(\text{N})$$

由于不设裙板，故 $F_{Sb} = 0$。

特种主要阻力：$F_{S2} = F_{Sc} + F_{Sd}$

$F_{Sc} = A p \mu_3 = 0.042 \times 50000 \times 0.6 = 1260$（N）

$F_{Sd} = B K_a = 1.4 \times 1500 = 2100$（N）

$F_{S2} = 1260 + 2100 = 3360$（N）

$F_U = 1.05 \times 0.025 \times 2000 \times 9.81 \times [39 + 13 + (2 \times 66 + 278)\cos2°] +$
$\quad\quad 190354 + 28289 + 3360 = 459807$（N）

(4) 各点张力计算。输送机布置如图 6-31 所示。

按启动时的工况求出 F_1、F_2，取 $n = 1.3$、$\alpha = \alpha_1 + \alpha_2 = 300°$、$\mu = 0.4$，则

$$F_1 = F_{\max} = F_u \left(\frac{n}{e^{\mu\alpha} - 1} + 1 \right) = 459807 \left(\frac{1.3}{8.12 - 1} + 1 \right) = 543761(\text{N})$$

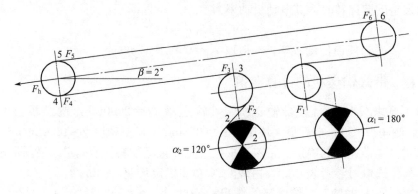

图 6-31　输送机布置示意图

$$F_2 = \frac{F_1}{e^{f\alpha}} = \frac{542345}{8.12} = 66791 \text{(N)}$$

正常运行时各点的张力：

空段阻力 F_k，忽略传动部分长度，则

$$F_k = q_B L f g \cos\beta + q_{RU} L f g - q_B L g \sin\beta$$

$$= (66 \times \cos 2° + 13) \times 2000 \times 0.025 \times 9.81 - 66.5 \times 2000 \times 9.81 \times \sin 2°$$

$$= -6805 \text{(N)}$$

重段阻力 F_{zh}

$$F_{zh} = (q_B + q_G)(f\cos\beta + \sin\beta) L g + q_{RO} L f g$$

$$= (66 + 278)(0.025 \times \cos 2° + \sin 2°) \times 2000 \times 9.81 - 39 \times 2000 \times 9.81 \times 0.025$$

$$= 423305 \text{(N)}$$

$$F_3 \approx F_2 = 66966 \text{N}$$

$$F_4 = F_3 + F_k = 66966 - 6805 = 60161 \text{(N)}$$

$$F_5 = F_6 - F_{zh} \approx F_1 - F_{zh} = 543761 - 423305 = 120456 \text{(N)}$$

（5）校核垂度。垂度校核必须分别校核重段垂度和空段垂度，两者都要找出最小张力点。

由各点的张力计算值可知，重段最小张力点在位置 5；空段最小张力点在位置 4。

重段垂度所需要的最小张力为：

$$F_{min} \geqslant \frac{(q_B + q_G) g l_{RO}}{8 \dfrac{f_{max}}{l_{RO}}} = \frac{(66 + 278) \times 9.81 \times 1.2}{8 \times 0.02} = 25310 \text{(N)}$$

$$F_5 > F_{min}，通过$$

空段垂度所需要的最小张力为：

$$F'_{min} \geqslant \frac{q_B g l_{RU}}{8 \dfrac{f_{max}}{l_{RU}}} = \frac{66 \times 9.81 \times 3}{8 \times 0.02} = 12140 \text{(N)}$$

$$F_4 > F'_{min}$$

（6）校核胶带安全系数

$$m=\frac{\sigma_b B}{F_{max}}=\frac{40000\times140}{543761}=10.3>10，通过$$

（7）电动机功率的确定

$$N=\frac{F_U v}{1000\eta_m}=\frac{459807\times2}{1000\times0.85}=1082(kW)$$

双滚筒传动功率分配计算（按最小张力分配计算）

$$\frac{N_I}{N_{II}}=e^{t\alpha_2}\frac{e^{t\alpha_1}-1}{e^{t\alpha_2}-1}=4.4$$

因为 $N_I=4.4N_{II}$，$N_I+N_{II}=1082$，所以 $N_I=882kW$，$N_{II}=200kW$。可选两台大于 400kW 的电机用于I号滚筒；一台大于 200kW 的电机用于II号滚筒。

（8）拉紧力计算。在图示位置的拉紧装置应具有的拉紧力为：

$$F_h=F_4+F_5=60161+120456=180617(N)$$

此拉紧力是按稳定运行条件计算的，启动和制动工况还要按加、减的惯性力增大拉紧力，以免输送带在滚筒上打滑。

6.5 特种带式输送机

6.5.1 钢丝绳牵引带式输送机

6.5.1.1 组成部分、工作原理及结构特点

钢丝绳牵引带式输送机是用钢丝绳作牵引机构，胶带作承载机构的一种输送机。这种输送机的工作原理如图 6-32 所示。起牵引作用的两条钢丝绳，分别绕过主绳轮和尾部拉紧车上的张紧轮构成无极牵引，中间部分靠托绳轮支承；起承载作用的胶带，以其两侧上下沿胶带全长都有的槽型耳胶支在两根钢丝绳上。当两条无极钢丝绳被两个主绳轮传动时，就能借助胶带耳槽与钢丝绳之间的摩擦力带动胶带和带上货物移动，货载运到一端后，由于胶带转向而被卸下。

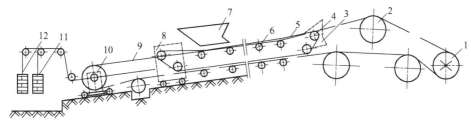

图 6-32 钢丝绳牵引胶带输送机的工作原理

1—主导轮；2—导向轮；3—卸载漏斗；4—胶带换向滚筒；5—胶带；6—托绳轮；7—给矿机；
8—胶带拉紧车；9—钢丝绳；10—钢丝绳拉紧车；11—胶带拉紧重锤；12—钢丝绳拉紧重锤

钢丝绳牵引带式输送机主要由胶带、牵引钢丝绳、驱动装置、胶带张紧装置、钢丝绳张紧装置、支承装置、主绳轮、张紧重锤、滚筒、分绳轮等部件组成。

钢丝绳和胶带各自独立闭合，有自己独立的张紧装置。在头尾端有分绳装置，使钢丝绳和胶带嵌合或分离。主绳轮驱动钢绳，胶带通过其两侧上下的耳槽支在两根钢绳上，依靠耳槽与钢丝绳的摩擦力拖动胶带运行。

（1）胶带　胶带在运输过程中起承载物料或者人员的作用。如图 6-33 所示，它是由弹簧钢条、挂胶帆布层、上下覆盖胶、充填胶和耳胶等部分组成。国产的钢丝绳牵引胶带技术数据如表 6-28 所示。

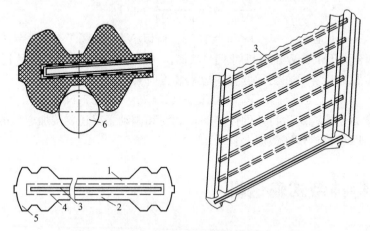

图 6-33　钢丝绳牵引胶带结构

1—上覆盖胶；2—下覆盖胶；3—钢条；4—帆布层；5—耳胶；6—钢丝绳

表 6-28　钢丝绳牵引胶带技术数据

带宽（耳槽中心距）/mm	全宽/mm	覆盖胶厚/mm		钢条			带厚/mm	钢绳直径/mm	带重/(N/m)	设计载荷/(N/m)	实际载荷/(N/m)
		上胶	下胶	规格/mm	材质	间距/mm					
800	850	3	1.5	830×4×6	60SiMn	30	12	19	176.4	490.0	637.0
1000	1050	3	1.6	5×5	60SiMn	50	13.5	28	235.2	653.7	882.0(980)
	1098	2.5	2	1036×5×5	60SiMn	50	13.6	40.5	245.0	539.0	882.0(980)
	1070	3	2	1026×5×5	60SiMn	60	13.6	28.5	235.2	431.2	
	1290	3	2	1250×6×6	60SiMn	50	16	31	335.6	952.6	
1200	1290	3	2	1250×6×6	60SiMn	50	16	34.5	340.1	952.6	

注：胶带内帆布均为两层，接头处为四层，帆布单层厚为 1.25mm。一般运矿石时的上胶层厚为 6mm，下胶层厚为 2mm。

胶带每段长度通常为 50～57m，故在使用时需要将若干胶带连接起来。胶带的接头多用钢条穿接，此钢条以热处理后硬度较高，一旦胶带被卡住时钢条先折断，可防止接头处胶带拉断。此外，也有用压板铆死或用皮带卡子把胶带连接起来的。

（2）钢丝绳　钢丝绳是钢丝绳牵引带式输送机的牵引机构，承担全部牵引力。根据使用经验，在钢丝绳牵引带式输送机上以使用同向捻的 X 型线接触钢丝绳为宜，点接触钢丝绳可作 X 型规格之不足时用。钢丝绳强度用 1470N/mm^2 左右较好，强度过高易引起断丝。其主要性能如表 6-29 所示。

表 6-29　钢丝绳技术性能

绳股	6×7(1+6)		6×(19)(1+9+9)			6×19(1+6+12)
绳径/mm	24.5	28	30.5	34.5	37	40.5
绳重/(N/m)	20.86	27.77	35.08	44.59	51.20	56.03
破断拉力/N	370930	493920	640920	814380	935410	1004500

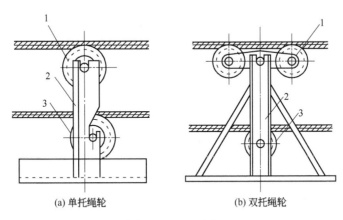

(a) 单托绳轮　　　　　　　　(b) 双托绳轮

图 6-34　中间支架
1，3—上、下绳轮；2—支架

（3）中间支架　中间支架是通过其上的托绳轮来支承钢丝绳的，如图 6-34 所示。上托轮有单轮、双轮、多组双轮几种。双轮使用较多，多组双轮适用于变坡处。上、下托绳轮的轴嵌在支架的方口槽中，并可轴向移动，其作用是补偿安装引起的偏差。托绳轮有整体铸钢的和整体铸铁轮加绳槽衬垫的，后者可减少钢绳磨损。

绳槽衬垫应具有耐磨、耐压且对钢丝绳磨损较小的性能。常用的衬垫有尼龙的和橡胶的两种。支架一般用螺栓固定在地基上。

上下托绳轮旋转部分重量如表 6-30 所示。

（4）分绳装置　分绳装置是实现两根牵引钢丝绳间距扩大或缩小的分绳轮组。装在头部的分绳装置能使钢丝绳与胶带脱开，使钢丝绳进入主绳轮；装在张紧装置处的分绳装置能使钢丝绳与胶带脱开，使钢丝绳进入它的张紧装置。

表 6-30　上下托绳轮旋转部分重量

钢丝绳直径 /mm	上托绳轮直径 /mm	下托绳轮直径 /mm	上托绳轮旋转部分重量 /N	下托绳轮旋转部分重量 /N
18.5	200	200		
28.5	300	230	139.2	93.1
40.5	388	388	637.0	490.0

图 6-35 所示的水平分绳装置，具有受力小、质量轻、钢丝绳弯曲小及安全可靠等优点，因此得到广泛应用。压绳轮组 5 的作用是保证两根钢丝绳的间距对应于

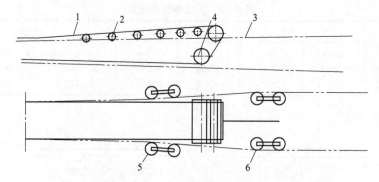

图 6-35　机头卸载水平分绳轮工作原理

1—胶带；2—小托轮组；3—钢丝绳；4—换向滚筒；5—压绳轮组；6—分绳轮组

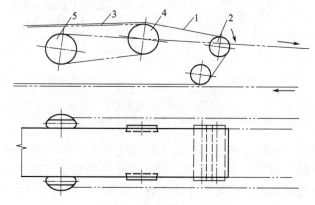

图 6-36　垂直分绳轮工作原理

1—胶带；2—换向滚筒；3—钢丝绳；4—换向轮；5—垂直分绳轮

耳槽的中心距；分绳轮组 6 则将钢丝绳推向外侧，加大钢丝绳间距。应用这种水平分绳轮时，必须使胶带在分离处首先抬起脱离钢丝绳。小托轮组 2 及胶带换向滚筒 4 的安装位置应保证胶带抬起。小托轮组 2 将胶带 1 逐渐抬起，使胶带上的耳槽与钢丝绳 3 脱离。胶带由两个换向滚筒 4 导向转到下面空载侧，而钢丝绳则通过压绳轮组及水平分绳轮组从侧边分出，引向主绳轮。

图 6-36 为垂直分绳轮的工作原理。胶带 1 由两个换向滚筒 2 导向转到下面空载侧，钢丝绳 3 由换向轮 4 导出与胶带分开，再经垂直分绳 5 向外侧歪出，引向主绳轮。

（5）传动装置　由于胶带分别由两根钢丝绳牵引，因而要求两根钢丝绳能同步运行，以避免胶带耳槽的磨损及胶带脱槽。为解决此问题，目前采用的方法如下。

① 电气同步方案。这是采用两台直流电动机传动，电枢串联、激磁并联方式，靠电压分配的差别自动补偿使两个主轮绳保持同步。如图 6-37 所示，它是用两台电动机 1 通过两台减速器 3 单独驱动两台主绳轮 4。

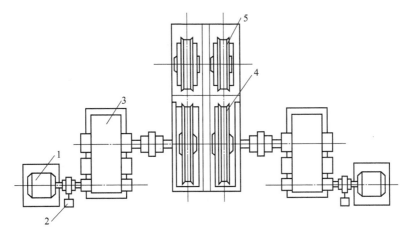

图 6-37　摩擦轮式驱动装置电气同步方案
1—电动机；2—制动器；3—减速器；4—主绳轮；5—导向绳轮

　　② 机械差速方案。如图 6-38 所示。用一台电动机，通过一台减速器，传动两个主绳轮，靠机械差动器使两个主绳轮保持同步。

　　机械差动器的工作原理如图 6-39 所示。主绳轮 Ⅰ 和 Ⅱ 分别与大伞齿轮 1 和 2 固守在一个轴套上。电动机经减速器传到水平轴带动小伞齿轮 3 和 4 绕水平轴转动，再带动大伞齿轮 1 和 2 及主绳轮 Ⅰ 和 Ⅱ 转动。

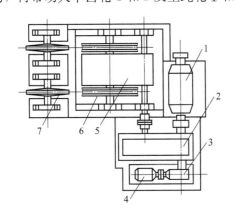

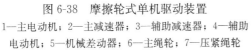

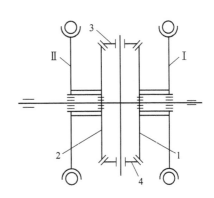

图 6-38　摩擦轮式单机驱动装置
1—主电动机；2—主减速器；3—辅助减速器；4—辅助
电动机；5—机械差动器；6—主绳轮；7—压紧绳轮

图 6-39　机械差动器工作原理
1,2—大伞齿轮；3,4—小伞齿轮

　　当两个主绳轮直径相同，且两条钢丝绳的张力一致时，小伞齿轮 3、4 没有自转运动，大伞齿轮以相同的速度运转。当两个主绳轮直径不同或两条钢丝绳的张力不同时，例如若主齿轮 Ⅰ 的直径大于主绳轮 Ⅱ 的直径，则绳速 $v_1 > v_2$，此时钢绳张力 $S_1 > S_2$，作用在大伞齿轮 1 上的力矩大，这就使小伞齿轮 3、4 产生自转。自转的结果使大伞齿轮 2 的转数增加，从而使 v_2 增大，当 $v_2 = v_1$ 时，小伞齿轮停止自转，达到使两条钢丝绳的速度和张力一致的目的。

主绳轮的结构形式较多，常用的是摩擦轮式。摩擦轮式主绳轮结构简单，制造维修容易，对钢丝绳磨损小，故使用较广。摩擦轮直径一般按钢丝绳直径的 $80 \sim 100$ 倍选用。

摩擦轮式主绳轮是靠钢丝绳与主绳轮的衬垫之间的摩擦力来传递运动的。所以衬垫的耐磨性能、摩擦系数的大小及单位比压等都是影响传递牵引力的重要因素。目前国内常用的有铝基合金、聚氨基甲酸和牛皮等衬垫材料。

（6）安全保护装置

① 沿线保护。若在沿输送机全长范围内发生断带、断绳、脱槽和运人越位等事故，则保护装置起作用。在输送机沿线每隔 $20 \sim 40 m$ 的机架上装一保护开关。当发生上述事故或局部过载时，输送机的胶带下垂，通过机械保护装置上的杠杆机构，压动保护开关，切断主电动机电源，使运输机立即停止运转。

在输送机的装载卸载处的适当位置上，设置乘人保护装置，其动作原理与上同。当运人越位时，碰上保护线即断电停车。在紧急情况下，由人控制随时压下保护装置的杠杆，便可紧急停车。

② 超速保护。当倾斜运输时，输送机可能出现位能负载。为防止拖动电动机万一发生故障，不能电气制动，采取输送机超速运转（一般在超速达 5%后），测速发电机和继电器组成的保护装置可断电停车。

③ 电动机保护。主电动机和辅电动机均应设短路、过载和失压等保护装置。

6.5.1.2　主要参数的决定

（1）输送机的倾角　输送机倾角的大小主要由矿石的块度与性质和钢丝绳与胶带之间的黏着系数等决定。一般认为倾斜向上运输时，其倾角不大于 $18°$，倾斜向下运输时，倾角不大于 $12°$。

（2）胶带的速度　钢丝绳牵引带式输送机的速度一般推荐采用表 6-31 中所列的速度，运人速度一般选用 $1.2 \sim 1.6 m/s$ 比较合适。

表 6-31　钢丝绳牵引带式输送机的带速

运　输　条　件	胶带宽度/mm		
	800	1000	1200
	胶带速度/(m/s)		
无磨损性或磨损性小的物料	1.6～3.15	1.6～3.15	1.6～3.15
有磨损性的小块物料,如矿石、砾石	1.6～2.5	1.6～2.5	1.6～3.15
有磨损性的大块物料,如大块矿石	1.6～2	1.6～2	1.6～2.5

（3）钢丝绳与主绳轮衬垫间的黏着系数 μ　黏着系数 μ 主要取决于衬垫材料、绳槽形状、钢丝绳捻向、钢丝绳芯的含油率、输送机的启动性能和制动性能等因素。目前国内设计时取 $\mu = 0.15 \sim 0.362$。

（4）胶带宽度选择

$$B' = \sqrt{\frac{Q}{594 v \gamma K_0 \tan \rho'}} \tag{6-58}$$

式中，B' 为胶带宽度，m；Q 为运输量，kN/h；v 为带速，m/s；γ 为物料的松散容重，kN/m³；K_0 为倾斜系数，见表 6-32；ρ' 为物料的动安息角，(°)，$\rho' = \frac{2}{3}\rho$；ρ 为物料的静安息角，(°)。

表 6-32　倾斜系数

倾斜角度	0～10°	10°～16°	16°～18°
K_0	1	0.95	0.9

根据计算所得的 B' 选取标准胶带宽度 B，并根据矿石的最大块度应满足 $B \geqslant 2a_{max} + 0.2$，其中 a_{max} 为矿石最大块度。

(5) 每米胶带重量的确定

$$q_0 = 1000\gamma_1 B(\delta_0 n + \delta_1 + \delta_2) + 1000\gamma_1 B_1 a \times \frac{l_2 - b}{l_2}$$

$$+ 1000 \times \frac{ba B_1 \gamma_2}{l_2} + G_s \tag{6-59}$$

式中，q_0 为每米胶带重量，N/m；γ_1 为橡胶容量，天然胶的 $\gamma_1 = 9.8$kN/m³，人工胶的 $\gamma_1 = 12.25 \sim 13.72$kN/m³；$\delta_0$ 为帆布层厚，单层厚为 0.00125m；n 为帆布层数；δ_1 为上胶层厚，m；δ_2 为下胶层厚，m；b 为钢条宽度，m；a 为钢条厚度，m；B_1 为钢条长度，m；γ_2 为钢条容重，76.44kN/m³；l_2 为两钢条间距，m；G_s 为耳槽胶重量，39.2 ～ 58.8N/m，在带宽小和带薄时取下限。

(6) 钢丝绳的选择　钢丝绳的选择计算是按最大静负荷，并考虑一定的安全系数进行的。钢绳丝的每米重量按式 (6-50) 计算：

$$q_1' = \frac{L[(q + q_0)(\sin\beta \pm \omega\cos\beta) \pm q_2 \omega\cos\beta] + S_{min}}{\frac{n_0}{c_0}\left[\frac{\sigma_0}{m\gamma_0} - L(\sin\beta \pm \omega\cos\beta)\right]} \tag{6-60}$$

式中，q_1' 为钢丝绳每米最大静负荷，N/m；L 为输送机长度，m；β 为输送机倾角，(°)；ω 为钢丝绳运行阻力系数，一般 $\omega = 0.02$；q 为每米胶带长度上货载的重量，N/m；q_2 为每米上托绳轮旋转部分重量，N/m，$q_2 = \frac{G_2}{L_2}$；G_2 为上托绳轮旋转部分重量，N，见表 6-30；L_2 为上托绳轮间距，m；n_0 为牵引钢丝绳数；c_0 为牵引钢丝绳载荷分布不均匀系数，取 1.2；σ_0 为钢丝绳极限拉伸强度，$\sigma_0 = (1372 \sim 1813) \times 10^6$N/m²；$m$ 为安全系数，取 4 ～ 5；γ_0 为钢丝绳假想容重，$\gamma_0 = 88200$N/m³ $= 0.0882$N/cm³；S_{min} 为钢丝绳最小张力，该值与输送机布置形式有关，一般在水平和倾斜向上运输时，取 9800 ～ 14700N。

根据计算的 q_1' 选择标准钢绳，并查出它的每米重量 q_1 和破断力 (表6-31) Q_d。

(7) 钢丝绳运行阻力系数 ω　钢丝绳运行阻力系数与托绳轮的轴承形式、衬垫及钢丝绳的张力与含油多小有关。根据我国现场使用的经验，认为 $\omega=0.01\sim$ 0.03。启动时阻力系数比稳定运行时阻力系数大 25％～35％。

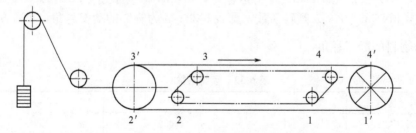

图 6-40　钢丝绳牵引胶带输送机计算示意

（8）钢绳各点张力的计算（见图 6-40）　重载侧钢丝绳运行阻力：

$$F_{zh}=L[(q+q_0+2q_1)\cos\beta+q_2]\omega\pm(q+q_0+2q_1)L\sin\beta$$

$$\approx(q+q_0+2q_1+q_2)L\omega\cos\beta\pm(q+q_0+2q_1)L\sin\beta \tag{6-61}$$

空载侧钢丝绳运行阻力：

$$F_k=(q_0+2q_1+q_3)L\omega\cos\beta\mp(q_0+2q_1)L\sin\beta \tag{6-62}$$

式中，q_3 为每米下托绳轮旋转部分重量，N/m，$q_3=\dfrac{G_3}{L_3}$；G_3 为下托绳轮旋转部分重量，N，见表 6-32；L_3 为下托绳轮间距，m。

在式（6-61）中，向上运输物料时取正号，向下运输物料时取负号。在式（6-62）中，向上运输物料时取负号，向下运输物料时取正号。

钢绳各点张力的计算如下。

由于输送机较长，其首尾无货载部分的长度相对输送机长度不大，由此长度的钢丝绳重量所产生的阻力，可忽略不计，把胶带部分的各点张力 F_1、F_2、F_3、F_4 近似地认为是钢丝绳的各点张力 F_1'、F_2'、F_3'、F_4'。

首先用逐点计算法，从第 1 点的张力 F_1 开始，沿运行方向算到 4 点张力 F_4，得出 F_1 和 F_4 之间的关系式：

$$F_1=F_1$$

$$F_2=F_1+F_k$$

$$F_3=KF_2=1.05F_2=1.05F_1+1.05F_k$$

$$F_4=F_3+F_{zh}=1.05F_1+1.05F_k+F_{zh} \tag{6-63}$$

其次，按摩擦传动条件，必须满足：

$$K_2F_4=F_1e^{u\alpha} \tag{6-64}$$

式中，K 为绕经一个导向绳轮的阻力系数，取 1.05；K_2 为摩擦力备用系数，取 1.1～1.2。

将式（6-63）和式（6-64）联立求解，便能算出 F_1 和 F_4 的值。知 F_1 及 F_4 的值后，便可算出 F_2 及 F_3 的值。

　　（9）钢绳垂度验算　算出钢丝绳各点张力后，还要按垂度条件验算重载侧钢丝绳最小张力处的垂度是否满足要求。垂度与刚度张力成反比。设计中应把垂度限制在一定范围内，才能使钢丝绳牵引输送机平稳运转。因此，重载侧钢丝绳的垂度必须符合下式要求：

$$f_{max} = \frac{(2q_1 + q_0 + q)L_2^2 \cos\beta}{8F_{min}} \leqslant 0.025 L_2$$

或　　　　　　　　　$$F_{min} \geqslant 5(2q_1 + q_0 + q)L_2 \cos\beta \qquad (6\text{-}65)$$

　　式中，F_{min} 为重载侧钢丝绳最小张力点的张力。

　　重载侧钢丝绳最小张力处的张力，均不得小于式（6-65）计算出的 F_{min}，若小于 F_{min}，则令重载侧钢丝绳最小张力处的张力等于或大于 F_{min}，然后再按各点张力关系式计算各点的张力。

　　（10）钢丝绳安全系数的验算

$$m = \frac{Q_d}{\frac{1}{2}F_{max}} = \frac{2Q_d}{F_{max}} \geqslant 4 \sim 5 \qquad (6\text{-}66)$$

　　式中，Q_d 为一根钢丝绳中全部钢丝破断力总和，N；F_{max} 为系统中最大张力，N。

　　（11）电动机功率计算　钢丝绳牵引带式输送机水平和倾斜向上运输时，电动机功率按式（6-67）计算：

$$N' = \frac{K_3 Fv}{1000\eta} = \frac{K_3(F_y - F_1)v}{1000\eta} \qquad (6\text{-}67)$$

　　倾斜向下运输时若倾角较大，则运转电动机会出现发电状态，这时电动机的速度将超过额定速度的 1.5 倍，其功率应按式（6-68）计算：

$$N' = \frac{K_3 Fv'}{1000}\eta = \frac{K_3(F_1 - F_y)v'\eta}{1000} \qquad (6\text{-}68)$$

　　式中，K_3 为功率备用系数，取 1.5～1.2；F 为主绳轮的圆周牵引力，N；η 为传动效率，取 0.85～0.95；v 为钢绳运行速度，m/s；v' 为发电运转状态时钢丝绳的速度，$v' = 1.05v$ m/s；F_y 为钢丝绳与主绳轮相遇点上的张力，N；F_1 为钢丝绳与主绳轮分离点上的张力，N。

　　根据算出的 N' 选择标准电动机功率 N 和形式。

6.5.2　中间多驱动带式输送机

　　中间多驱动带式输送机是长距离带式输送机的一种形式，它是在长距离的机身中，间隔一定距离设置一台短的驱动带，如图 6-41 所示。每条驱动带有自己的驱动装置和拉紧装置。两端也设置驱动装置直接带动主输送带。一台这种驱动方式的输送机能达到的运输距离，从原理上讲是没有限制的，只是在多台分散的驱动装置之间，难以保持同步运转。

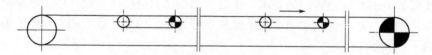

图 6-41 中间多驱动带式输送机

这种输送机的优点是把牵引力分散到各中间驱动部位，使主输送带所受的张力大为降低，在长运距中，可采用低强度的输送带，使初期投资降低。在运输距离分散加长的场合采用这种输送机，可随运距的加长逐渐增加驱动装置，避免在初期设置大功率的驱动装置。

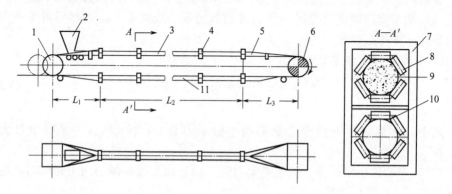

图 6-42 圆管式胶带输送机原理

1—尾部滚筒；2—加料口；3—有载分支；4—六边形托辊；5—卸料区段；6—驱动滚筒；

7—结构架；8—托辊；9—物料；10—无载分支；L_1，L_3—过渡段；L_2—输送段

6.5.3 圆管式胶带输送机

圆管式胶带输送机是用托辊逐渐把胶带逼成管形，其他部分如滚筒、张紧装置、驱动装置和普通胶带输送机的结构相同。其结构原理如图 6-42 所示。

从尾部滚筒到皮带卷成管形这段距离称为过渡段，加料口一般设在过渡段之间，在过渡段后胶带变成圆管形。在输送段皮带同物料一起稳定运行，当达到卸料区段后，胶带同物料一起又从圆管形变成槽形，而到头部滚筒胶带变为平形。在空段（或称回程段）也是如此。有的圆管式运输机上部是圆管形，下部是平形。

由于圆管式胶带输送机物料形成封闭运输，因而减少了环境污染，占地面积也减少了。并能任意转弯和增大物料运输角度。因此，这有着突出的优点，我国已生产这种产品，国外目前已有 20 多个国家使用。这是很有发展前途的一种新型运输设备。

国外圆管式胶带输送机的生产率、带宽、带速和管径等已经标准化，现将国外标准列于表 6-33。

表 6-33　国外圆管式胶带输送机标准

管径 d/mm	100	150	200	250	300	350	400	500	600	700	850
带宽 b/mm	400	600	750	950	1100	1300	1500	1850	2200	2550	3100
带速 v/（m/min）	100	120	130	140	150	175	200	225	250	275	300
生产率 Q/（m³/h）	36	95	185	310	475	750	1140	2000	3200	4700	7650
最大块度/mm	30	30～60	50～70	70～90	90～100	100～120	120～150	150～200	200～250	256～300	300～400
最小水平长度/m	15	18	20	23	25	30	35	40	50	60	70

6.5.4　大倾角带式输送机

大倾角输送机能在超临界角度的情况下运送物料。通常用下面几种措施使物料不下滑也不向外撒料：增加物料对输送带表面的摩擦力；在普通输送带上增设与输送带一起移动的横隔板；增加物料与胶带的正压力。

使用大倾角带式输送机既可减少占地面积又能节省运输费用，实践证明，用大倾角输送机可缩短运距（1/2）～（1/3），如图 6-43 所示，既缩短了基本建设周期，又减少了投资。

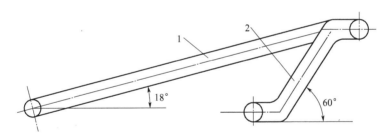

图 6-43　倾角不同的两种运输机械所占面积比较
1—普通带式输送机；2—大倾角带式输送机

（1）增加物料对输送带表面的摩擦力　我国从 1960 年就开始研制花纹输送带，这种输送带曾在煤炭、冶金、化工和粮食等部门使用。我国采用花纹胶带表面形状为圆锥凸块。凸块高度为 25mm，运煤时倾角可达 25°。

在国外，花纹带的表面形状有波浪形、棱锥形、圆锥形、网状形和"人"字形等。花纹高度为 5～40mm，输送机最大倾角可为 30°～35°，用以运送散状物料和成品件。

（2）在普通输送带上增设与输送带一起移动的横隔板　带横隔板的大倾角带式输送机在国外应用较广泛。带横隔板的输送带可分为两种：带有可拆卸横隔板的输送带及带有不可拆卸横隔板的输送带。可拆卸横隔板采用机械方法固定，其优点是横隔板损坏后可以更换，也可以根据需要调整隔板间距，缺点是减弱了胶带强度。横隔板高度为 35～300mm，最大设备倾角可达 60°～70°。

在美国出现了分开式横隔板并取得专利权。这种横隔板在回程时为了通过托辊，将托辊做成了三个盘形，中间盘形托辊正好通过两块隔板中间。

在俄罗斯、日本、美国和西欧一些国家，为了提高输送机的输送能力，制造出一种具有侧挡边和横隔板的大倾角胶带输送机。这种胶带输送机的输送能力可提高0.5～1倍，设备倾角可达60°。这种输送机的缺点是输送带清扫困难，所以不适于运输黏性物料。

波形挡边的作用是使输送带通过滚筒时可以伸长，输送带转到下面回程时托辊支承在导向边部。波形挡边高度各国不一，俄罗斯为60～100mm，日本为40～400mm，德国为60mm；带宽规格各国也有所不同，俄罗斯为400～1200mm，德国为1200～3000mm。

有波形挡边和横隔板的输送带，国外多采用装配式制造工艺，即用胶水把波形挡边固定在输送带边缘相应的沟槽里，横隔板用U形钉和凹槽连接。

（3）增加物料与输送带的正压力　采用这种方法来输送物料，倾角可达90°，带速可达6m/s。这种增加物料正压力的方法较多。我国已应用压带式输送机垂直运输物料和行包，如图6-44所示。

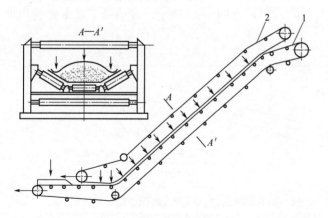

图6-44　压带式输送机工作原理
1—输送带；2—辅助输送带

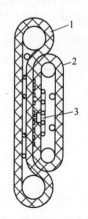

图6-45　带有泡沫塑料
输送带大倾角输送机
1—承载带；2—压带；
3—驱动环路

在德国，普遍使用一种垂直运输散状物料或成件物品的泡沫塑料压带输送机。这种输送机具有海绵状的输送带，被运物料夹在承载带和压带之间，如图6-45所示，它可在任意角度运输货物。这种输送机的驱动环路装在承载带和压带环路内部，这样保证承载带和压带整个接触，而且压力均匀。

6.5.5　气垫带式输送机

气垫带式输送机是20世纪70年代首先在荷兰研制成功的一种新型连续输送设备。目前，美国、英国、日本、俄罗斯等国都在研制生产这种输送设备，并广泛用于煤炭、化工、粮食等部门输送各种散状物料。

6.5.5.1　气垫带式输送机的特点

气垫带式输送机是将通用带式输送机的支承托辊去掉，改用设有气室的盘槽。由盘槽上的气孔喷出的气流在盘槽和输送带之间形成气膜，变通用带式输送机的接触支承为形成气膜状态下的非接触支承，从而显著地减少了摩擦损耗。理论和实践证明：气垫带式输送机有效地克服了上述通用带式输送机的缺点，具有下述特性。

① 气垫带式输送机的结构简单，运动部件特别少，它具有性能可靠和维修费用较低等优点。

② 物料在输送带上完全静止，减少了粉尘，并降低或几乎消除了运行过程中的振动，有利于提高输送机的运行速度，其最高带速已达 8m/s

③ 在气垫带式输送机上，负载的输送带和盘槽的摩擦阻力实际上和带速无关，一台长距离的静止的负载气垫带式输送机只要形成气膜，不需要其他措施便能立即启动。

④ 气垫带式输送机采用箱形断面，其支撑有良好的刚度和强度，且易于制造。

6.5.5.2　气垫带式输送机的原理及结构

气垫带式输送机的结构原理如图 6-46 所示。输送带 5 围绕改向驱动滚筒 7 运行，输送机的承载带的支体是一个封闭的长形气箱 6。箱体的上部为槽形，承载带由气膜支承在槽里运行，输送带的下分支采用下托辊 9 支承，但从原理上讲可以和上分支一样用气膜支承。鼓风机 10 产生所需要的压力空气，空气送入作为承载架的气箱，压力空气沿气箱纵向散布，并通过气孔 8 进入槽面，从小孔流出的压力空气在输送带与盘槽之间的非接触支撑，使摩擦损耗显著降低，从而使输送机的运行性能得到很大改善。

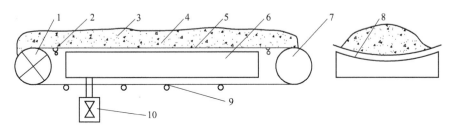

图 6-46　气垫带式输送机原理

1—驱动滚筒；2—过渡托辊；3—物料；4—气膜；5—输送带；6—气箱；7—改向滚筒；
8—气孔；9—下托辊；10—鼓风机

6.5.5.3　气垫带式输送机经营费用和制造成本的分析

由于气垫带式输送机没有承载托辊及其阻力，因此功率消耗比通用带式输送机低，也不需要更换和修理托辊的费用。不发生盘槽与输送带接触而损坏胶带的现象。鼓风机的维修费仅为槽形托辊维修费的一小部分。气垫输送带的磨损和撕裂现象比槽形托辊输送带少很多，原因是气垫输送带在通过盘槽时不出现挠曲和摩擦。

气垫带式输送机设计简单，省去许多运动部件，由于金属板气室制造容易，特别是采用较小功率的驱动装置、轻型和较窄的输送带和较简单的辅助部件，理论上它的制造成本和安装费用应该比较低，但实际情况并非如此，其制造成本比通用带式输送机略高。原因是气垫带式输送机气室制造工艺自动化程度不高，它仍需要很多劳动力，而通用带式输送机的部件早已使用先进的技术、自动化的设备和先进的工艺生产。

　　气垫带式输送机是一种新兴的正在发展中的运输设备，其理论研究、设计理论、制造方法都不太成熟，但它的优良性能受到人们的高度重视，在不久的将来，它定能得到迅速的发展，并日趋成熟。

第7章

竖井单绳提升

7.1 概述

矿井提升设备是矿井运输系统中的咽喉设备，是井下与地面联系的主要工具。其用途是把井下的矿石和废石经井筒提升到地面；下放材料；在地面与井底之间升降人员、设备等。矿井提升设备的主要组成部分是：提升容器，提升钢丝绳，提升机，天轮和井架以及装卸载附属装置等。常用的提升容器是罐笼和箕斗。

图 7-1 是竖井单绳双罐笼提升设备。重矿车在井底车场或中间中段车场被推入

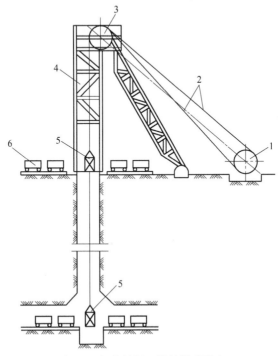

图 7-1　竖井单绳双罐笼提升设备

1—提升机；2—提升钢丝绳；3—天轮；4—井架；5—罐笼；6—矿车

罐笼 5 的同时，空矿车便正在井口车场被推入另一罐笼。两根钢丝绳 2 的一端分别与井口和井底罐笼相连，另一端分别绕过天轮 3 引至提升机房，固定并以相反方向缠绕在提升机 1 的卷筒上。开动提升机，可将载有重矿车的罐笼提至地面，同时将载有空矿车的罐笼下放至井底。两个罐笼就这样沿井筒作上下运动，以完成提升重矿车和下放空矿车的任务。

图 7-2 是单绳缠绕式箕斗提升系统。处在井底车场的重矿车，由推车机推入翻车机（也称翻笼）8，把矿车内的矿石卸入井底矿仓 9，再经装载设备 11 把矿石装入主井底的箕斗内。与此同时，已提至井口卸载位置的重箕斗，通过井架上的卸载曲轨 5 的作用，箕斗底部的闸门开启，把矿石卸入地面矿仓 6。处在井上、井下的两箕斗分别通过连接装置与两根提升钢丝绳 7 相连，两根提升钢丝绳 7 的另一端则绕过安装在井架 3 上的天轮 2，以相反的方向固接在提升机卷筒 1 上。启动提升机，一根钢丝绳向卷筒上缠绕，使井底重箕斗向上运动；与此同时，另一根钢丝绳自卷筒上松放，使井口轻箕斗向下运动，从而完成了提升的任务。

矿井提升设备的分类：

① 按用途分主井提升设备和副井提升设备，前者专门提升矿石，后者提升废

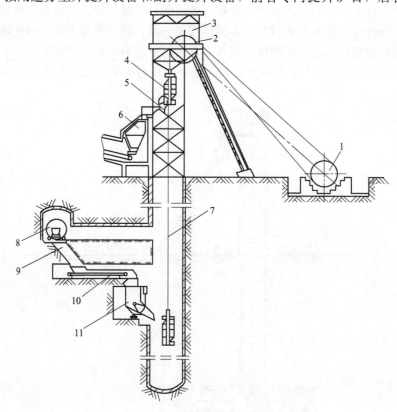

图 7-2　单绳缠绕式箕斗提升系统

1—提升机卷筒；2—天轮；3—井架；4—箕斗；5—卸载曲轨；6—地面矿仓；
7—提升钢丝绳；8—翻车机；9—井底矿仓；10—给矿机；11—装载设备

石、升降人员、运送材料和设备等。

② 按提升机类型分单绳提升设备和多绳提升设备。

③ 按井筒倾角分竖井提升设备和斜井提升设备。

④ 按提升容器分罐笼提升设备和箕斗提升设备。

⑤ 按拖动装置分交流提升设备和直流提升设备。

⑥ 按提升系统的平衡分不平衡提升设备和平衡提升设备。

7.2 提升容器

提升容器供装运货物、人员、材料和设备之用。金属矿山采用的提升容器有罐笼、箕斗、矿车、吊桶四种。竖井提升常用罐笼和箕斗；斜井提升常用矿车串车和箕斗；而吊桶则仅用于竖井开凿和井筒延深。

7.2.1 罐笼

罐笼可供提升矿石、废石、人员、材料和设备之用。故它既可用于主井提升，也可用于副井提升。罐笼有单层的和双层的。我国金属矿山广泛用单层罐笼，有时也采用双层罐笼。

7.2.1.1 罐笼结构

图 7-3 所示为单绳单层普通罐笼结构。它由罐体、悬挂装置、导向装置和安全装置等主要部分组成。

(1) 罐体 如图 7-3 所示。罐体是由横梁 7 及立柱 8 组成的并用槽钢或角钢焊接或铆接的金属框架，其两侧焊有带孔钢板，上面设有扶手，两端装有罐门或罐帘10，以保证提升人员的安全。罐底焊有花纹钢板并铺设轨道 11，供推入矿车之用。为避免提升过程中矿车在罐内移动，在罐底还装有阻车器（罐挡）12 及自动开闭锁装置。罐笼顶部设半圆弧形的淋水棚 6 和可打开的罐盖 14，以便下放尺寸较长的材料。

(2) 罐笼的悬挂装置 悬挂装置的用途是将罐笼与钢丝绳连接起来。如图 7-3 所示，它由主拉杆 3、桃形环、绳卡（压板）和两根保险链组成。钢丝绳的尾端绕过桃形环后，用不少于 5 个绳卡与钢丝绳的工作端箍紧。桃形环的形状应制成不对称的，使所有负荷均由钢丝绳的工作端承受。为检查连接装置在运行过程中是否有松脱现象，在最后两绳卡之间留一弧形段（绳端侧），如弧段伸直或缩小时则说明绳卡已松动。

提升容器与钢丝绳的连接最好采用楔形绳卡。楔形绳卡的结构如图 7-4 所示，两块侧板 2 用螺栓连在一起，钢丝绳绕装在楔块 1 上，当钢绳拉紧时，楔块挤进由梯形铁 4 和 5 与侧板构成的楔壳内，将钢丝绳两边卡紧。这种悬挂装置安全可靠，对钢丝绳也无损害。吊环 3 和调整孔 6、7 是调整钢丝绳长度时用的。限位板 8 在拉紧钢丝绳后用螺拴拧紧，以防止楔块松脱。

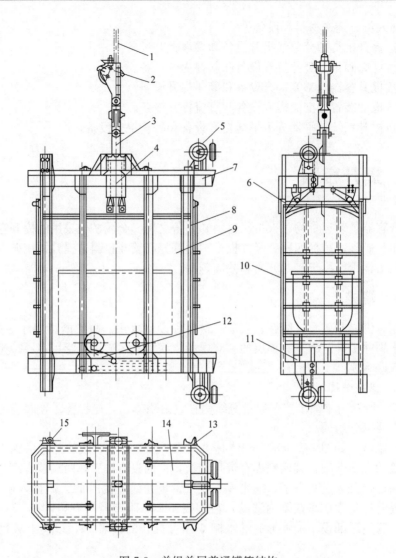

图 7-3　单绳单层普通罐笼结构

1—提升钢丝绳；2—双面夹紧楔形环；3—主拉杆；4—防坠器；5—橡胶滚轮罐耳；6—淋水棚；
7—横梁；8—立柱；9—钢板；10—罐门；11—轨道；12—阻车器；13—稳罐罐耳；14—罐盖；
15—套管罐耳（用于绳罐道）

（3）罐笼的导向装置　罐笼的导向装置又称为罐耳。罐笼借助罐耳沿着装在井筒中的罐道运行。罐道有木质的、钢轨和型钢组合的及钢丝绳的三种。升降人员的罐笼一般用木罐道，箕斗提升多用钢轨罐道。钢丝绳罐道具有结构简单、节省钢材、通风阻力小、便于安装、磨损轻和寿命长等优点，已经获得越来越广泛的使用。但钢丝绳罐道的拉紧装置增加井架负荷，井筒断面亦稍增加。罐耳有滑动的和滚动的。滑动罐耳与罐道间应留有规定的间隙。滑动罐耳与罐道间有运行冲击现象，且二者磨损较大。滚轮罐耳运行平稳性好，阻力小，罐道磨损亦小。滚轮罐耳

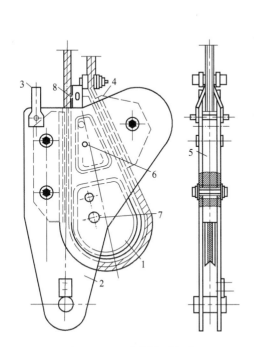

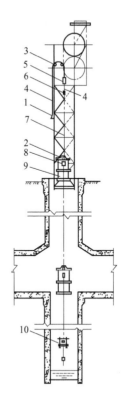

图 7-4 双面夹紧楔形绳卡

1—楔块；2—侧板；3—吊环；4,5—梯形铁；

6,7—调整孔；8—限位板

图 7-5 BF-152 型制动绳防坠器系统布置

1—锥形杯；2—导向套；3—圆木；4—缓冲

绳；5—缓冲器；6—连接器；7—制动绳；

8—抓捕器；9—罐笼；10—拉紧装置

一般用橡胶或铸铁制成。采用绳罐道时，提升容器上除设沿绳道滑动的导向套（每根绳罐道设两个）外，还应设滑动罐耳，以适应井口换车时稳罐的需要，或过卷进入楔形罐道起安全作用。

（4）罐笼的安全装置 安全规程规定，提人或提人和物料的罐笼，必须安设动作可靠的断绳保险器（防坠器）。防坠器是竖井提升罐笼的一种重要安全保证设备。在提升过程中，由于某种原因，提升钢丝绳断绳或连接装置断裂，它能自动抓住制动绳，使罐笼平稳停住，不致坠入井底，从而保证人员的安全和提升设备不致损坏。

竖井用防坠器一般由开动机构、传动机构、抓捕机构和缓冲机构等四个部分组成。其工作过程是：提升过程中发生断绳时，开动机构动作，通过传动机构传动抓捕机构，抓捕机构把罐笼支承到井筒中的支承物上（罐道或制动绳），罐笼下坠的动能由缓冲机构来吸收。一般开动机构和传动机构连在一起，抓捕和缓冲有的联合作用，有的设有专门缓冲机构以限制制动力的大小。

根据防坠器的使用条件和工作原理，防坠器可以分为木罐道切割式防坠器、钢轨罐道摩擦式防坠器和制动绳摩擦式防坠器。前两种罐道既是罐笼运行的导向装置，又是断绳时防坠的支承物。由于这两种防坠器的制动不易控制，除在老矿山有应用外，现在已不再推广使用。目前我国新设计的防坠器均为钢绳制动防坠器，因为它设有专用的制动钢丝绳，所以可以用于任何形式的罐道。实践证明，这种防坠器克服了以前的 FS 型、GS 型及 JS 型等系列防坠器的缺点，具有体积小、质量轻、动作灵活、抓捕可靠、复位容易、适应性强等优点，将作为标准防坠器（BF）加以推广。下面介绍 BF-152 型防坠器的结构特点及工作原理。

图 7-5 所示是 BF-152 型制动绳防坠器系统布置图，图 7-6 所示是防坠器抓捕机构示意图，图 7-7 所示是缓冲器示意图。

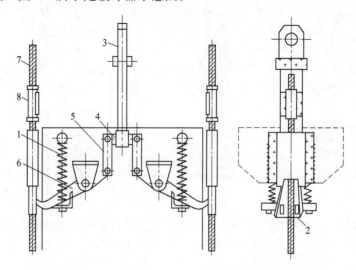

图 7-6　BF-152 型防坠器抓捕机构示意

1—弹簧；2—滑楔；3—主拉杆；4—横梁；5—连板；6—拔杆；7—制动绳；8—导向套

BF-152 型制动绳防坠器是标准防坠器的一种，它采用四条垂直布置的弹簧作为开动机构，它们分别驱动两组抓捕机构。在缓冲器中，如图 7-5 所示，制动绳 7 的上端通过连接器 6 与缓冲绳 4 相连，缓冲绳通过装于天轮平台上的缓冲器 5，再绕过圆木 3 而在井架的另一边自由悬垂，绳端用合金浇铸成锥形杯 1，以防缓冲绳从缓冲器中全部拔出。制动绳的另一端穿过罐笼 9 上的抓捕器 8 伸到井底，用拉紧装置 10 固定在井底水窝的梁上。抓捕器的开动机构为图 7-6 中的弹簧 1，正常提升时，提升钢丝绳拉起主拉杆 3，通过传动横梁 4 和连板 5，使两个拔杆 6 的外伸端处于最低位置，在弹簧 1 的作用下，拔杆 6 的外伸端抬起，使滑楔 2 与制动绳 7 接触，并挤压制动绳实现定点抓捕，把下坠的罐笼支承在制动绳上；制动绳在罐笼动能作用下拉动缓冲绳，靠缓冲绳在缓冲器中的弯曲变形和摩擦阻力产生制动力，吸收罐笼下坠的能量，迫使罐笼停住。每个罐笼有两根制动绳，视制动力大小每根制动绳可以与一根或两根缓冲绳相连接，通过调节缓冲绳在缓冲器中的弯曲程度来改变制动力的大小。

7.2.1.2　罐笼的承接装置

在井底、井口车场及中段车场，为了便于矿车出入罐笼，需设置罐笼的承接装置。承接装置可分为下列三种形式。

（1）承接梁　承接梁是一种最简单的承接装置。仅用于井底车场，且易发生蹾罐事故，不宜用于升降人员。

（2）托台（罐座）　托台是一种利用其活动托爪承接罐笼的机构，平时靠平衡锤使托爪处于打开位置，操纵手柄（或气动、液动）可使托爪伸出。停罐时，要求罐笼先高于正常停罐位置，伸出托爪，再将罐笼下放至托爪上。当下放罐笼时，要求先将罐笼提至某一位置，收回托爪，然后继续下放。

使用托台能使罐笼停车位置准确，便于矿车出入，推入矿车时产生的冲击负荷由托爪承受，钢丝绳不承受。但当操作失误或其他意外情况致使托台伸出

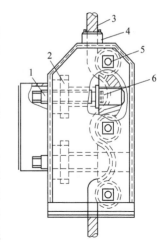

图 7-7　缓冲器
1—螺旋杆；2—螺母；3—缓冲绳；
4—密封；5—小轴；6—滑块

时，将会造成蹾罐和撞罐事故，因此提升人员时不准使用托台。

（3）摇台　摇台是由能绕轴转动的两个钢臂组成。如图 7-8 所示。它安装在通向罐笼的进出口处，平时摇臂是抬起的，当罐笼停于卸载位置时，动力缸 3 中的压缩空气排出，装有轨道的钢臂 1 靠自重绕轴 5 转动，下落并搭在罐笼底座上，将罐笼内轨道与车场的轨道连接起来。固定在轴 5 上的摆杆 6 用销子与活套在轴 5 上的摆杆套 9 相连，摆杆套 9 前部装有滚子 10。矿车进入罐笼后，压缩空气进入动力缸 3，推动滑车 8。滑车 8 推动摆杆套 9 前的滚子 10，致使轴 5 转动而使钢臂抬起。当动力缸发生故障或因其他原因不能动作时，也可以临时用手把 2 进行人工操作。此时要将销子 7 去掉，并使配重部分 4 的重力大于钢臂部分的重力。这时钢臂 1 的下落靠手把 2 转动轴 5，抬起靠配重 4 实现。

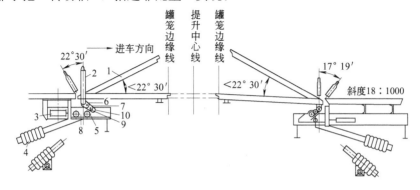

图 7-8　摇台
1—钢臂；2—手把；3—动力缸；4—配重；5—轴；6—摆杆；7—销子；
8—滑车；9—摆杆套；10—滚子

使用摇台可使停罐作业时间短、提升过程较简单，由于有活动的轨尖，一旦因意外原因摇台落下时，轨尖被打翻而不会影响罐笼安全通过，不会造成蹾罐事故。因此摇台的应用范围广，井底、井口及中段车场都可以使用，特别是多绳摩擦提升必须使用摇台。由于摇台的调节高度受摇臂长度的限制，因此对停罐准确性要求较高，这是摇台的不足之处。

过去设计的矿井，一般井口用罐座，井底用承接梁，中间中段用摇台。但在新设计的矿井中不采用罐座和承接梁，而采用摇台。

7.2.1.3　稳罐设备

使用钢丝绳罐道的罐笼，用摇台作承接装置时，为防止罐笼由于进出时的冲击摆动过大，在井口和井底需专设一段刚性罐道，利用罐笼上的罐耳进行稳罐。在中间中段因不能安设刚性罐道，必须设置中间中段的稳罐装置。稳罐装置可采用气动或液动专门设备，当罐笼停于中间中段时，稳罐装置可自动伸出凸块将罐笼抱稳。

7.2.2　箕斗及其装载装置

7.2.2.1　箕斗

箕斗只能用来提升矿石和废石。当一个矿山须装设两套提升设备时，主井一般采用箕斗提升，副井则用罐笼提升。竖井使用的箕斗按结构不同分为翻转式、底卸式和侧卸式三种。金属矿山单绳提升一般采用翻转式箕斗，多绳提升一般采用底卸式箕斗。

翻转式箕斗（如图 7-9 所示）的主要部分是框架 1 和斗箱 2。箕斗的导向装置和悬挂装置部固定在用槽钢焊成的框架上。框架下部的底座 3 固定有转轴 4。斗箱上部安有卸载滚轮 5 和角板 6。箕斗卸载前位置如图 7-9 中实线箕斗位置所示。卸载时，框架 1 仍沿罐道直线上升，而滚轮 5 进入卸载曲轨 7，使斗箱 2 绕转轴 4 向矿仓方向翻转，转到 135° 时（位置 Ⅱ），框架停止上升，矿石靠自重卸入矿仓。从滚轮 5 进入曲轨起至容器卸载最终位置上，框架 1 所经过的垂直距离 h_0 称为卸载高度。卸载高度一般取斗箱高度的 2.5 倍。

当箕斗过卷时，角板 6 就被支承在卸载曲轨下面的两个支撑轮 8 上，滚轮 5 失去支持，便离开卸载曲轨 7 转到过卷曲轨 9 上并沿其向上运行，但斗箱转角不再增加（位置 Ⅲ），以免造成事故。

下放箕斗时，斗箱便恢复原来的垂直位置。

翻转式箕斗在卸载过程中，其斗箱部分质量是由卸载曲轨支持的，因此就产生两箕斗自重不平衡现象。为避免这种现象，多绳摩擦提升设备多采用底卸式或侧卸式箕斗。

7.2.2.2　箕斗装载装置

箕斗装载装置是指从井下矿仓向箕斗装载原矿的中间贮装与计量装置，对装载装置的要求是定量、定时、准确和快速地装载，其体积要小，并适应井下矿尘、水分较大的特点。目前竖井装载设备主要有两种形式。

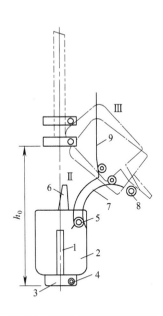

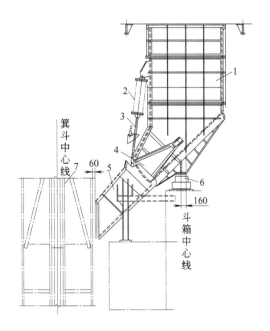

图 7-9　翻转式箕斗卸载示意

1—框架；2—斗箱；3—底座；4—转轴；5—卸载滚轮；6—角板；7—卸载曲轨；8—支撑轮；9—过卷曲轨

图 7-10　竖井箕斗定量装载设备

1—斗箱；2—控制缸；3—拉杆；4—闸门；5—溜槽；6—压磁测重装置；7—箕斗

（1）箱式箕斗装载装置　箱式装载装置如图 7-10 所示。这种设备由斗箱、溜槽、闸门、控制缸和压磁测重装置组成。利用压磁测重装置 6 来控制斗箱 1 的装矿量。当箕斗达到装载位置时，开动控制缸 2，将闸门 4 打开，斗箱 1 中的矿石便沿溜槽 5 全部装入箕斗中，这种装置结构简单，环节少，装载不用其他机械，在我国已定为标准装载设备。

（2）输送机式箕斗装载装置　输送机式箕斗装载装置如图 7-11 所示。板式或带式输送机 2 安放在负荷传感器 6 上，输送机先用 0.15～0.3m/s 的速度装矿，当矿量达到规定值时，由负荷传感器发出信号，控制矿仓闸门 7 关闭，输送机也停止运行。待箕斗达到装载位置时，输送机以 0.9～1.2m/s 的速度将矿石快速装入箕斗。这种装置优点是不需开凿较大的硐室；减少矿石的装倒次数；减少矿石的破碎，向箕斗装载均匀，减少了提升钢丝绳的冲击载荷；装载时间不受矿石质量变化的影响，利于实现提升自动化。

7.2.3　平衡锤

平衡锤用于单罐笼或单箕斗提升系统中，其作用是平衡提升载荷，减少提升钢丝绳对卷筒的静拉力差，以减少提升电动机容量。平衡锤由框架和放在框架上的若干块重块组成。框架用悬挂装置与钢丝绳相连，并在井筒内沿着罐道移动。重块为铸铁件，每块质量一般为 980～1470N。

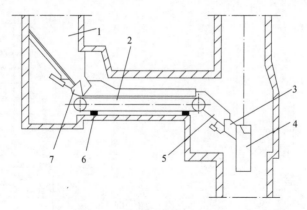

图 7-11　定量输送机装载设备

1—矿仓；2—输送机；3—活动过渡溜槽；4—箕斗；5—中间溜槽；
6—负荷传感器；7—矿仓闸门

在两根提升钢丝绳上，一根悬挂容器，另一根悬挂平衡锤，此种提升方式称平衡锤单容器提升。其优点是：要求井筒断面小，井底及井口设备简单，工作灵活便于多中段提升。因此，我国冶金矿山的辅助提升多采用这种方式。此方式的缺点是提升高效率低。要达到与双容器相等的提升能力，必须加大提升量，从而使钢丝绳直径和机械设备尺寸也随着增大。

7.2.4　提升容器的选型

与罐笼相比，箕斗的优点是：自重小；井筒断面小；无需增加井筒断面就能在井下使用大型矿车；装卸载时间少，生产能力大。其缺点是：必须设井下和井口矿仓及装卸载设备；井架高度较大；不能运送人员及材料，必须另设辅助提升设备。

罐笼的优点是：不需设置井下及井口矿仓；井架高度小；便于矿石分类运输；可用于主井或副井提升。其缺点是：自重较大，因而使提升机尺寸及电动机功率增大，提升效率也较低。因此，在大中型矿山中，常把罐笼作为副井提升容器。但在小型矿山中，罐笼常被用作矿石提升容器。

选择箕斗还是罐笼作为矿石提升容器，需经技术经济比较后确定。通常有色金属矿山日产为 700t 左右、井深为 300m 上下时，多采用罐笼提升；日产超过 1000t、井深大于 300m 时，多采用箕斗提升。此外，还应考虑以下问题：同时提升两种以上矿物时，为了分别贮存和运输，以采用罐笼提升为宜；箕斗提升容易使矿物粉碎，易碎矿物则用罐笼提升较好；提升方式的选择与地面生产系统布置有关，若碎矿部分靠近井口，则用箕斗提升为宜，以减少地面运输环节；由于箕斗井井下及井口矿仓的基建开拓量较大，因此，其建设时间比罐笼井要长。

金属矿竖井单绳罐笼规格见附录 1；单绳箕斗规格见附录 3。

7.2.5　提升容器规格的选择

7.2.5.1　小时提升量

$$A_s = \frac{CA_n}{t_r t_s} \tag{7-1}$$

式中，A_s 为小时提升量，t/h；C 为不均衡系数，箕斗提升时取 1.15；罐笼提升时，专提矿石取 1.2，兼作副井提升取 1.25；A_n 为矿石年产量，t/a；t_r 为年工作天数，矿山非连续工作制时取 $t_r = 306$d/a；连续工作制时取 $t_r = 330$d/a；t_s 为每天工作小时数（按三班作业计），h/d。

箕斗提升：提一种矿石时，t_s 不超过取 19.5h；提两种矿石时，取 18h；

罐笼提升：作主井提升时，t_s 取 18h；兼作主副井提升时，取 16.5h；只作副井提升时，一般取 15h。

混合提升：有保护隔离措施时，箕斗与罐笼均取 18h；无隔离措施时或不完善时，按单一提升时减 1.5h 考虑。

7.2.5.2　箕斗规格的选择

（1）双箕斗提升时一次提升量

$$Q' = \frac{A_s}{3600}(K_1 \sqrt{H} + \mu + \theta) \tag{7-2}$$

（2）单箕斗提升时一次提升量

$$Q' = \frac{A_s}{1800}(K_1 \sqrt{H} + \mu + \theta) \tag{7-3}$$

（3）箕斗容积

$$V' = \frac{Q'}{\gamma C_m} \tag{7-4}$$

式中，H 为最大提升高度，m；μ 为箕斗在卸载曲轨处低速爬行的附加时间，取 $\mu = 10 \sim 15$s；γ 为矿石松散密度（松散容量），t/m³；C_m 为箕斗装满系数，取 $C_m = 0.85 \sim 0.9$；K_1 为系数，其值为 3.7～2.7，当 $H < 200$m 时取大值，$H > 600$m 时取小值；θ 为箕斗装载停歇时间，见表 7-1；Q' 为箕斗一次提升量，t。

按 V' 值，应选择与 V' 相近的箕斗容积 V，然后算出一次有效提升量 Q（t）。

表 7-1　箕斗装载停歇时间

箕斗容积/m³	< 3.1		3.1～5	≤ 8
漏斗类型	计量	不计量	计量	计量
停歇时间/s	8	18	10	14

7.2.5.3　罐笼规格的选择

当罐笼作为主提升时，应根据主井提升所用矿车外形尺寸来选择其规格，一般选用单层罐笼，仅在产量很大时，才考虑选用双层罐笼。概算罐笼所能完成的小时提升量时，仍用式（7-2）和式（7-3），此时式中的 $\mu = 0$，装卸矿车停歇时间见表 7-2。

表 7-2 装卸矿车停歇时间

矿车容积 /m³	推车方式	单层普通罐笼			双层普通罐笼	
		双面车场		单面车场	双面车场	单面车场
		单车	双车	单车	单车	双车
≤0.75	人力	15			35	
0.75	推车机	15	20		35	20
1.2~1.6	推车机	15	20	30	65	35	20
2~2.5	推车机	20	20		45	20

当罐笼作为副提升时，一般应根据副井提升所用矿车外形尺寸来选择，但根据安全规程还应保证在 45min 内（特殊情况可按 60min 考虑）将一班人员升降完毕。升降人员的停歇时间为：单层罐笼取 $(n_r+10)s$；双层罐笼取 $(n_r+25)s$，n_r 为一次乘罐人数。当单面车场无人行绕道时，停歇时间应增加 50%。

对于副井提升，还要根据提升废石、下放材料、运送设备的工作量和非固定任务等作出罐笼每班提升平衡时间表。若单层罐笼不能满足升降人员的时间要求，或辅助工作量大而平衡表的总时数超过规定时，可考虑采用双层罐笼。

7.3 提升钢丝绳

提升钢丝绳的用途是悬挂提升容器并传递动力。当提升机运转时通过钢丝绳带动容器沿井筒运动，所以钢丝绳是矿山提升设备的一个重要组成部分，它对矿井提升的安全和经济运转起着重要作用。

7.3.1 提升钢丝绳的结构

钢丝绳是由若干根钢丝按一定捻向绕股芯捻成股，再由若干股按一定捻向绕绳芯捻制成绳。钢丝绳是由优质碳素结构钢丝制成，钢丝直径在 0.4~4mm 之间，钢丝的拉伸强度为 1370~1960N/mm²，我国竖井提升多采用 1520N/mm² 和 1665N/mm² 两种拉伸强度的钢丝绳，斜井提升采用 1370N/mm² 和 1520N/mm² 两种拉伸强度的钢丝绳。为了增加钢丝绳的抗腐蚀能力，常在钢丝表面镀锌后捻制成绳，称镀锌绳；未镀锌的称光面绳。按钢丝的韧性又分为特号、Ⅰ号和Ⅱ号三种。提升物料选特号或Ⅰ号韧性，提升人员必须选用特号韧性钢丝绳。

绳芯有金属绳芯、石棉芯、合成纤维芯及有机芯四种，绳芯的作用是：①减少钢丝之间的挤压变形和接触应力；②使钢丝绳富有弹性，抗冲击和缓和弯曲应力；③贮存润滑油，防止内部锈蚀和减少丝间摩擦。

7.3.2 钢丝绳的分类

钢丝绳按其不同的特征有不同的分类方法。

7.3.2.1　按钢丝绳拧绕的层次分

（1）单绕绳　由若干细钢丝围绕一根金属芯拧制而成，挠性差，反复弯曲时易磨损折断，主要用作不运动的拉紧索。

（2）双绕绳　由钢丝拧成股后再由股围绕绳芯拧成绳。常用的绳芯为麻芯，高温作业宜用石棉芯或软钢丝拧成的金属芯。制绳前绳芯浸涂润滑油，可减少钢丝间互相摩擦所引起的损伤。双绕绳挠性较好，制造简便，应用最广。

（3）三绕绳　以双绕绳作股再围绕双绕绳芯拧成绳，挠性好；但制造较复杂，且钢丝太细，容易磨损，故很少应用。

7.3.2.2　按捻向分

（1）按由股捻成绳的捻向分　左螺旋方向捻成的叫左捻钢丝绳（或 S 捻）。右螺旋方向捻制的叫右捻钢丝绳（或 Z 捻）。

（2）按捻法分　丝在股中的捻向与股的绳中的捻向相同的叫同向捻钢丝绳；两种捻向相反的叫交互捻钢丝绳。同向捻钢丝绳比较柔软，表面光滑，与绳轮接触面积大，弯曲应力小，使用寿命较长，断丝易发现，多用作提升绳。这种绳稳定性差，易打结。交互捻特点与之相反，常用作斜井串车提升绳。

选用捻向时应使钢丝绳在滚筒上缠绕时的螺旋方向一致，以使缠绕时钢丝绳不会松劲。

7.3.2.3　按股中钢丝接触情况分

（1）点接触型　这是普通钢丝绳，股内钢丝直径相等，内外各层钢丝之间呈点接触状态，丝间接触应力很高，易磨损，易断丝，耐疲劳性能差。6×19、6×37 普通圆股钢丝绳即为点接触型。

（2）线接触型　多用不同直径的钢丝捻制，在各层间钢丝呈平行状态且为线接触，这种钢丝绳无二次弯曲现象，绳结构紧密，金属断面利用系数高，使用寿命长。6×7、西鲁绳 6×(19)、瓦林吞绳 6W(26) 均为线接触型。

（3）面接触型　将线接触型的绳股经特殊挤压加工，使钢丝产生塑性变形而呈面接触状态，然后捻制成绳。这种绳结构紧密，表面光滑，与绳轮接触面积大，耐磨损，抗挤压；股内钢丝接触应力小，抗疲劳，使用寿命长；钢丝绳金属断面系数大，同样绳径下有较大强度；钢丝绳伸长变形小，但柔软性能差。

7.3.2.4　按绳股断面形状分

（1）圆股　这种钢丝绳易制造，价格低，矿井提升应用最多。

（2）异形股　绳股断面为三角形或椭圆形，强度比圆股绳高，承压面积大，外层钢丝磨损小，抗挤压。使用寿命长。

7.3.2.5　特种钢丝绳

（1）多层股不旋转钢丝绳　这种钢丝绳具有两层或三层股，各层绳股在绳中以相反方向捻制。因而绳的旋转性小，多用作尾绳和凿井提升钢丝绳。

（2）密封钢丝绳　在中心钢丝绳周围呈螺旋状缠绕着一层或多层圆钢丝，其外面由一层或数层异形钢丝捻制而成的钢丝绳。

密封钢丝绳按用途分为客运索道用密封钢丝绳及矿井罐道等其他用途密封钢丝

绳。其他用途密封钢丝绳（包括矿井罐道、塔式超重机主索、挖掘机绷绳、吊桥主索等）见附录6。

(3) 扁钢丝绳 其断面形状为扁矩形，手工编织。这种绳柔软、运行平稳，适用于作尾绳，但制造复杂，生产效率低，价格高。

各种钢丝绳断面如图7-12所示。钢丝绳的标记代号见表7-3。

表7-3 钢丝绳的标记代号

代号	名 称	代号	名 称
①钢丝绳		②股（横截面）	
—	圆钢丝绳		
Y	编织钢丝绳	—	圆形股
P	扁钢丝绳	V	三角形股
T	面接触钢丝绳	R	扁形股
S*	西鲁式钢丝绳	Q	椭圆形股
W*	瓦林吞式钢丝绳		
WS*	瓦林吞-西鲁钢丝绳		
Fi	填充钢丝绳		
③钢丝		④钢丝表面状态	
—	圆形钢丝		
V	三角形钢丝		
R	矩形或扁形钢丝	NAT	光面钢丝
T	梯形钢丝	ZAA	A级镀锌钢丝
Q	椭圆形钢丝	ZAB	AB级镀锌钢丝
H	半密封钢丝（或钢轨形钢丝与圆形钢丝搭配）	ZBB	B级镀锌钢丝
Z	Z形钢丝		
⑤绳（股）芯		⑥捻向	
FC	纤维芯（天然或合成）	Z	右向捻
NF	天然纤维芯	S	左向捻
SF	合成纤维芯	ZZ	右同向捻
IWR	金属丝绳芯	SS	左同向捻
IWS	金属丝股芯	ZS	右交互捻
		SZ	左交互捻

示例：18 NAT 6×19S+NF 1770 SS 189 119 GB8918

18——钢丝绳公称直径为18mm；   NAT——钢丝表面为光面钢丝；
6×19S+NF——西鲁钢丝绳+天然纤维芯；   1770——钢丝绳拉伸强度为1770MPa；
SS——钢丝绳捻向左同向捻；   189——钢丝绳的最小破断拉力为189kN；
119——单位长度质量为119kg/100m；   GB 8918——钢丝绳的产品标准编号为GB 8918。

7.3.3 单绳缠绕式（无尾绳）竖井提升钢丝绳的选择计算

提升钢丝绳在工作中的受力是非常复杂的，其中包括静应力、动应力、弯曲应力、接触应力和编捻应力等。各种应力的反复作用、机械磨损和锈蚀，就是钢丝绳损坏的主要原因。直至目前，尚无既简便又能综合反映上述应力的计算方法，因

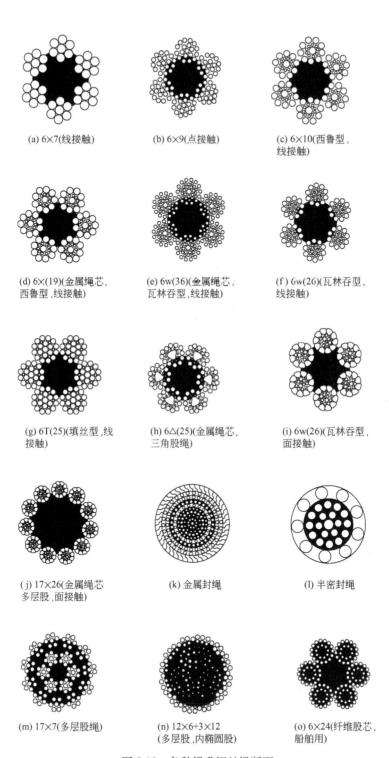

(a) 6×7(线接触)　　　(b) 6×9(点接触)　　　(c) 6×10(西鲁型，
　　　　　　　　　　　　　　　　　　　　　　　线接触)

(d) 6×(19)(金属绳芯，　(e) 6w(36)(金属绳芯，　(f) 6w(26)(瓦林吞型，
　西鲁型,线接触)　　　瓦林吞型,线接触)　　　线接触)

(g) 6T(25)(填丝型，线　(h) 6△(25)(金属绳芯,　(i) 6w(26)(瓦林吞型，
　接触)　　　　　　　三角股绳)　　　　　　面接触)

(j) 17×26(金属绳芯　　(k) 金属封绳　　　　　(l) 半密封绳
　多层股,面接触)

(m) 17×7(多层股绳)　　(n) 12×6+3×12　　　　(o) 6×24(纤维股芯，
　　　　　　　　　　　(多层股,内椭圆股)　　　船舶用)

图 7-12　各种提升钢丝绳断面

图 7-13　钢丝绳计算示意

此，提升钢丝绳的计算仍是按安全规程规定，按钢丝绳最大静负荷并采用较大的安全系数进行的。安全规程规定：钢丝绳的安全系数，即钢丝绳内所有钢丝破断力之和与钢丝绳最大静负荷（包括绳的自重）之比；并规定提升钢丝绳的安全系数为：单绳提升，专门提人时不应小于 9；同时提人和物料时，提物料不应小于 7.5，提人不应小于 9；专提物料时不应小于 6.5。多绳摩擦式提升钢丝绳，提升人员与物料时不得低于 8，专提物料时不得低于 7，专门提人时不得低于 9。

如图 7-13 所示，钢绳的最大静负荷在 A 点，其值为：

$$Q_{max}=Q+Q_r+P'H_0 \tag{7-5}$$

式中，P' 为钢绳的每米质量，N/m；H_0 为钢绳的最大悬垂长度，m；Q_r 为容器自重，N，对于箕斗为箕斗自重，对于罐笼为罐笼自重及其所装矿车自重之和。

对于罐笼提升　　　　　　　　$H_0=H_j+h_{ja}$ 　　　　　　　　　　(7-6)

对于箕斗提升　　　　　　　　$H_0=H_j+h_z+h_{ja}$ 　　　　　　　(7-7)

式中，H_j 为矿井深度，m；Q 为一次提升量，N；h_{ja} 为井架高度，在井架高度未确定之前，计算时可采用：罐笼提升取 15～25m；箕斗提升取 30～35m；h_z 为箕斗装载高度，取 20～30m。

设 σ_b 为钢丝绳的钢丝拉伸强度（N/cm²），S 为钢丝绳中所有钢丝断面积之和（cm²），则提升钢丝绳具有规定的安全系数 m 时，其最大静负荷就不能超过式（7-8）右边的计算值：

$$Q+Q_r+p'H_0=\frac{\sigma_b S}{m} \tag{7-8}$$

为解上式应求出 p' 和 S 的关系。钢丝绳的每米重为：

$$p'=100S\gamma\beta \tag{7-9}$$

式中，γ 为钢的容重，N/cm³；β 为考虑每米长钢丝绳中钢丝因呈螺旋形而长于 1m，以及绳芯对钢丝绳质量的影响系数，β 大于 1。

令 $\gamma_0=\gamma\beta$，γ_0 为钢丝绳的假想容重，γ_0 的平均值为 0.0882N/cm³。故由式（7-9）可得：

$$S=\frac{p'}{100\gamma_0}=0.11p' \tag{7-10}$$

将式（7-10）代入式（7-8），化简后得：

$$p'=\frac{Q+Q_r}{0.11\frac{\sigma_b}{m}-H_0}$$

根据 p' 值，从钢丝绳规格表（见附录 5）中选择与 p' 值靠近的标准钢丝绳，查出它的每米质量 p，然后验算安全系数：

$$m' = \frac{Q_d}{Q + Q_r + pH_0} \geqslant m \tag{7-11}$$

式中，Q_d 为所选标准钢丝绳的所有钢丝破断力之和，N。

竖井提升一般选用的 $\sigma_b = 167000 \sim 177000 \text{N/cm}^2$。

选择钢丝绳时，还应考虑以下因素：

① 在井筒淋水大、水的酸碱度高以及出风井中，应选镀锌绳。

② 在磨损严重条件下使用的钢丝绳，如斜井提升等，应选用外层钢丝尽可能粗的钢丝绳，或线接触、面接触钢丝绳。

③ 弯曲疲劳为主要破坏原因时，应选用线接触型或三角股绳。

④ 一般竖井或斜井箕斗提升用同向捻较好；多绳摩擦提升用左右捻各半；斜井串车提升用交互捻；单绳缠绕多为右旋，所以多选右捻。

⑤ 罐笼绳多用密封、半密封绳或三角股绳，其表面光滑，耐磨损。

⑥ 用于温度高或有明火的地方，应选用石棉绳芯或金属芯钢丝绳。

7.4　矿井提升机及天轮

根据矿井提升机工作原理和结构的不同，可分为如下类型。

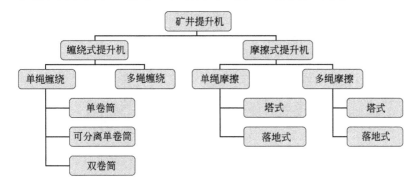

7.4.1　单绳缠绕式提升机

单绳缠绕式提升机是较早出现的一种提升机。其工作原理是：将两根提升钢丝绳的一端以相反的方向分别缠绕并固定在提升机的两个卷筒上；另一端绕过井架上的天轮与两个提升容器连接。当卷筒由电动机拖动以不同的方向转动时，可将提升钢丝绳分别在两个卷筒上缠绕和放松，以达到提升或下放容器，完成提升任务的目的。单绳缠绕式提升机在我国矿山中使用较为普遍。

根据卷筒的个数不同，单绳缠绕式提升机可分为双卷筒和单卷筒两种。

双卷筒提升机在我国矿山应用最多，一般用于双钩提升。两个卷筒与轴的连接方式不同：其中一个卷筒通过楔键或热装与主轴固接在一起，称为固定卷筒，又称为死卷筒；另一个卷筒滑装在主轴上，通过离合器与主轴连接，故称之为游动卷筒，又称为活卷筒。打开调绳离合器时，两个卷筒可以相对转动，以便改变钢丝绳的长度或改变提升中段，实现多水平（中段）提升。

单卷筒提升机一般用于产量较小的斜井或开凿井筒时作单钩提升。单卷筒提升机作双钩提升时，卷筒表面为两根钢丝绳所共用，下放绳空出的卷筒表面供上升绳缠绕，这样，卷筒表面在每次提升中都得到了充分的利用。因此，单卷筒提升机具有结构简单、紧凑、质量轻等优点。缺点是当双钩提升时调节绳长、换绳不方便，不能用于多水平（中段）提升，为了解决这一问题，把单卷筒制成可以分开的两个部分：一部分与轴固接（相当于双卷筒的死卷筒）；另一部分通过离合器与轴连接（相当于双卷筒的活卷筒），因而又称这种提升机为可分离式单卷筒提升机。

单绳缠绕式提升机形式分为单筒缠绕式和双筒缠绕式。以 2JK-3×1.5 型提升机为例，其中的代号分别表示为：2 为双卷筒（单卷筒无数字），J 为卷扬机，K 为矿井用，3 表示卷筒直径为 3m，1.5 表示卷筒宽度为 1.5m。其规格见附录 7、附录 8 及附录 9。

JK 型双卷筒提升机主要由主轴装置、制动装置、减速器和联轴器、深度指示器等组成。如图 7-14 所示。

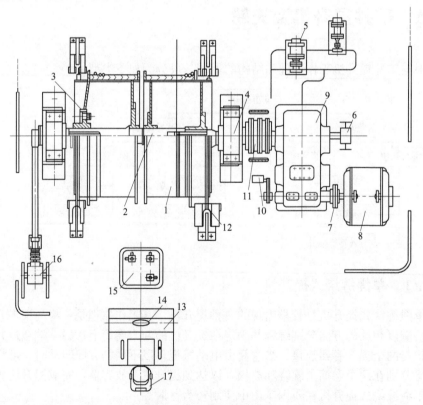

图 7-14　JK 型双筒提升机

1—卷筒；2—主轴；3—调绳装置；4—主轴承；5—润滑油站；6—圆盘深度指示器传动装置；
7—弹簧联轴器；8—电动机；9—减速器；10—测速发电机装置；11—齿轮联轴器；12—盘式制动
器；13—斜面操纵台；14—圆盘深度指示器；15—液压站；16—牌坊式深度指示器；17—司机座椅

7.4.1.1　主轴装置

　　提升机的主轴装置包括卷筒、主轴、主轴承，在双卷筒提升机（或可分离式单筒提升机）中还包括调绳离合器。图 7-15 所示为 JK 型系列双筒提升机主轴装置。

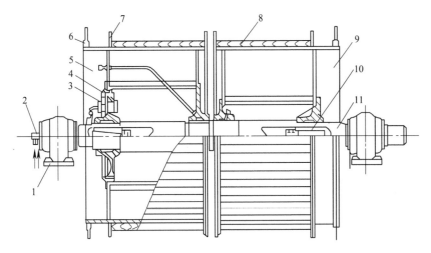

图 7-15　JK 系列双筒提升机主轴装置

1—主轴承；2—密封头；3—调绳离合器；4—尼龙套；5—游动卷筒；6—制动盘；
7—挡绳板；8—木衬；9—固定卷筒；10—切向键；11—主轴

　　由图 7-15 可知，固定卷筒的右轮毂用切向键固定在主轴上，左轮毂滑装在主轴上，其上装有润滑油杯，应定期向油杯加润滑油，以免轮毂和主轴表面磨损。游动卷筒的右轮毂经轴套滑装在主轴上，也装有润滑杯，保证润滑。轴套的作用是保护主轴和轮毂，避免在调绳时轴和轮毂磨损。左轮毂用切向键固定在轴上并经调绳离合器与卷筒连接。卷筒为焊接结构，其特点是筒壳下没有其他（如支轮和斜撑等）支撑结构，两侧轮辐（支轮）是由钢板制成的，开有若干入孔。这种筒壳支撑结构的弹性比铸造支轮好，可以在一定范围内降低筒壳的局部应力。筒壳和支轮的材料过去主要用普通 3 号钢板，为了提高强度，目前多使用 16Mn 钢板。筒壳外边一般均设有木衬。在单层缠绕时，木衬上车有螺旋绳槽，以使钢丝绳规则地排列，并减少钢丝绳的磨损。木衬的厚度应不小于 2 倍钢丝绳直径，通常宽度为 100mm 左右；木衬用柞木、水曲柳或榆木等木材制作。装配木衬时，应尽可能与筒壳接触良好，否则会造成应力分布不均。木衬在使用磨损后应及时更换，不然也会明显地影响到钢丝绳的使用寿命。

　　调绳离合器的作用是使活卷筒与主轴连接或脱开，以便在调节绳长或更换提升水平时，能调节两个容器的相对位置。调绳离合器可分为三种类型：齿轮离合器、摩擦离合器和蜗轮离合器。应用较多的是齿轮离合器。

　　图 7-16 所示为 JK 系列提升机调绳离合器机构示意图，采用齿轮离合器，液压控制。活卷筒的轮毂 3 通过键 2 与主轴 1 相连，在活卷筒左支轮上沿圆周的三个孔中，放入调绳油缸 4，调绳油缸的另一端插在齿轮 6 的孔中。这样，当齿轮 6 与固

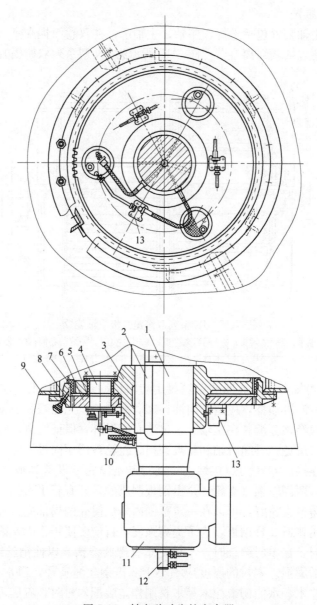

图 7-16 轴向移动齿轮离合器

1—主轴；2—键；3—轮毂；4—油缸；5—橡胶缓冲垫；6—齿轮；7—尼龙瓦；8—内齿轮；
9—卷筒轮辐；10—油管；11—轴承座；12—密封头；13—闭锁阀

定在轮辐 9 上的内齿轮 8 相啮合时，调绳油缸便相当于三个销子将 3 与 6 连接在一起，传递力矩。

调绳油缸的左端盖连同缸体一起用螺钉固定在齿轮 6 上，而齿轮 6 则滑装在活卷筒的左轮毂上。活塞通过活塞杆和右端盖一起固定在轮毂上。因此，当压力油进入油缸时，活塞不动，缸体沿缸套移动，使齿轮 6 与内齿圈脱离啮合，活卷筒与主轴脱开。与此相反，当向右腔供压力油而左腔回油时，离合器接合，活卷筒与主轴连接。调绳离合器在提升机正常工作时，左右腔均无压力油。

当齿轮 6 向左移动与内齿轮 8 脱开后，主轴带动死卷筒旋转时，轮毂 3 便与安装在内齿轮上的尼龙瓦 7 做相对运动，所以，在打开离合器之前，应扭动油杯，以便将油脂压入尼龙瓦。

7.4.1.2　减速器

矿井提升机主轴的转速，根据提升速度要求，一般在 $20 \sim 60 \text{r/min}$ 之间，而拖动提升机的电动机转速通常在 $290 \sim 980 \text{r/min}$ 之间。因此，除采用低速直流电动机拖动外，不能把电动机与主轴直接相连，必须通过减速器减速。

JK 型提升机采用圆弧齿轮减速器，一般传动比小于 11.5 时采用一级减速器，大于 11.5 时采用二级减速器。减速器型号为 ZHL-115、ZHLR-130、ZHLR-150、ZHFLR-170Ⅱ 等。符号意义是：字母 Z 为圆柱；H 为圆弧齿；L 为两级减速；R 为人字齿；数字 115、170 等代表中心距。直径 3.5m 以上的提升机可以采用双机拖动，其相应的减速器型号为 ZHD2R-180 及 ZD-2×200 型，这两种减速器都具有双端出轴。减速器的低速轴用齿轮联轴器与主轴相连，高速轴用弹性联轴器与电动机轴相连。减速器中的各轴承和啮合齿面由单独的润滑站供油润滑。

在多绳摩擦提升机及 JK 系列矿用提升机中，有采用共轴减速器的。这种减速器的入轴和出轴在同一中心线上，功率为两路传递，在中间齿轮的轮缘和轮毂间设有弹簧，用以消除由于齿轮加工误差引起的负荷分配不均，并减少减速器在启动和停止时的冲击负荷。这种减速器如加工制造精度达到要求，装配得当，则齿轮受力较小，布置较为合理。在塔式多绳摩擦提升机上，为了减少提升机运转时对井塔的震动冲击，将减速器放在减震的弹簧基础上。

为了使减速器质量和结构尺寸较小，在起重运输机械及矿井提升机中，已经开始采用行星齿轮减速器，这种减速器体积小，质量轻，传动效率高。

7.4.1.3　深度指示器

深度指示器的主要作用是给提升机司机指示提升容器在井筒中的位置。此外，深度指示器还起下列作用：当容器接近井口车场时发出减速信号；当容器过卷时，打开装在深度指示器上的终点开关，切断保护回路，进行安全制动；在减速阶段，通过限速装置，进行过速保护。

深度指示器主要形式有机械牌坊式、圆盘式和数字式三种。目前，我国多数使用机械牌坊式和圆盘式，而数字式深度指示器，只有在个别引进的提升机上使用。

JK 型提升机配有牌坊式和圆盘式两种深度指示器。前者适用于凿井提升和多水平提升的矿井，后者适用于单水平提升的矿井。

牌坊式深度指示器结构如图 7-17 所示。传动轴将提升机主轴的转动传递给深度指示器，使两根垂直丝杠以相反方向旋转，带动螺母指针上下移动。深度指示器丝杠的转数与提升机主轴的转数成正比，而主轴转数与提升容器在井中位置相对应，完成指示提升容器位置功能。

提升容器接近减速位置时，螺母触碰信号拉条，使铃锤敲响，提醒司机减速。

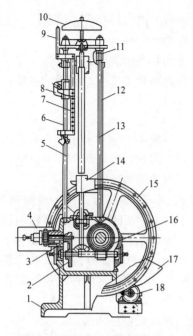

图 7-17 牌坊式深度指示器结构

1—机座；2—伞齿轮；3—齿轮；4—离合器；
5—丝杆；6—杆；7—信号拉条；8—减速限
位开关；9—撞针；10—信号铃；11—过卷限
位开关；12—标尺；13—支柱；14—左旋梯
形螺母；15—限速圆盘；16—蜗轮蜗杆；
17—限速凸轮板；18—限速自整角机装置

同时，限位盘下装有减速行程开关，到达减速位置时，使提升机进入减速过程。发生过卷时，螺母碰压过卷限位开关，进行安全制动。这种深度指示器指示清楚，工作可靠；但体积较大，指示精度不高。若在运行过程中，因为提升绳产生滑动与蠕动，导致指示器与提升容器位置存在偏差，就有可能发生误操作，引起事故。

圆盘式深度指示器由传动装置和深度指示盘组成。如图 7-18 所示，圆盘的传动轴 2 与减速器的输出轴 1 相连，经齿轮对 3 一方面带动发送自整角机 8 转动；另一方面经蜗轮副 4 带动前后限速圆盘 5 和 9。每块圆盘上装有几块碰板和一块限速凸板 7，用来碰压减速开关、过卷开关及限速自整角机 6，使之发出信号、进行减速和安全制动。深度指示盘（如图 7-19 所示）装在操纵台正面上，当发送自整角机转动时，发出信号使接收自整角机 4 相应转动，经过三对减速齿轮带动粗指针 5 进行粗指示；经过一对减速齿轮带动精指针 3 进行精指示，以便在提升终了时比较精确地指示提升容器的停止位置。

7.4.1.4 制动装置

制动装置是提升机的重要组成部分，它由制动器和传动机构组成。制动器按结构形式分为盘闸和块闸。传动机构控制并调节制动力矩。按动力源分为油压、气压及弹簧等制动装置。

制动装置的用途是：正常停车，即提升机停止工作时可靠地闸住提升机；工作制动，即在减速阶段下放重物时，对提升机加以制动，使提升机减速或限制下放速度；安全制动，当发生紧急事故时迅速闸住提升机；更换提升水平时，闸住提升机的活卷筒。

旧系列提升机及部分 JT 系列提升机采用块闸制动器，国产 JK 系列提升机均采用油压盘式闸制动系统。盘闸制动系统包括两部分，即盘闸制动器和液压站。与块闸制动系统相比较，其主要优点是重量轻、结构紧凑、动作灵敏、安全性好、便于矿井提升自动化，闸的副数可以根据制动力的大小灵活增减。

图 7-20 所示是盘闸制动器的结构，制动器安装在机座上，依靠蝶形弹簧的作用力把衬板及闸瓦推向制动盘，产生制动力矩。松闸时将压力油送入工作室，通过活塞及连接螺栓将闸瓦的衬板拉回，弹簧被压缩，闸瓦离开制动盘。调节螺母是用以调节闸瓦间隙的。

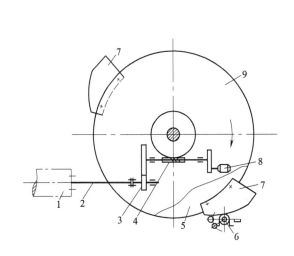

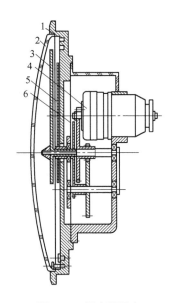

图 7-18　圆盘式深度指示器传动装置

1—减速器输出轴；2—传动轴；3—齿轮对；4—蜗轮副；

5—前限速圆盘；6—限速自整机；7—限速凸板；

8—发送自整角机；9—后限速盘

图 7-19　深度指示盘

1—指示圆盘；2—玻璃罩；

3—精指针；4—接收自整角机；

5—粗指针；6—齿轮对

盘式制动器应用于提升机上有各种不同的结构形式，有单面闸、双面闸，单活塞、双活塞，液压缸前置、液压缸后置等各种不同的类型。油压有采用中低压的，也有采用高压的，这主要根据使用条件及生产制造条件而定。

制动力的调节是通过液压站的有关设备改变油压来实现的。液压站的作用是：工作制动时，根据所需制动力矩，调节工作油压；安全制动时，迅速回油，并实现二级制动；调绳或更换提升水平时，控制活卷筒和死卷筒上的制动器单独动作。

7.4.1.5　单绳提升机主要尺寸的计算及选择

（1）卷筒直径　卷筒直径的确定是以保证钢丝绳在卷筒缠绕时产生的弯曲应力较小为原则。根据理论和试验研究，钢绳弯曲应力 σ_ω 与 D/d 的关系如图 7-21 所示，当 D/d 值减小到 60 以下时，则引起 σ_ω 的急剧增加；当 D/d 值大于 80 以上时，σ_ω 下降不显著。因此，安全规程规定卷筒直径 D 与钢绳直径 d 之比应保持下述关系：

地面提升设备：
$$\frac{D}{d} \geqslant 80 \qquad\qquad (7\text{-}12)$$

井下提升设备：
$$\frac{D}{d} \geqslant 60 \qquad\qquad (7\text{-}13)$$

按计算的 D 值，选择提升机的标准卷筒直径。

（2）卷筒宽度　卷筒宽度 B 应根据需要容纳的钢丝绳总长度来确定。钢丝绳总长度包括：最深中段的提升高度 H（m）；供试验用的钢绳长度 L_s，一般的 L_s = 20～30m；为减少绳头在卷筒上固定处的张力而设的三圈摩擦圈；当钢丝绳在卷筒

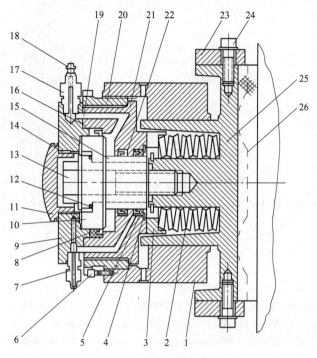

图 7-20　盘式制动器结构

1—制动器体；2—蝶形弹簧；3—弹簧座；4—挡圈；5,8,22—油封；6—螺钉；7—渗漏油管接头；
9—液压缸盖；10—活塞；11—后盖；12,14,16,19—密封圈；13—连接螺栓；15—活塞内套；17—进油
接头；18—放气螺栓；20—调节螺母；21—油缸盖；23—压板；24—螺钉；25—带衬板的筒体；26—闸瓦

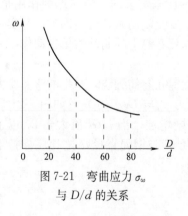

图 7-21　弯曲应力 σ_ω
与 D/d 的关系

上作多层缠绕时，为避免上下层钢丝绳总是在一个地方过渡，每隔两个月应错动 1/4 圈，因此需要预留四圈钢丝绳。

① 双卷筒提升机每个卷筒的宽度。单层缠绕时：

$$B=\left(\frac{H+L_3}{\pi D}+3\right)(d+\varepsilon) \qquad (7\text{-}14)$$

式中，B 为每个卷筒的宽度，mm；ε 为钢丝绳绳圈之间的间隙，取 $2\sim3$mm；H 为最深中段的提升高度，m。

对于罐笼提升：$H=H_j$

对于箕斗提升：$H=h_z+H_j+h_x$

式中，H_j 为矿井深度，m；h_z 为箕斗装载高度，即井底车场水平至装载箕斗底座间的距离，一般取 $20\sim30$m；h_x 为箕斗卸载高度，即井口水平至卸载箕斗底座间的距离，一般取 $15\sim25$m。

根据计算的 D 及 B 值选择标准提升机。如果标准提升机宽度不够，可另选直

径较大的提升机，或在允许情况下作多层缠绕。安全规程规定，竖井提升人员的卷筒只准单层缠绕，专提升物料的卷筒允许多层缠绕。

多层缠绕时：

$$B=\frac{H+L_s+(3+4)\pi D}{n\pi D_p}(d+\varepsilon) \tag{7-15}$$

式中，n 为缠绕层数；D_p 为平均缠绕直径，$D_p=D+(n-1)d$，m。

② 单卷筒作双钩提升时的卷筒宽度。

$$B=\left(\frac{H+2L_s}{\pi D}+2\times3+2\right)(d+\varepsilon) \tag{7-16}$$

式中，2 为两根钢丝绳间的间隔圈数。

(3) 提升机最大静拉力及最大静拉力差的验算　为了保证提升机有足够的强度，还应验算提升机的最大静拉力及最大静拉力差。计算的最大静拉力（T_{jmax}）及最大静拉力差（ΔT_j）都不应超过提升机规格表中规定的数值。

$$T_{jmax}=Q_r+Q+pH \tag{7-17}$$
$$\Delta T_j=Q+pH \tag{7-18}$$

如验算通不过，则应选择具有较大静拉力和静拉力差的提升机。

7.4.2　天轮

天轮安装在井架上，其作用是为钢丝绳导向。按构造不同，天轮分铸造辐条式和型钢装配式两种。一般直径 3.5m 以下的天轮常采用铸造辐条式的；直径大于 4m 的天轮，为了制造、安装和运输的方便常采用型钢装配式的。

天轮由轮缘、轮辐和轮毂组成。轮毂用键固定在轴上。天轮直径的选择与提升机卷筒直径的选择相同。

7.5　提升机与井筒的相对位置

提升机安装地点的选择，主要应考虑卸载作业的方便和尽可能简化地面运输系统。用罐笼提升时提升机房一般位于重车运行方向的对侧；用箕斗提升时提升机房位于卸载方向的对侧。井架上的两个天轮，根据容器在井筒中的布置以及提升机房的设置地点，可装在同一水平轴线上，如图 7-22(b) 所示，也可装在同一垂直平面内，如图 7-22(a) 所示。

确定了提升机安装地点之后，接着就要确定影响提升机与井筒相对位置的五个因素。

(1) 井架高度　井架高度 h_{ja} 是指井口水平到最上面天轮轴线间的垂直距离。如图 7-22(b) 所示，若两个天轮高于同一水平轴线上时，则对于罐笼提升的井架高度为：

$$h_{ja}=h_r+h_{gj}+\frac{1}{4}D_t \tag{7-19}$$

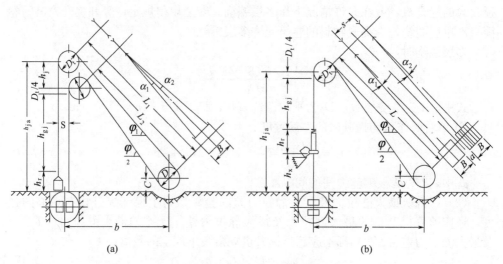

(a)   (b)

图 7-22   提升机与井筒相对位置

对于箕斗提升的井架高度为：

$$h_{ja} = h_x + h_r + h_{gj} + \frac{1}{4}D_t \qquad (7\text{-}20)$$

式中，h_r 为容器全高，m；h_{gj} 为过卷高度（容器由正常卸载位置提到容器最上面的一个绳卡与天轮缘接触时的高度），当提升速度 $v_m \leqslant 3\text{m/s}$ 时，$h_{gj} \geqslant 4\text{m}$；当 $v_m > 3\text{m/s}$，$h_{gj} \geqslant 6\text{m}$。

如图 7-22(a) 所示，若两个天轮位于同一垂直平面内，则计算井架高度的式 (7-19)、式 (7-20) 的右边，还要各增加 $h_j = D_t + (1 \sim 1.5)$。h_j 即两天轮之间的垂直距离。

（2）卷筒中心至井筒提升中心线间的水平距离   如图 7-22 所示，卷筒中心至井筒提升中心线间的水平距离 b，应使提升机房基础不与井架斜撑的基础接触，否则，由于井架斜撑的振动，可能引起提升机房及提升机基础的损坏。斜撑基础至井筒中心的水平距离约为 $0.6h_{ja}$。因此最小距离 b_{min} 可按下述经验公式确定：

$$b_{min} \geqslant 0.6h_{ja} + 3.5 + D \qquad (7\text{-}21)$$

设计时，取 $b \geqslant b_{min}$，一般取 $20 \sim 30\text{m}$。

（3）钢丝绳的弦长   钢丝绳的弦长为钢丝绳离开天轮接触点到钢丝绳与卷筒的接触点间的距离。在实际计算中，取天轮轴线与卷筒轴线间的距离 L 作为钢丝绳的弦长。按图 7-22(b) 布置时：

$$L = \sqrt{\left(b - \frac{D_t}{2}\right)^2 + (h_{ja} - c)^2} \qquad (7\text{-}22)$$

按图 7-22(a) 布置时：

$$L_1 = \sqrt{\left(b - \frac{s}{2} - \frac{D_t}{2}\right)^2 + (h_{ja} - c)^2} \qquad (7\text{-}23)$$

$$L_2=\sqrt{\left(b-\frac{s}{2}-\frac{D_t}{2}\right)^2+[h_{jo}-D_t-(1\sim1.5)-c]^2}\qquad(7\text{-}24)$$

式中，c 为卷筒中心线高出井口水平的距离，$c=1\sim2$m；s 为两容器轴线之间的距离，m。

当弦长超过 60m 时，为减小钢丝绳颤动，可在绳弦的中部设置托滚。

（4）钢丝绳的偏角　钢丝绳的偏角是指钢丝绳的弦与天轮平面所成的角度。其值不应大于 $1°30'$。当钢丝绳作多层缠绕时，宜取 $1°10'$ 左右。若偏角过大，除增大钢丝绳与天轮缘的彼此磨损外，还可能产生乱绳现象（特别是多层缠绕时）。偏角有两个：外偏角 α_1 和内偏角 α_2。如图 7-22(b) 所示，对于双卷筒提升机作单层缠绕时：

$$\tan\alpha_1=\frac{B-\dfrac{s-a}{2}-3(d-\varepsilon)}{L}\qquad(7\text{-}25)$$

$$\tan\alpha_2=\frac{\dfrac{s-a}{2}-\left[B-\left(\dfrac{H+L_s}{\pi D}+3\right)(d\vdash\varepsilon)\right]}{L}\qquad(7\text{-}26)$$

式中，B 为卷筒宽度，m；a 为两卷筒内缘之间的距离，m。

对于双卷筒提升机作多层缠绕时，可能的最大偏角 α_1、α_2 可按下述两公式分别计算：

$$\tan\alpha_1=\frac{B-\dfrac{s-a}{2}}{L}\qquad(7\text{-}27)$$

$$\tan\alpha_2=\frac{s-a}{2L}\qquad(7\text{-}28)$$

如图 7-22(a) 所示，若单卷筒提升机作双钩提升时，则只要检查最大外偏角 α_1，此时两天轮的垂直平面通过卷筒中心线。

$$\tan\alpha_1=\frac{\dfrac{B}{2}-3(d+\varepsilon)}{L_2}\qquad(7\text{-}29)$$

（5）钢丝绳的仰角　钢丝绳弦与水平线所成的仰角 φ 不应小于提升机规格表中的规定值。φ 角一般不应小于 $30°$，以适应井架（或斜撑）建筑的要求。由图 7-22 可知，实际上 φ 角有两个，即上出绳仰角 φ_1 及下出绳仰角 φ_2，一般可按式（7-30）近似计算仰角：

$$\tan\varphi=\frac{h_{ja}-c}{b-\dfrac{D_t}{2}}\qquad(7\text{-}30)$$

第 **8** 章

竖井多绳提升

8.1　概述

随着矿井开采深度和产量的增加，缠绕式提升机卷筒直径和宽度要求越来越大，提升机显得越加笨重，给设备的制造、运输、安装等带来很大的不便。1877年法国人戈培提出将钢丝绳搭在摩擦轮上，利用摩擦衬垫与钢丝绳之间的摩擦力传动钢丝绳用以升降容器，这种提升方式称为摩擦提升。在摩擦提升中，单绳摩擦提升首先被使用，但单绳摩擦提升机只解决了提升机卷筒过大的问题，而没有解决卷筒直径过大的问题。因为全部终端载荷由一根钢丝绳承担，故钢丝绳直径很大，导致摩擦轮直径也很大。为了解决这个问题，就出现了用多根钢丝绳代替一根钢丝绳的多绳摩擦提升机。由于终端载荷由多根钢丝绳共同承担，使得每根钢丝绳直径变小，从而摩擦轮直径也随之变小。

多绳提升机的工作原理与单绳提升机显著不同，它的钢丝绳不是缠绕在卷筒上，而是搭在主导轮上，两端各悬挂一个提升容器（或一端悬挂容器，另一端悬挂平衡锤），借助于主导轮上的摩擦衬垫与钢丝绳之间的摩擦力来传动钢丝绳，使容器移动，从而完成提升和下放重物的任务。

多绳提升设备分为塔式（如图 8-1 所示）与落地式（如图 8-2 所示）两类。塔式多绳提升机又分为无导向轮和有导向轮的。目前，我国安装的多绳提升设备采用塔式的居多。其优点是：①布置紧凑，可节省工业场地的面积；②不需要设置天轮；③全部载荷垂直向下，井架稳定性好；④钢丝绳不致因裸露在雨雪中而影响摩擦系数及使用寿命。缺点是：塔式多绳提升系统的造价较落地式高。我国的多绳提升井塔均采用钢筋混凝土结构。

与单绳提升机相比，多绳提升机的优点是：

① 因为钢丝绳不是缠绕在卷筒上，而是搭在主导轮（卷筒）上，所以提升高度不受卷筒容绳量的限制，特别适合深井提升；

② 由于载荷是由数根钢丝绳共同承担，所以提升钢丝绳直径比相同载荷下单

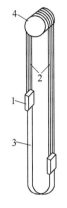
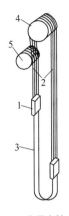

(a) 无导向轮多绳　　　(b) 有导向轮多绳
提升系统　　　　　　提升系统

图 8-1　塔式多绳提升示意
1—容器或平衡锤；2—主绳；3—尾绳；
4—主导轮；5—导向轮

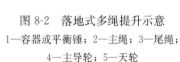

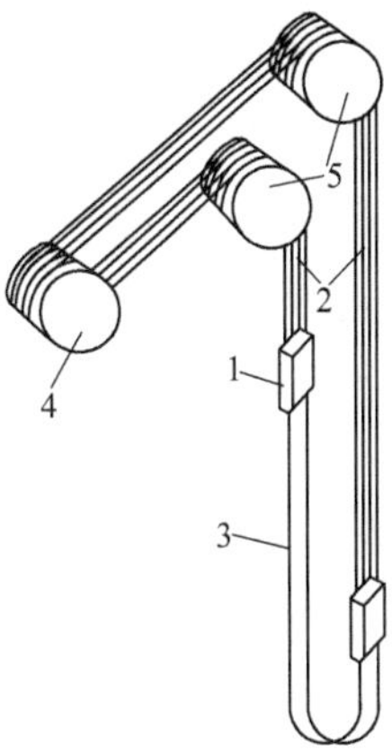

图 8-2　落地式多绳提升示意
1—容器或平衡锤；2—主绳；3—尾绳；
4—主导轮；5—天轮

绳提升的小，主导轮直径也较小。因此，在相同提升载荷下，多绳提升机具有体积小、重量轻、节省材料、容易制造、安装和运输方便等特点；

③ 由于多绳提升机的运动质量小，故提升电动机的容量和电耗就相应减小；

④ 在卡罐和过卷时有打滑的可能性，可以避免断绳事故的发生；

⑤ 因为钢丝绳根数多，同时断绳的可能性很小，故提升设备的安全性高，可以不设断绳保险器；

⑥ 当采用数目相同的左捻和右捻钢丝绳时，可以消除由于钢丝绳松捻而形成的容器罐耳对罐道的侧压力，从而减小容器的运行阻力和罐道的磨损。

多绳提升的缺点是：

① 数根钢丝绳的悬挂、更换、调整、维护和检修工作复杂；

② 当一根钢丝绳损坏而需要更换时，为了保持每根钢丝绳都具有相同的工作条件，往往需要更换所有的钢丝绳；

③ 因为不能调节绳长，所以双容器提升时不能同时用于多水平（中段）提升，也不适用于竖井开凿时的提升工作；

④ 由于提升钢丝绳和主导轮上摩擦衬垫间有蠕动现象，故对钢丝绳及摩擦衬垫的磨损有一定的影响，对深度指示器的准确性也有影响。

多绳摩擦式提升机型式分为 JKM 井塔式和 JKMD 落地式两种。以 JKMD-3.5×4 Ⅲ 为例，其中字母和数字的意义是：J 代表卷扬机、K 代表矿井用、M 代表摩擦式、D 代表井架为落地式（塔式不标注），3.5 代表摩擦轮直径为 3.5m，4 代表钢丝绳根数为 4 根，Ⅲ 是传动形式代号（单电机带减速器为 Ⅰ、双电机带减速器为 Ⅱ、单电机不带减速器为 Ⅲ、双电机不带减速器为 Ⅳ），其技术规格见附录 10、附录 11。

　　一般来说，在多绳提升中，单水平提升时，最好采用双容器；产量不大且为多水平提升时，可采用一套平衡锤单容器；产量较大且为多水平提升时，可采用两套平衡锤单容器。

8.2　多绳提升机

　　多绳提升机一般由主轴装置、制动装置、减速器、深度指示器、车槽装置以及其他辅助设备组成。图 8-3 所示为 JKM（Ⅰ）型多绳提升机，其制动装置与 JK 型单绳提升机的相同；深度指示器也大同小异，但根据多绳提升机的使用要求增设了自动调零装置。下面介绍主轴装置、减速器和车槽装置。

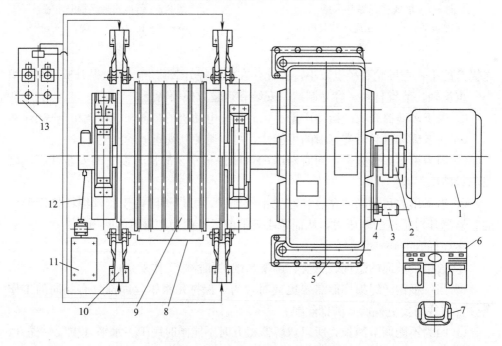

图 8-3　JKM（Ⅰ）型多绳摩擦提升机

1—电动机；2—弹性联轴器；3—测速发电机装置；4—护罩；5—减速器；6—斜面操纵台；7—司机座椅；
8—主导轮护板；9—主轴装置；10—盘形制动器；11—深度指示器；12—万向联轴节；13—液压站

　　（1）主轴装置　图 8-4 所示为 JKM（Ⅰ）型多绳提升机主轴装置。它的主要组成部分是主轴、主导轮、制动盘及轴承等。轴承采用滚动轴承，其优点是较滑动轴承的效率高、宽度小、维护简单、使用寿命长。

　　主导轮采用低合金钢板焊接结构。制动盘在主导轮的边上，根据使用盘式制动器副数的多少，可以焊接一个或两个制动盘。

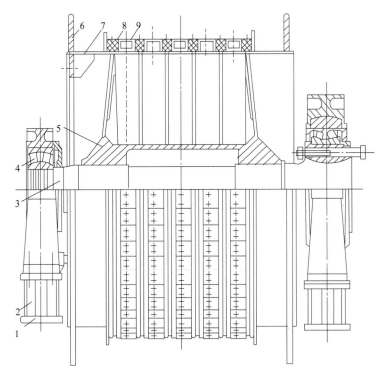

图 8-4　JKM（Ⅰ）型多绳提升机主轴装置

1—垫板；2—轴承座；3—主轴；4—滚动轴承；5—轮毂；6—制动盘；7—主导轮；

8—摩擦衬垫；9—固定块

　　摩擦衬垫用倒梯形截面的固定块压紧在主导轮轮壳表面上，不允许它有任何活动。衬垫之间的间距即钢丝绳之间的间距与钢丝绳和容器间的悬挂装置的结构尺寸有关，一般为钢丝绳直径的 10 倍左右。摩擦衬垫承担着主绳、容器、货载、尾绳等重量，以及运行时的各种动载荷，因此要求它有足够的强度，有较高的摩擦系数。目前国内衬垫主要采用 PVC 和聚氨酯等材料制成。

　　（2）减速器　JKM（Ⅰ）型多绳提升机的减速器为带弹簧基础中心驱动的减速器，其高速轴与低速轴在同一轴线上，两个中间传动装置对称地分配在它的两侧。如图 8-5 所示，电动机的动力通过弹性联轴器传递给高速轴 1 和高速小齿轮 3，再经两侧的高速大齿轮 4、弹性轴 5、低速小齿轮 6 传递到低速大齿轮 7 和低速轴 2，低速轴则通过刚性法兰联轴器与提升机主轴装置相连接，以拖动提升机运转。减速器各轴的支承均为滚动轴承。高速级采用斜齿轮传动，低速级采用人字齿轮传动。为保证齿轮和轴承的充分润滑，减速器带有循环润滑系统。

　　减速器采用弹簧基础，其荷重经弹簧作用在地基上，可以减少提升机启动、减速及安全制动时动载荷对传动齿轮及基础、井塔的影响。

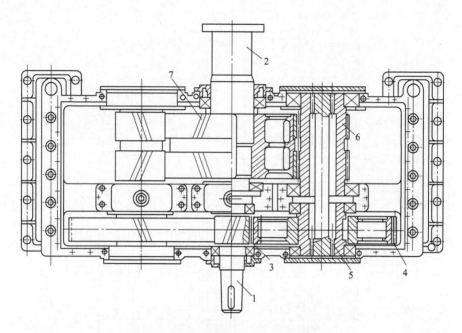

图 8-5　带弹簧基础中心驱动的减速器
1—高速轴；2—低速轴；3—高速小齿轮；4—高速大齿轮；
5—弹性轴；6—低速小齿轮；7—低速大齿轮

（3）车槽装置　多绳摩擦提升机在开始运转前，为了增加钢丝绳与摩擦衬垫的接触面积，必须在衬垫上车出绳槽；同时由于在提升机运转过程中各衬垫磨损不均匀，使各绳槽直径产生误差，当绳槽直径误差大于 1.5～2.0mm 时，就应该对衬垫进行调整车削，以保证几根钢丝绳上的负荷分配均匀。为此在主导轮下面设置了车槽装置。

8.3　多绳提升容器

8.3.1　多绳罐笼及箕斗

多绳提升常用的提升容器是多绳罐笼及底卸式箕斗。多绳罐笼的结构与单绳罐笼大同小异，其不同之处有：

① 悬挂装置较复杂，它采用多点连接的三角板悬挂，除此之外，多绳罐笼的调绳装置与单绳罐笼也有所不同；

② 多绳罐笼底部设有尾绳悬挂装置；

③ 多绳罐笼底部不设断绳保险器。

冶金矿山箕斗系列规定小规格的底卸式箕斗有活动直轨卸载的和固定曲轨卸载的两种，大规格的只采用活动直轨卸载的底卸式箕斗。

竖井多绳箕斗结构与单绳箕斗基本相同，不同点是连接装置有所不同，多绳箕斗下部还有尾绳悬挂装置和安装配重的地方。

多绳罐笼及多绳箕斗规格见附录 2、附录 4。

8.3.2　悬挂装置

在多绳提升中，由于主导轮上各绳槽的直径总会有微小的差别，在安装钢丝绳时每根钢丝绳的长度也不可能做到绝对相等，每根钢丝绳的直径和弹性模量也不可能完全一样，所以每根钢丝绳在运转中所受负荷就不可避免的有所不同。这样会使受到张力大的钢丝绳容易断丝乃至断绳，同时也使各绳槽的磨损不均。因此，保持每根钢丝绳受力平衡是多绳提升中非常重要的一个问题。

为了改善各钢丝绳的张力不平衡状况，通常设置平衡装置。图 8-6(a)～图 8-6(c) 分别为平衡杠杆式、角杠杆式及液压式平衡装置。这些平衡装置的共同特点，就是使张力较大的钢丝绳自动减小其弹性变形，同时把张力传给其余几根受力较小的钢丝绳，使每根钢丝绳的张力达到平衡。这些平衡装置的缺点是有效行程小，灵敏度差。

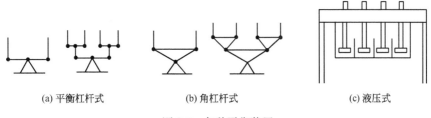

(a) 平衡杠杆式　　　　　　　(b) 角杠杆式　　　　　　　(c) 液压式

图 8-6　各种平衡装置

如图 8-7 所示是螺旋液压调绳器悬挂装置。它由楔形绳卡和螺旋液压调绳器组成。螺旋液压调绳器的作用主要是用来调整钢丝绳在安装时的长度偏差，以及运转后因不同残余伸长所引起的长度偏差。调绳最大长度不能超过液压缸中的活塞行程。调绳量再增大就要用楔形绳卡来调整绳长。螺旋液压调绳器悬挂装置在张力平衡方面没有解决密封问题，只能实现提升钢丝绳的静平衡。

图 8-8 所示为目前已在国内多个矿井使用的 XSZ 型多绳摩擦提升机钢丝绳张力自动平衡首绳悬挂装置，该装置采用闭环无源液压连通自动平衡系统，能高精度地实现钢丝绳在动、静状态下自动平衡，较好地解决了多绳摩擦提升机钢丝绳的动态平衡问题。其基本原理与螺旋液压调绳装置类似，但它解决了连通油缸的密封问题，因而实现了钢丝绳之间的动平衡。

在多绳提升中，尾绳多采用多层股（不旋转）圆钢丝绳或扁钢丝绳，也可以用

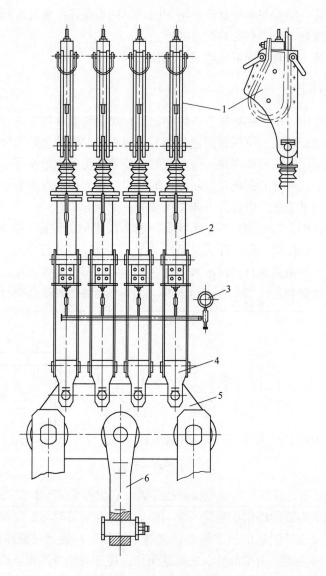

图 8-7　螺旋液压调绳器

1—楔形环；2—液压缸；3—压力表；4—连接头；5—连接板；6—连接杆

一般的圆钢丝绳。如采用扁钢丝绳作尾绳，对悬挂装置没有特殊要求。扁钢丝绳运行平稳，但制造较困难，变易受到坠石的冲击。如采用多层股钢丝绳或一般的圆钢丝绳作尾绳，则必须装有转动灵活（有滚珠轴承）的尾绳悬挂装置，允许尾绳绕其轴旋转。

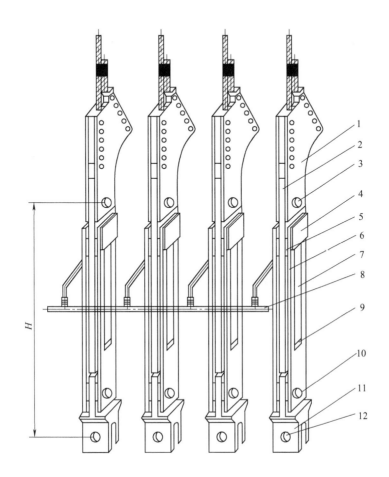

图 8-8　张力自动平衡悬挂装置结构

1—楔形绳环；2—中板；3—上连接销；4—挡板；5—压板；6—侧板；7—连通油缸；
8—连接组件；9—垫块；10—中连接销；11—换向叉；12—下连接销

8.4　多绳提升设备的选择

8.4.1　主要计算参数

多绳提升中的提升工作时间、不均匀系数、罐笼装载卸载时间、其他辅助作业停歇时间、每班升降人员的时间及其他提升次数、提升速度、提升加减速度、箕斗一次提升合理有效载重、罐笼及平衡锤的选择等，与单绳提升相同。表 8-1 为国内部分矿井底卸式箕斗装卸载的停歇时间。

表 8-1　底卸式箕斗的停歇时间

项　目		单位	凤凰山铜矿	梅山铁矿	凡口铅锌矿
卸矿方式			活动直轨	活动直轨	固定直轨
箕斗载重量		kN	102.9	254.8~294	49
装矿	停歇时间 操作方式	s	平均 18 人工操作	26~27 人工操作	10~12 人工操作
卸矿	停歇时间 实测 推荐	s	24 18~20	27~28	
	操作方式		自动操作	人工操作	

8.4.2　钢丝绳的选择

多绳提升的主绳最好选用镀锌三角股钢丝绳。其根数一般为偶数，根据使用经验最好采用四根或六根，并优先采用四根，只有在特殊情况下才考虑采用八根。为了减少容器的扭动，所用的主绳半数左捻、半数右捻，并且相互交错排列。

尾绳多采用不扭转的圆钢丝绳。圆尾绳一般由两根或三根组成。

主绳的选择计算方法与单绳提升基本相同，但由于多绳提升是用 n 根钢丝绳代替一根钢丝绳来悬挂容器，它的一根钢丝绳每米的重量只等于单绳提升钢丝绳重量的 $\frac{1}{n}$。设钢丝绳最大悬垂长度为 H'_0，则多绳提升的主绳每米重量为：

$$p' = \frac{Q+Q_r}{n\left(0.11\dfrac{\sigma_b}{m} - H'_0\right)} \tag{8-1}$$

选择标准钢丝绳，并查出其每米重量 p，然后按式（8-2）验算安全系数：

$$m' = \frac{nQ_d}{Q+Q_r+npH'_0} \geqslant m \tag{8-2}$$

式中，m 为多绳提升钢丝绳的安全系数，提人、提人及提货时不得小于 8，专提货时不得小于 7。

当采用等重尾绳时，尾绳的单位长度重量为：

$$q = \frac{n}{n_W}p \tag{8-3}$$

式中，n、n_W 分别为主绳、尾绳的根数。

8.4.3　提升机的选择

多绳提升机的选择主要是根据钢丝绳直径 d 计算主导轮的直径 D，然后根据计算的主导轮直径选择标准的多绳提升机。当钢丝绳与主导轮的围包角为 180°时，$D \geqslant 80d$；当围包角大于 180°时，$D \geqslant 100d$。导向轮直径 $D_d \geqslant (80\sim90)d$（当 $D \geqslant 100d$ 时）。

在选择多绳提升机时，还必须满足最大静拉力和最大静拉力差的条件。

8.4.4　衬垫材料单位压力的验算

主绳对衬垫材料的单位压力为:

$$q = \frac{T_{j \cdot s} + T_{j \cdot x}}{nDd} \qquad (8\text{-}4)$$

式中, q 为主绳对衬热材料的单位压力, N/cm^2; $T_{j \cdot s}$ 为上升绳 (重载) 的静拉力, N, $T_{j \cdot s} = Q + Q_r + npH'_0$; $T_{j \cdot x}$ 为下放绳的静拉力, N, $T_{j \cdot x} = Q_r + npH'_0$; H'_0 为钢丝绳最大悬垂长度, 罐笼提升时: $H'_0 = h_{ta} + H_j + h_\omega$, 箕斗提升时: $H'_0 = h_{ta} + H_j + h_z + h_\omega$; h_{ta} 为井塔高度, m。

计算得出的值 q 必须小于许用值 $[q]$。如果算出的 q 值超过许用值 $[q]$, 则应加大主绳直径, 加多绳数或加大主导轮直径来解决, 但在变动后, 应对受影响的部分重新验算。

8.4.5　衬垫材料与钢丝绳的摩擦系数 μ 的确定

目前, 我国多绳提升机广泛使用 PVC 和聚氨酯等橡胶类摩擦衬垫, 它们与钢丝绳之间的静摩擦系数 μ 可达到 $0.25 \sim 0.4$ 以上, 但由于其动摩擦系数较小, 而且在运转过程中也会粘上泥和油污, 使 μ 值降低, 故在选型设计中仍采用 $\mu = 0.2$。

8.4.6　钢丝绳与主导轮之间的围包角 α 的确定

钢丝绳与主导轮之间的围包角 α 最小为 $180°$。在条件许可时, 应尽可能不加设导向轮, 因为加设导向轮将使井塔高度增加, 并影响主绳的使用寿命。但主导轮的直径大于两提升容器中心距时, 则必须加设导向轮。常用的围包角 α 为 $180°$、$195°$ 和 $210°$, 大于 $210°$ 一般不使用。

8.4.7　防滑安全系数的验算

多绳提升机是利用提升钢丝绳与主导轮摩擦衬垫之间的摩擦力带动钢丝绳, 使容器移动, 完成升降重物任务的。生产实践证明, 如果使用不当, 钢丝绳就会产生滑动。因此, 应该研究钢丝绳不打滑的条件及防滑安全系数的验算。

8.4.7.1　摩擦提升不打滑的条件

多绳提升机运转时, 如图 8-9 所示, 钢丝绳与主导轮衬垫之间产生的摩擦力极限值为:

$$F_{mc} = T_x (e^{\mu\alpha} - 1) \qquad (8\text{-}5)$$

式中, T_x 为下放 (空载) 钢丝绳拉力, N; e 为自然对数的底, $e = 2.718$; μ 为钢丝绳与衬垫间的摩擦系数; α 为钢丝绳在主导轮上围包角, 弧度。

主导轮两侧钢丝绳的拉力差为:

$$\Delta T = T_s - T_x$$

式中　T_s 为上升 (重载) 钢丝绳的拉力, N。

在摩擦传动中, 因为拉力差 (ΔT) 为产生滑动的力, 而摩擦力为阻止滑动的力，所以摩擦提升中钢丝绳不打滑的条件是：

$$T_s - T_x < T_x(e^{\mu\alpha} - 1)$$

写成等式，得：

$$U(T_s - T_x) = T_x(e^{\mu\alpha}) - 1$$

式中，U 是大于 1 的系数，其值越大则提升过程中越不会发生打滑现象，故称 U 为防滑安全系数。由上式得：

$$U = \frac{T_x(e^{\mu\alpha} - 1)}{T_s - T_x} \tag{8-6}$$

以上是钢丝绳可能逆主导轮旋转方向滑动的情况。在某些情况下，例如进行紧急制动时，也很可能产生钢丝绳顺主导轮旋转方向的滑动，此时的 $T_x > T_s$，同样可得到由 T_s 向 T_x 方向滑动时的防滑安全系数：

$$U' = \frac{T_s(e^{\mu\alpha} - 1)}{T_x - T_s} \tag{8-7}$$

如果 T_s 与 T_x 中仅为静力时，则得静防滑安全系数，以 U_j 表示；如果 T_s 与 T_x 中还计入惯性力时，则得动防滑安全系数，以 U_d 表示。一般规定 $U_j \geqslant 1.75$，$U_d \geqslant 1.25$。由式（8-6）可知，为增加防滑安全系数可采取以下措施。

（1）增加围包角 α 加设导向轮可以增加围包角。但导向轮可使钢丝绳产生反向弯曲而影响其寿命。选用的 α 值一般均不超过 210°。

（2）增加钢丝绳与衬垫间的摩擦系数 μ 可以选用具有高摩擦系数且耐磨的衬垫材料。国内有些矿山在钢丝绳表面洒以松香，国外有的矿山在钢丝绳上涂以特制油漆，既起到增大 μ 值又起到保护钢丝绳的作用。

（3）增大下放钢丝绳拉力 T_x 安设尾绳可以增大 T_x。因此，多绳提升均使用尾绳，且通常多用等重尾绳。

8.4.7.2 防滑安全系数的验算

为了保证多绳提升中不发生打滑现象，一定要使防滑安全系数大于或等于规定的数值。因此，必须验算防滑安全系数（包括静防滑安全系数和动防滑安全系数），以及安全制动防滑的验算。在一般选型设计中，当加减速度不大于 1m/s^2 时（一般取 $0.7 \sim 0.85\text{m/s}^2$），可以只作静防滑安全系数的验算，而不必验算动防滑安全系数。只有在特殊情况下才验算动防滑安全系数。现以双容器提升为例（见图8-9）讨论等重尾绳系统的防滑验算问题。

（1）静防滑安全系数的验算   根据式（8-6）：

$$U_j = \frac{T_{j \cdot x}(e^{\mu\alpha} - 1)}{T_{j \cdot s} - T_{j \cdot x}} \geqslant 1.75$$

故

$$\frac{T_{j \cdot s}}{T_{j \cdot x}} \leqslant \frac{e^{\mu\alpha} + 0.75}{1.75}$$

当 $\mu = 0.2$，$\alpha \geqslant 180°$ 时，则：

$$\frac{T_{j \cdot s}}{T_{j \cdot x}} \leqslant 1.5 \tag{8-8}$$

（2）动防滑安全系数的验算   由于多绳提升设备可能提升或下放货载，又有加速和减速等阶段，故应对不同情况分别研究。

① 提升货物时的加速阶段。在提升货物的加速阶段，钢丝绳只可能逆主导轮旋转方向滑动，故应按式（8-6）验算。此时上升绳及下放绳的拉力为：

$$T_{d \cdot s} = T_{j \cdot s} + \frac{W}{2} + m_s a_1$$

$$T_{d \cdot s} = T_{j \cdot s} - \frac{W}{2} - m_x a_1$$

式中，m_s 为上升（重载）绳运动质量，$m_s = \dfrac{T_{j \cdot s}}{g}$，kg；$m_x$ 为下放（空载）绳运动质量，$m_x = \dfrac{T_{j \cdot x} + G_{idl}}{g}$，kg；$G_{idl}$ 为导向轮的变位质量，无导向轮时，$G_{idl} = 0$；W 为矿井阻力，N，$W = 0.005 \times 2npH_0' + 0.02(T_{j \cdot s} + T_{j \cdot x} - 2npH_0')$；$n$ 为主绳根数。

其他符号同前。

因此，提升货载时的加速阶段的动防滑安全系数为：

$$U_{d_1} = \frac{\left(T_{j \cdot x} - \dfrac{W}{2} - m_x a_1\right)(e^{\mu a} - 1)}{(T_{j \cdot s} - T_{j \cdot x} + W) + (m_s + m_x)a_1} \tag{8-9}$$

为了防止滑动，U_{d_1} 应大于允许的最小值 U_{dmin}。与之相应的最大允许加速度为：

$$a_{1max} = \frac{\left(T_{j \cdot x} - \dfrac{W}{2}\right)(e^{\mu a} - 1) - U_{dmin}(Q + W)}{m_x(e^{\mu a} - 1) + U_{dmin}(m_s + m_x)} \tag{8-10}$$

② 提升货载时的减速阶段。在提升货载的减速阶段，若制动力矩特别大时，则钢丝绳可能顺主导轮旋转方向滑动，故按式（8-7）验算。此时上升绳及下放绳的拉力为：

$$T_{d \cdot s}' = T_{j \cdot s} + \frac{W}{2} - m_s' a_3$$

$$T_{d \cdot x}' = T_{j \cdot x} - \frac{W}{2} + m_x' a_3$$

式中，m_s' 为上升（重载）绳运动质量，kg，$m_s' = \dfrac{T_{j \cdot s} + G_{idl}}{g}$；$m_x'$ 为下放绳（空载）运动质量，kg，$m_x' = \dfrac{T_{j \cdot x}}{g}$。

因此，提升货载时的减速阶段的动防滑安全系数及相应的最大允许减速度为：

$$U_{d_3} = \frac{\left(T_{j \cdot s} + \dfrac{W}{2} - m_s' a_3\right)(e^{\mu a} - 1)}{(m_s' + m_x')a_3 - (T_{j \cdot s} - T_{j \cdot x} + W)} \tag{8-11}$$

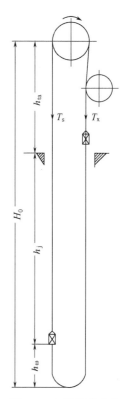

图 8-9　多绳提升示意

$$a_{3\max}=\frac{\left(T_{j\cdot s}+\dfrac{W}{2}\right)(e^{\mu\alpha}-1)+U_{d\min}(Q+W)}{m'_s(e^{\mu\alpha}-1)+U_{d\min}(m'_s+m'_x)} \tag{8-12}$$

③ 下放货载时的减速阶段。对于箕斗提升，一般只作上述的验算就足够了；但对于罐笼提升还要作下放货载时的验算。因为下放货载时，尤其是在减速阶段，钢丝绳最容易顺主导轮旋转方向滑动。此时，应按式（8-7）验算。上升（空载）绳及下放（重载）绳的拉力为：

$$T''_{d\cdot s}=T'_{j\cdot s}+\frac{W}{2}-m''_s a'_3$$

$$T''_{d\cdot x}=T'_{j\cdot x}-\frac{W}{2}+m''_x a'_3$$

式中，$T'_{j\cdot s}$ 为上升（空载）绳的静拉力，N，$T'_{j\cdot s}=Q_r+npH'_0$；$T'_{j\cdot x}$ 为下放（重载）绳的静拉力，N，$T'_{j\cdot x}=Q+Q_r+npH'_0$；$m''_s$ 为上升（空载）绳运动质量，kg，$m''_s=\dfrac{T'_{j\cdot s}+G_{idl}}{g}$；$m''_x$ 为下放（重载）绳运动质量，kg，$m''_x=\dfrac{T'_{j\cdot x}}{g}$。

因此，下放货载时的减速阶段的动防滑安全系数及相应的最大允许减速度为：

$$U'_{d_3}=\frac{\left(T'_{j\cdot s}+\dfrac{W}{2}-m''_s a'_3\right)(e^{\mu\alpha}-1)}{(m''_s+m''_x)a'_3-(T'_{j\cdot s}-T'_{j\cdot x}+W)} \tag{8-13}$$

$$a'_{3\max}=\frac{\left(T'_{j\cdot s}+\dfrac{W}{2}\right)(e^{\mu\alpha}-1)-U_{d\min}(Q-W)}{m''_s(e^{\mu\alpha}-1)+U_{d\min}(m''_s+m''_x)} \tag{8-14}$$

在上述计算中，$e^{\mu\alpha}$ 值可查表 8-2。

表 8-2 $e^{\mu\alpha}$ 值（$\mu=0.2$）

$\alpha/(°)$	180	181	182	183	184	185	186	187	188	189	190
$e^{\mu\alpha}$	1.87	1.88	1.887	1.893	1.90	1.907	1.912	1.92	1.925	1.932	1.94
$\alpha/(°)$	191	192	193	194	195	196	197	198	199	200	
$e^{\mu\alpha}$	1.947	1.953	1.96	1.968	1.973	1.982	1.99	1.997	2.003	2.010	

（3）安全制动的防滑验算　多绳提升机进行安全制动时，必须满足安全规程规定：制动力矩 M_z 不得小于最大静力矩的 3 倍；在提升货载时，安全制动减速度 a_{3z} 既要小于 $5m/s^2$，又要小于防滑极限减速度 a_{3j}；在下放货载时，则必须大于 $1.5m/s^2$，又要小于防滑极限减速度 a'_{3j}。防滑极限减速度是按滑动极限计算的，故以 $U_{d\min}=1$ 代入式（8-12）、式（8-14）得：

提升货物时：

$$a_{3j}=\frac{\left(T_{j\cdot s}+\dfrac{W}{2}\right)(e^{\mu\alpha}-1)+(Q+W)}{m'_s(e^{\mu\alpha}-1)+(m'_s+m'_x)} \tag{8-15}$$

下放货载时：

$$a'_{3j}=\frac{\left(T'_{j}\cdot s+\dfrac{W}{2}\right)(e^{\mu a}-1)-(Q-W)}{m''_{s}(e^{\mu a}-1)+(m''_{s}+m''_{x})}\qquad(8\text{-}16)$$

上述规定实际上有时是互相矛盾的，不是所有提升设备都能满足这些规定，在某些情况下，制动力矩需要降低到等于 2 倍最大静力矩。根据防滑的条件，制动力矩 M_z（N·m）应满足：

提升货载时：

$$M_z\leqslant(\textstyle\sum Ma_{3j}-Q-W)R\qquad(8\text{-}17)$$

下放货载时：

$$M_z\leqslant(\textstyle\sum Ma'_{3j}+Q-W)R\qquad(8\text{-}18)$$

式中，$\sum M$ 为提升系统的总变位质量，kg；R 为主导轮半径，m。

8.4.8　井塔高度的确定

井塔高度是指从井口水平至主导轮轴线间的垂直距离，如图 8-10 所示。井塔高度按以下公式计算：

有导向轮时：

$$h_{ta}=h_{x}+h_{r}+h_{gj}+\frac{D_{d}}{4}+h_{j}\qquad(8\text{-}19)$$

无导向轮时：

$$h_{ta}=h_{x}+h_{r}+h_{gj}+\frac{D}{4}\qquad(8\text{-}20)$$

式中，h_{x} 为箕斗提升时为卸载高度，罐笼提升时为装卸平台水平的高度；h_{r} 为容器全高；h_{gj} 为过卷高度，一般提升速度小于 3m/s 时，不得小于 4m，非提升人员的设备也不宜大于 10m；h_{j} 为主导轮与导向轮轴线间的垂直距离。

主导轮与导向轮之间计算的垂直距离（近似值）为：

$$h_{j}=\frac{(D-S)\cos\theta}{\sin\theta}\qquad(8\text{-}21)$$

式中　θ——主导轮和导向轮间的钢丝绳与垂直线的夹角，

$$\theta=\sin^{-1}\frac{0.5D+0.5D_{d}}{\sqrt{h_{j}^{2}+b^{2}}}-\tan^{-1}\frac{b}{h_{j}}\qquad(8\text{-}22)$$

b——主导轮与导向轮中心线间的水平距离，

$$b=S-0.5D+0.5D_{d}\qquad(8\text{-}23)$$

在确定实际的 h_{j} 值时，应考虑以下因素：

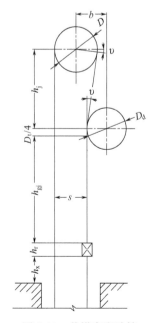

图 8-10　井塔高度计算

　　① 提升机主导轮下部各种装置（如车槽装置、防滑信号装置等）不能与主绳相干扰；

　　② 井塔结构的要求；

　　③ 围包角 α 的要求；

　　④ 提升容器中心距 s 的要求。h_j 的最后确定，是根据上述因素和土建专业共同研究决定，在决定 h_j 后，就可按式（8-22）求其实际的 θ 值，最后算出围包角 α。

第 **9** 章

提升设备的运动学和动力学

9.1　提升速度的确定

在一次提升过程中，提升速度是变化的。提升开始时，容器以加速运行，速度由零增加到最大值；然后保持在最大速度下运行一阶段；接近提升终了时，重容器接近卸载位置开始减速，速度又从最大值降到零，最后停在卸载位置。如用横坐标表示容器运动的延续时间，纵坐标表示相应的运动速度，则绘出容器随时间变化的速度曲线，就称之为提升速度图。提升速度图上速度曲线所包含的面积，为提升容器在一次提升时间内所走过的路程，即提升高度 H。

如图 9-1 所示，提升容器在一次提升过程中的运动，一般有加速、等速和减速等三个阶段。但有时却没有等速阶段。要实现面积等于 H 的速度图是很多的，即将矿石由井下经过距离 H 提到地面，可以采用不同的提升速度。当速度按三角形变化时就得到三角形速度图，按梯形变化时就得到梯形速度图。

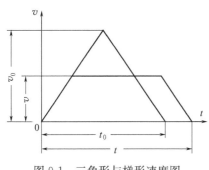

图 9-1　三角形与梯形速度图

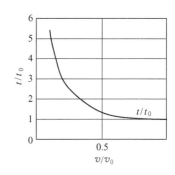

图 9-2　t/t_0 对 v/v_0 曲线

设提升高度为 H，加速度为任意值 a 且等于减速度，则当速度按三角形变化时，其面积 $H = \frac{1}{2} t_0 v_0$，其最大提升速度为：

$$v_0 = \sqrt{aH} \tag{9-1}$$

其相应的最短一次提升时间为：

$$t_0 = 2\sqrt{\frac{H}{a}} \qquad\qquad (9\text{-}2)$$

当速度按梯形变化时，一次提升时间为：

$$t = \frac{v}{a} + \frac{H}{v} \qquad\qquad (9\text{-}3)$$

式中，v 为梯形速度图的最大速度。

将 $H = \frac{v_0 t_0}{2}$ 及 $a = \frac{2v_0}{t_0}$ 代入式 (9-3)，经整理后得 t 值。故

$$\frac{t}{t_0} = \frac{1}{2}\frac{1 + \left(\dfrac{v}{v_0}\right)^2}{\dfrac{v}{v_0}} \qquad\qquad (9\text{-}4)$$

把式 (9-4) 表示的函数关系绘成曲线，如图 9-2 所示。从曲线中可以看出：当提升速度 v 超过 $(0.4\sim0.5)$ v_0 时，提升时间的缩短就不显著了。同时还可以求出提升有效载重、卷筒直径、提升电动机容量与提升速度之间的关系曲线。经分析研究后，得出最经济合理的提升速度为：

$$v = (0.4\sim0.5)v_0 = (0.4\sim0.5)\sqrt{aH}$$

一般的提升加速度和减速度 $a = 0.6\sim1\mathrm{m/s^2}$，故：

$$v = (0.3\sim0.5)\sqrt{H} \qquad\qquad (9\text{-}5)$$

式中，v 为提升速度，m/s；$0.3\sim0.5$ 为系数，当 $H < 200\mathrm{m}$ 时取下限，当 $H > 600\mathrm{m}$ 时取上限；H 为提升高度，m。

根据算出的 v 值，选择与其接近的提升机标准速度，作为速度图中的最大提升速度 v_m，但必须符合安全规程规定：竖井用罐笼升降人员的加速度不得超过 $0.75\mathrm{m/s^2}$，其最大速度不得超过下式的计算值；且不能大于 12m/s。

$$v_{\max} = 0.5\sqrt{H}$$

竖井升降物料时，提升容器的最大速度，不得超过下式的计算值：

$$v_{\max} = 0.6\sqrt{H}$$

9.2　提升设备的运动学

9.2.1　罐笼提升运动学

罐笼提升采用三阶段梯形速度图，如图 9-3 所示。图中 t_1 为加速运行时间，t_2 为等速运行时间，t_3 为减速运行时间，T_1 为一次提升运行时间，T 为一次提升全时间，$v_{\max}$ 为最大提升速度。

当采用等加速度 a_1 和等减速度 a_3 时，在加速和减速阶段，速度是按与时间轴

成 β_1 和 β_2 角的直线变化，故三阶段速度图为梯形。交流电动机拖动的罐笼提升设备采用这种速度图。为了验算提升设备的提升能力，应对速度图各参数进行计算。

计算梯形速度图各参数时，应已知提升高度 H 及最大提升速度 v_{max}。提升加速度 a_1 和减速度 a_3 可以在下述范围内选定：提升人员时不得大于 $0.75\mathrm{m/s^2}$；提升货载时不宜大于 $1\mathrm{m/s^2}$。一般对于较深矿井采用较大的加、减速度，浅井采用较小的加、减速度。相应的加减速时间：手工操作时 t_1（t_3）$\geqslant 5\mathrm{s}$；自动化操作时 t_1（t_3）$\geqslant 3\mathrm{s}$。

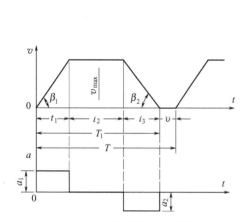

图 9-3　三阶段梯形速度图

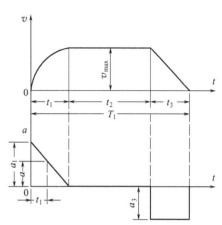

图 9-4　加速阶段速度按抛物线
变化的三阶段速度图

梯形速度图各参数的计算如下。

加速运行时间 t_1 及高度 h_1：

$$t_1 = \frac{v_{max}}{a_1} ; h_1 = \frac{v_{max} t_1}{2} \tag{9-6}$$

减速运行时间 t_3 及高度 h_3：

$$t_3 = \frac{v_{max}}{a_3} ; h_3 = \frac{v_{max} t_3}{2} \tag{9-7}$$

减速运行高度 h_2 及时间 t_2：

$$h_2 = H - h_1 - h_3 ; t_2 = \frac{h_2}{v_{max}} \tag{9-8}$$

一次提升运行时间：

$$T_1 = t_1 + t_2 + t_3 \tag{9-9}$$

一次提升全时间：

$$T = T_1 + \theta \tag{9-10}$$

式中，θ 为停歇时间（见表 7-1、表 7-2）。

每小时提升次数：

$$n = \frac{3600}{T} \tag{9-11}$$

每年生产能力：

$$A'_n = \frac{t_r t_s n Q}{C} \qquad (9-12)$$

式中符号意义同前。

计算的每年生产能力 A'_n 应大于或等于设计的矿井生产能力 A_n。

前面研究的是等加速度的速度图。在生产实际中有时采用加速度按直线规律逐渐减小的速度图，如图9-4所示。加速开始时加速度为 a_1，以后逐步减小，至加速终了时减到零，在减速阶段仍采用等减速度 a_3。

加速阶段加速度方程式为：

$$a = a_1 - \frac{a_1 t}{t_1} \qquad (9-13)$$

故加速阶段速度变化规律为：

$$v = \int a \mathrm{d}t = a_1 t - \frac{a_1 t^2}{2t_1} \qquad (9-14)$$

由式（9-14）可知，加速阶段的速度是按抛物线规律变化，如图9-4所示。这种速度图称为加速阶段速度按抛物线变化的三阶段速度图。

当 $t = t_1$ 时，速度达到最大值 $v_{\max}$：

$$v_{\max} = \frac{a_1 t_1}{2} \qquad (9-15)$$

故

$$t_1 = \frac{2v_{\max}}{a_1} \qquad (9-16)$$

比较式（9-16）、式（9-6）可知：当初始加速度 a_1 相同时，速度按抛物线变化的加速时间为速度按直线变化的加速时间的2倍。因此，为减少启动时的电能损失，加速阶段按抛物线变化的速度图仅用于直流电动机拖动的提升设备。梯形速度图主要用于交流提升设备，但有时也用于直流提升设备。

加速阶段提升容器的行程变化规律如下：

$$h = \int v \mathrm{d}t = \frac{a_1 t^2}{2} - \frac{a_1 t^3}{6t_1} \qquad (9-17)$$

当 $t = t_1$ 时，提升容器运行距离为：

$$h_1 = \frac{1}{3} a_1 t_1^2 = \frac{4v_{\max}^2}{3a_1} \qquad (9-18)$$

加速阶段速度按抛物线变化的三阶段速度图其他各参数的计算与梯形速度图相同。

9.2.2 箕斗提升运动学

在箕斗提升的开始阶段，下放空箕斗在卸载曲轨内运行，为了减小曲轨和井架所受的动负荷，其运行速度及加速度应受到限制。提升将近终了时，上升重箕斗进入卸载曲轨，其速度及减速度也应受到限制。但在曲轨之外，箕斗则可以用较大的速度和加减速度运行，故单绳提升非翻转箕斗通常用对称五阶段速度图（如图9-5

所示)。翻转式箕斗因其卸载距离较大,为了加快箕斗卸载而增加一个等速(爬行)阶段,这样翻转式箕斗提升速度图便采用六阶段,如图 9-6 所示。对于多绳提升底卸式箕斗,如用固定曲轨卸载时采用六阶段速度图;如用气缸带动的活动直轨卸载时可采用非对称(具有爬行阶段)的五阶段速度图(如图 9-7 所示)。

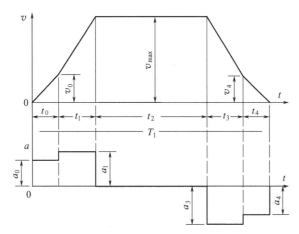

图 9-5　对称五阶段速度图

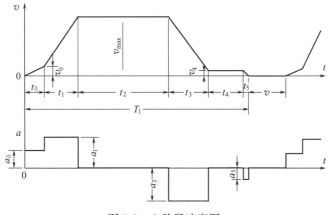

图 9-6　六阶段速度图

箕斗进出卸载曲轨的运行速度,以及在其中运行的加减速度,通常按下述数值选取:空箕斗离开卸载曲轨时的速度 $v_0 \leqslant 1.5\mathrm{m/s}$,加速度 $a_0 \leqslant 0.5\mathrm{m/s^2}$;重箕斗进入卸载曲轨时的速度 v_4,对于对称五阶段速度图,$v_4 \leqslant 1\mathrm{m/s}$,对于六阶段速度图和非对称五阶段速度图 $v_4 = 0.3 \sim 0.5\mathrm{m/s}$,相应的最终速度 a_5(a_4)应使最后阶段的时间 t_5(t_4)$\approx 1\mathrm{s}$。

现以六阶段速度图为例进行运动学计算。已知提升高度 H,最大提升速度 $v_{\max}$ 和箕斗的卸载高度 h_0(新标准系列箕斗的卸载曲轨行程为 2.35m);选取箕斗进行卸载曲轨的速度 v_0、v_4、爬行高度 h_4(见表 9-1)及减速度 a_5;并按本节前面所述方法确定加速度 a_1 及减速度 a_3,则速度图中各参数的计算如下。

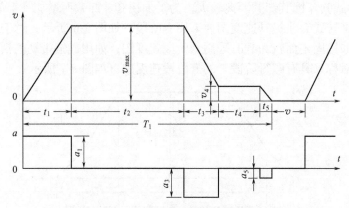

图 9-7 非对称五阶段速度图

表 9-1 爬行距离及速度选择表

容 器	爬行阶段	自动控制	手动控制
箕斗	距离 h_4/m	$2.5 \sim 3.3$	5.0
	速度 v_4/(m/s)	0.5(定量装载),0.4(旧式装载设备)	
罐笼	距离 h_4/m	$2.0 \sim 2.5$	5.0
	速度 v_4/(m/s)	0.4	

空箕斗在卸载曲轨内的加速度运行时间 t_0 及加速度 a_0：

$$t_0 = \frac{2h_0}{v_0}; \quad a_0 = \frac{v_0}{t_0} \tag{9-19}$$

箕斗在卸载曲轨外的加速运行时间 t_1 及高度 h_1：

$$t_1 = \frac{v_{\max} - v_0}{a_1}; \quad h_1 = \frac{1}{2}(v_{\max} + v_0)t_1 \tag{9-20}$$

重箕斗在卸载曲轨内的减速运行时间 t_5 及高度 h_5：

$$t_5 = \frac{v_4}{a_5} \quad h_5 = \frac{1}{2}v_4 t_5 \tag{9-21}$$

重箕斗在卸载曲轨内等速运行时间 t_4：

$$t_4 = \frac{h_4}{v_4} \tag{9-22}$$

箕斗在卸载曲轨外的减速运行时间 t_3 及距离 h_3：

$$t_3 = \frac{v_{\max} - v_4}{a_3}; h_3 = \frac{v_{\max} + v_4}{2} t_3 \tag{9-23}$$

箕斗在卸载曲轨外的等速运行距离 h_2 及时间 t_2：

$$h_2 = H - h_0 - h_1 - h_3 - h_4 - h_5; \quad t_2 = \frac{h_2}{v_{\max}} \tag{9-24}$$

一次提升运行时间：

$$T_1 = t_0 + t_1 + t_2 + t_3 + t_4 + t_5 \tag{9-25}$$

一次提升全时间、每小时提升次数、每年生产能力的计算，与式（9-10）～式（9-12）相同。

9.3 提升设备的动力学

为使提升系统运动，提升电动机作用在卷筒轴上的旋转力矩，必须克服系统作用在卷筒轴上的静阻力矩和惯性力矩。即：

$$M = M_j + \sum M_g \tag{9-26}$$

式中，M 为提升电动机作用在卷筒轴上的旋转力矩；M_j 为提升系统作用在卷筒轴上静阻力矩；$\sum M_g$ 为提升系统各运动部分作用在卷筒轴上的惯性力矩之和。

因为卷筒直径是不变的，故力矩的变化规律可用力的变化规律来表示，故式（9-26）变为：

$$F = F_j + \sum F_g \tag{9-27}$$

式中，F 为提升电动机作用在卷筒圆周上的拖动力；F_j 为提升系统作用在卷筒圆周上的静阻力；$\sum F_g$ 为提升系统各运动部分作用在卷筒圆周上的惯性力之和，$\sum F_g = \sum Ma$；$\sum M$ 为提升系统各运动部分变位到卷筒圆周上的质量；a 为卷筒圆周上的线加速度。

故　　　　　　　　　　　$$F = F_j + \sum Ma \tag{9-28}$$

式（9-28）即为等直径提升设备的动力学基本方程式。

9.3.1 提升静力学及提升系统的静力平衡问题

提升静力学是研究提升过程中静阻力的变化规律的。提升静阻力为上升和下放两根钢丝绳的静拉力差加上矿井阻力 W，即：

$$F_j = T_{js} - T_{jx} + W \tag{9-29}$$

如图 9-8 所示，设罐笼自提升开始经过时间 t，重罐笼由井底车场上升了 x 高度，空罐笼自井口车场下降了 x 高度，则罐笼在此位置时，上升绳的静拉力（假定井口至天轮间的钢丝绳重量为钢丝绳弦的重量所平衡）为：

$$T_{js} = Q + Q_r + p(H - x) \tag{9-30}$$

下放绳的静拉力为：

$$T_{jx} = Q_r + px \tag{9-31}$$

矿井阻力包括提升容器在井筒中运行时的空气阻力；罐耳和罐道的摩擦阻力；钢丝绳在天轮和卷筒上弯曲时的刚性阻力；卷筒和天轮旋转时的空气阻力及其轴承中的摩擦阻力等。这些阻力在提升过程中是变化的，很难精确算出。因此在计算时一般都视矿井阻力为常数，并以一次提升量的百分数来表示。将式（9-30）、式（9-31）代入式（9-29），则作用在卷筒圆周上的静阻力方程式为：

$$F_j = KQ + p(H - 2x) \tag{9-32}$$

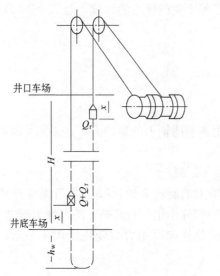

图 9-8　罐笼提升系统示意

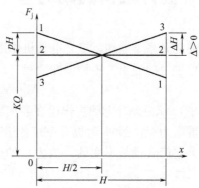

图 9-9　罐笼提升静阻力

式中，K 为矿井阻力系数，$K>1$，罐笼提升时 $K=1.2$；箕斗提升时 $K=1.15$。

当 $x=0$ 时，

$$F_{j1}=KQ+pH$$

当 $x=\dfrac{H}{2}$ 时，即两罐笼相遇时：

$$F_{j2}=KQ$$

当 $x=H$ 时，即提升终了时：

$$F_{j3}=KQ-pH$$

由此可见，$F_j=f(x)$ 是一条向下倾斜的直线，如图 9-9 中直线 1—1 所示。

在一次提升过程中，提升量及矿井阻力（KQ）是不变的，故静阻力变化就是由于钢丝绳重量的改变所致，即钢丝绳重量使下放绳的静拉力不断增加，同时使上升绳的静拉力逐渐减小，结果使两根钢丝绳作用在卷筒圆周上的静拉力差减小。这种提升系统称为静力不平衡系统。

提升系统的静力不平衡对提升工作是不利的，特别是在矿井很深和钢丝绳很重的情况上，就会使提升开始时静阻力 F_j 大为增加，甚至要增加电动机容量；而在提升终了时，可能出现 $PH>KQ$，静阻力 F_j 变为负值，亦即静阻力矩 $M_j=-F_jR$ 将帮助提升，从而增加了过卷的可能性，使提升工作不安全，此时为了闸住提升机，必须用较大的制动力矩。

为了消除等直径提升设备的上述缺点，特别是在矿井很深时，必须设法平衡钢丝绳重量。现在采用的平衡方法是悬挂尾绳，如图 9-8 中的虚线所示，即将尾绳两端用悬挂装置分别连接于两容器的底部，其他部分任其悬垂在井筒中，并在井底形成一个自然绳环。在绳环处安设挡梁，以防止绳环的水平移动和尾绳扭转。一般用不旋转钢丝绳作尾绳时，相应地称提升钢丝绳为首绳或主绳。

设 q 为尾绳每米质量，则：

$$T_{js}=Q+Q_r+p(H-x)+q(x+h_\omega)$$

$$T_{jx}=Q_r+px+q(H+h_\omega-x)$$

式中，h_ω 为容器在装矿位置时，其底部到尾绳环端部的高度，m。

$$F_j=KQ-(q-p)(H-2x) \tag{9-33}$$

令 $q-p=\Delta$，则：

$$F_j=KQ-\Delta(H-2x) \tag{9-34}$$

根据 Δ 值不同，可能出现三种提升系统：$\Delta=0$ 时，称为等重尾绳提升系统；$\Delta>0$ 时，称为重尾绳提升系统；$\Delta<0$ 时，称为轻尾绳（很少用）或无尾绳提升系统。其中，以等重尾绳提升应用较多。

当采用等重尾绳提升时，$p=q$，$\Delta=0$，则根据式（9-34）得：

$$F_j=KQ \tag{9-35}$$

由此可见，$F_j=f(x)$ 是一条平行于横坐标的直线，如图 9-9 中直线 2-2 所示。在整个提升过程中，静阻力保持常数的提升系统称为静力平衡系统。

当采用重尾绳提升时，$p<q$，$\Delta>0$，则由式（9-34）可知 $F_j=f(x)$ 是一条上升的直线，如图 9-9 中直线 3-3 所示。这种系统仅用于少数摩擦提升设备，主要是为了消除钢丝绳沿摩擦主导轮滑动的可能性。

采用尾绳提升系统，平衡了静力，但也带来了下述缺点：双容器提升不能同时进行几个水平的提升工作；尾绳重量使提升系统运动部分的质量增加，也增加了提升主轴的载荷；增加了尾绳的设备费和维护检查工作，并使挂绳、换绳工作复杂。因此，对于单绳提升只有在矿井较深时，采用尾绳平衡系统才是合理的。一般单绳罐笼提升高度大于 400m，单绳箕斗提升高度大于 600m 时，才考虑采用尾绳平衡提升系统。对于多绳提升一般都采用等重尾绳提升系统。

9.3.2　变位质量的计算

提升设备工作时，卷筒和缠于其上的钢丝绳、减速齿轮、电动机转子及天轮作旋转运动，而提升容器及其所装的货载、未缠绕在卷筒上的钢丝绳作直线运动。

提升系统所有运动部分变位到卷筒圆周上的质量，等于各移动部分和转动部分的变位质量之和。由于各移动部分的加速度等于卷筒圆周上的线加速度，因而这些部分的变位质量就等于它们的实际质量，所以仅需将转动部分的质量变位到卷筒圆周上。以变位重量 $\sum G$ 表示变位质量 $\sum M$，则：

$$\sum M=\frac{\sum G}{g} \tag{9-36}$$

单绳提升系统各运动部分变位到卷筒圆周上的质量：

$$\sum G=Q+2Q_r+2pL_p+qL_q+2G_{it}+G_{ij}+G_{ic}+G_{id} \tag{9-37}$$

式中　L_p——首绳全长，单层缠绕时，

$$L_p=H_0+\frac{1}{2}\pi D_t+L+L_s+3\pi D \tag{9-38}$$

L_q——尾绳全长，$L_q = H + 2h_\omega$，m；

G_{it}——天轮的变位重量，N；

G_{ij}——卷筒的变位重量，N；

G_{ic}——减速齿轮的变位重量，N；

G_{id}——电动机转子的变位重量，N。

提升系统中各旋转部分变位到卷筒圆周上的重量，可根据旋转体变位前后动能相等的原则求得。

由

$$\frac{1}{2}J_x\omega_x^2 = \frac{1}{2}J_{ix}\omega^2$$

或

$$J_{ix} = J_x\left(\frac{\omega_x}{\omega}\right)^2 \tag{9-39}$$

而

$$J_x = m_x\rho_x^2 = \frac{(GD^2)_x}{4g}; J_{ix} = m_{ix}\rho^2 = \frac{G_{ix}D^2}{4g}$$

式中，$(GD^2)_x$ 为某旋转体的回转力矩（飞轮力矩）；G_{ix} 为某旋转体变位到卷筒圆周上的重量；m_x 为某物体的质量；ρ_x 为某物体的回转半径；J_x 为某旋转体的惯性矩；ω_x 为某旋转体的角速度；J_{ix} 为某旋转体变位扣绕卷筒轴的惯性矩；ω 为卷筒的角速度。

将 J_x 及 J_{ix} 值代入式（9-39），得：

$$G_{ix} = \frac{(GD^2)_x}{D^2}\left(\frac{\omega_x}{\omega}\right)^2 \tag{9-40}$$

利用上式，若已知某旋转体的回转力矩 $(GD_x^2)_x$ 以及该物体的角速度 ω_x，便能求出该旋转体变位到卷筒圆周上的重量。

设电动机转子的回转力矩为 $(GD^2)_d$ 及角速度为 ω_d，则电动机转子变位到卷筒圆周上的重量为：

$$G_{id} = \frac{(GD^2)_d}{D^2}i^2 \tag{9-41}$$

式中，$i = \frac{\omega_d}{\omega}$ 为减速器传动比。

提升机卷筒及减速器的变位重量（$G_{ij} + G_{ic}$）可直接由提升机的技术性能表中查得。

天轮的变位重量：

$$G_{it} = \frac{(GD^2)_t}{D_t^2} \tag{9-42}$$

式中，$(GD^2)_t$ 为天轮的回转力矩。

若不知道天轮的回转力矩时，可用以下经验公式计算：

$$G_{it} = 1372D_t^2 \qquad \text{（对于装配式天轮）} \tag{9-43}$$

$$G_{it} = 882D_t^2 \qquad \text{（对于铸造式天轮）} \tag{9-44}$$

要确定电动机转子的变位重量，必须知道电动机转子的回转力矩 $(GD^2)_d$。电动机转子的回转力矩与电动机容量及转速有关。因此，必须预先求出近似的电动机容量，然后根据所求容量及其转速（在选择提升标准速度时已确定），由电动机产品目录预选电动机，并查出其转子的回转力矩 $(GD^2)_d$。双容器提升时，提升电动机的近似容量可按下式计算：

$$N' = \frac{\Delta T_j v_{max}}{1000 \eta} \rho \qquad (9\text{-}45)$$

式中，ΔT_j 为提升钢丝绳的静拉力差，N；η 为减速器传动效率，一级传动取 0.9；二级传动取 0.85；ρ 为动力系数，即考虑惯性力影响的系数，对于单绳罐笼提升取 $1.3\sim1.4$；单绳箕斗提升取 $1.2\sim1.3$；对于多绳箕斗提升取 $1.1\sim1.2$；对于单容器提升，ρ 值可取小些。

9.3.3 罐笼提升动力学

将式（9-34）代入式（9-28），则得等直径提升设备的动力方程式：

$$F = KQ - \Delta(H - 2x) + \sum Ma \qquad (9\text{-}46)$$

式（9-46）说明了提升运动学和动力学之间的联系。如知道提升系统的运动规律，就可用上式求出与之相应的拖动力的变化规律。下面首先讨论采用三阶段梯形速度图时的罐笼提升动力学。

在实际中主要应用不平衡提升系统（不用尾绳）和静力平衡提升系统（等重尾绳）。下面仅研究这两种系统。

（1）不平衡提升系统 因 $q=0$，$\Delta = q - p = -p$，故动力方程式（9-46）变为：

$$F = KQ + p(H - 2x) + \sum Ma \qquad (9\text{-}47)$$

在加速运行阶段，$a = a_1$；$x = \frac{1}{2}a_1 t^2$，则：

$$F_1 = KQ + p(H - a_1 t^2) + \sum Ma_1 \qquad (9\text{-}48)$$

提升开始时，$t=0$，如图 9-10（b）中点 1 所示，拖动力：

$$F_1' = KQ + PH + \sum Ma_1$$

加速阶段终了时，$t = t_1$，$x = \frac{1}{2}a_1 t_1^2 = h_1$，如图 9-10（b）中点 2 所示，拖动力：

$$F_1'' = KQ + p(H - 2h_1) + \sum Ma_1$$

由式（9-48）可知：点 1 和 2 之间的拖动力按曲率不大的凸形曲线变化，如图 9-10（b）所示。实际上可看作直线变化而误差不大。

在等速运行阶段，$a=0$，$x = h_1 + v_{max} t$，则式（9-47）变为：

$$F_2 = KQ + p(H - 2h_1 - 2v_{max} t) \qquad (9\text{-}49)$$

等速阶段开始时，$t=0$，如图 9-10（b）中点 3 所示，拖动力：

$$F_2' = KQ + p(H - 2h_1)$$

等速阶段终了时，$t = t_2$；$x = h_1 + v_{max} t = h_1 + h_2$，如图 9-10（b）中点 4 所示，拖动力：

$$F''_2=KQ+p(H-2h_1-2h_2)$$

由式（9-49）可知：点 3 和点 4 之间的拖动力等于提升静阻力，并按向下倾斜的直线变化，如图 9-10（b）所示。

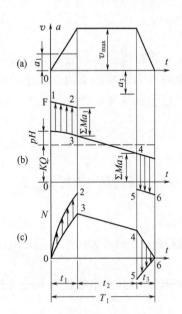

图 9-10　不平衡系统罐笼提升工作　　　图 9-11　静力平衡系统罐笼提升工作

在减速运行阶段：$a=-a_3$，$x=h_1+h_2+v_{max}t-\dfrac{1}{2}a_3t^2$，则式（9-47）变为：

$$F_3=KQ+p(H-2h_1-2h_2-2v_{max}t+a_3t^2)-\sum Ma_3 \qquad (9\text{-}50)$$

减速阶段开始时，$t=0$，如图 9-10（b）中点 5 所示，拖动力：

$$F'_3=KQ+p(H-2h_1-2h_2)-\sum Ma_3$$

提升终了时，$t=t_3$，$x=H$，如图 9-10（b）中点 6 所示，拖动力：

$$F''_3=KQ-pH-\sum Ma_3$$

由式（9-50）可知：点 5 和点 6 之间的拖动力按曲率不大的凹形曲线变化，如图 9-10（b）所示。实际上可看作直线变化而误差不大。

应该指出，减速阶段拖动力 F_3 的数值，由于减速度 a_3 的大小不同，可能有三种情况：$F_3>0$，电动机减速方式；$F_3=0$，自由滑行减速方式；$F_3<0$，制动减速方式。

卷筒轴上的功率：

$$N=\frac{Fv}{1000} \qquad (9\text{-}51)$$

式中，F 为卷筒轴上的功率，kW；v 为卷筒圆周上的变化速度。

利用式（9-51），根据提升速度图及力图，可将提升各阶段开始及终了时的卷筒轴功率求出，并可绘制功率图。功率的变化规律在加速阶段为凸形曲线，在等速阶段为直线，在减速阶段为凹形曲线，如图 9-10（c）所示。实际上，由于这些曲线的曲率很小，故可用直线代替曲线。

提升速度图、加速度图、力图及功率图合在一起称为提升系统工作图，如图 9-10 所示。它表示提升系统工作时主要参数的变化规律及数值。

（2）静力平衡提升系统　由 $q=p$，$\Delta=q-p=0$，故动力方程式（9-46）变为：

$$F=KQ+\sum Ma \tag{9-52}$$

在加速阶段，$a=a_1$，拖动力为：

$$F_1=KQ+\sum Ma_1$$

在等速阶段，$a=0$，拖动力为：

$$F_2=KQ$$

在减速阶段，$a=-a_3$，拖动力为：

$$F_3=KQ-\sum Ma_3$$

由此可见，各提升阶段的拖动力均按直线规律变化且为常数，如图 9-11（b）所示。减速阶段拖动力 F_3 同样可能有三种情况，决定于减速度 a_3 的大小。

各阶段的相应功率也按直线规律变化，如图 9-11（c）所示。

9.3.4　箕斗提升动力学

在箕斗提升的开始阶段，空箕斗沿卸载曲轨下放，而在终了阶段，重箕斗沿卸载曲轨上升。在这两个阶段中，由于箕斗有一部分重量由曲轨支承而不作用在钢丝绳上，因此动力方程式（9-46）不能直接应用于这两个阶段，必须作相应的改变。

提升开始阶段，重箕斗自井底装载水平上升，此时上升绳的静拉力为：

$$T'_{js}=Q+Q_r+p(H-x)+q(x+h_\omega)$$

与此同时空箕斗沿卸载曲轨下放，因箕斗有一部分重量被支承在曲轨上，故下放绳的静拉力减小为：

$$T'_{js}=(1-a_c)Q_r+px+q(H+h_\omega-x)$$

式中，a_c 为箕斗在卸载曲轨上的自重减轻系数，即容器自重不平衡系数。

系数 a_c 在提升开始时最大，对于翻转式箕斗取 $a_c=0.35\sim0.4$，对于底卸式箕斗取 $a_c=0$；当箕斗离开曲轨时 $a_c=0$。箕斗在曲轨中运行时 a_c 值的变化是很复杂的，在实际计算中可视为按直线规律变化。

作用在卷筒圆周上的静阻力为：

$$F'_j=T'_{jx}-T'_{jx}+W=KQ+a_cQ_r-\Delta(H-2x)$$

将上式代入式（9-28），并考虑到 $a=a_0$，则空箕斗沿卸载曲轨下放时的动力方程式为：

$$F'=KQ+a_cQ_r-\Delta(H-2x)+\sum Ma_0 \tag{9-53}$$

提升终了阶段，重箕斗沿卸载曲轨上升，矿石逐渐向外卸出，箕斗也有一部分重量逐渐传给曲轨，故上升绳静拉力减小，上升绳的静拉力为：

$$T''_{js}=(1-\beta)Q+(1-a_c)Q_r+p(H-x)+q(x+h_\omega)$$

式中，β 为重箕斗在卸载曲轨上载重量的减轻系数。

系数 β 在提升终了时最大，对于翻转式箕斗取 $\beta=0.8\sim1.0$，对于底卸式箕斗取 $\beta=0.4$；当重箕斗刚进入卸载曲轨时 $\beta=0$。在卸载过程中 β 值的变化也是很复杂的，它的变化与矿石块度、湿度等因素有关，在实际计算时可视 β 按直线规律变化。

下放绳的静拉力为：

$$T''_{jx}=Q_r+px+q(H+h_\omega-x)$$

作用在卷筒圆周上的静阻力为：

$$F''_j=T''_{js}-T''_{jx}+W$$
$$=(K-\beta)Q-a_cQ_r-\Delta(H-2x)$$

将上式代入式（9-28），并考虑到因卸出一部分矿石后变位质量的减小及 $a=-a_5$（或 $-a_4$），则重箕斗沿卸载曲轨上升的动力方程式为：

$$F''=(K-\beta)Q-a_cQ_r-\Delta(H-2x)-\left(\sum M-\frac{\beta Q}{g}\right)a_5 \tag{9-54}$$

现以六阶段速度图不平衡系统（$\Delta=-p$）的翻转式箕斗提升动力学为例进行研究，如图 9-12 所示。

空箕斗沿卸载曲轨下放时，拖动力按式（9-53）计算。

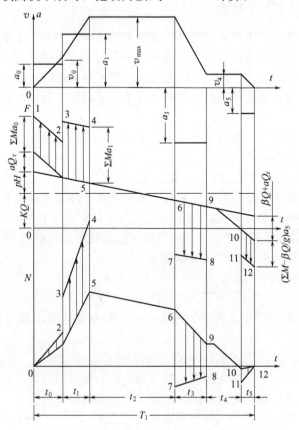

图 9-12　不平衡系统翻转式箕斗提升工作

提升开始时，$x=0$，拖动力（图 9-12 中点 1）为：

$$F'_0=KQ+a_cQ_r+pH+\sum Ma_0 \tag{9-55}$$

t_0 阶段终了时，$a_c=0$，$x=h_0$，拖动力（图 9-12 中点 2）为：

$$F''_0=KQ+p(H-2h_0)+\sum Ma_0$$

箕斗在卸载曲轨外运行的各阶段的拖动力按式（9-46）计算。

t_1 阶段开始时，$x=h_0$，$a=a_1$ 拖动力（图 9-12 中点 3）为：

$$F'_1=KQ+p(H-2h_0)+\sum Ma_1 \tag{9-56}$$

t_1 阶段终了时，$x=h_0+h_1$，$a=a_1$，拖动力（图 9-12 中点 4）为：

$$F''_1=KQ+p(H-2h_0-2h_1)+\sum Ma_1$$

t_2 阶段开始时，$x=h_0+h_1$，$a=0$，拖动力（图 9-12 中点 5）为：

$$F'_2=KQ+p(H-2h_0-2h_1) \tag{9-57}$$

t_2 阶段终了时，$x=h_0+h_1+h_2$，$a=0$，拖动力（图 9-12 中点 6）为：

$$F''_2=KQ+p(H-2h_0-2h_1-2h_2)$$

t_3 阶段开始时，$x=h_0+h_1+h_2$，$a=-a_3$，拖动力（图 9-12 中点 7）为：

$$F'_3=KQ+p(H-2h_0-2h_1-2h_2)-\sum Ma_3 \tag{9-58}$$

t_3 阶段终了时，$x=H-h_4-h_5$，$a=-a_3$ 拖动力（图 9-12 中点 8）为：

$$F''_3=KQ-p(H-2h_4-2h_5)-\sum Ma_3$$

重箕斗沿卸载曲轨上升时，拖动力按式（9-54）计算。

t_4 阶段开始时，$\beta'=0$，$a'_c=0$，$x=H-h_4-h_5$，$a=0$，拖动力（图 9-12 中点 9）为：

$$F'_4=KQ-p(H-2h_4-2h_5) \tag{9-59}$$

t_4 阶段终了时，$\beta'=\dfrac{h_0-h_5}{h_0}\beta$，$a''_c=\dfrac{h_0-h_5}{h_0}a_c$，$x=H-h_5$，$a=0$，拖动力（图 9-12 中点 10）为：

$$F''_4=KQ-p(H-2h_5)-\frac{h_0-h_5}{h_0}(\beta Q+a_cQ_r)$$

t_5 阶段开始时，$a=-a_5$，拖动力（图 9-12 中点 11）为：

$$F'_5=F''_4-(\sum M-\frac{\beta'Q}{g})a_5 \tag{9-60}$$

t_5 阶段终了时，$x=H$，$a=-a_5$，拖动力（图 9-12 中点 12）为：

$$F''_5=(K-\beta)Q-a_cQ_r-pH-(\sum M-\frac{\beta Q}{g})a_5$$

卷筒轴上的功率按式（9-51）计算。

9.3.5　平衡锤单容器提升的动力方程式

平衡锤的作用是平衡提升载荷以减小电动机容量。因此，平衡锤的重量应按提升重容器与提升平衡锤时，作用在卷筒圆周上的静阻力相等的条件确定。设平衡锤重量为 Q_c，则提升重容器和平衡锤时的静阻力分别为：

$$F_j' = Q + Q_r - \Delta(H - 2x) - Q_c + W$$
$$F_j'' = Q_c - \Delta(H - 2x) - Q_r + W$$

令 $F_j' = F_j''$，则平衡锤重量为：

$$Q_c = Q_r + \frac{Q}{2} \qquad\qquad (9\text{-}61)$$

对于提升人员及货载的提升设备，如以提升人员为主时，则：

$$Q_c = Q_r' + Q_{ry} \qquad\qquad (9\text{-}62)$$

式中，Q_{ry} 为罐笼规定乘载人员总重，每人按 686N 计算；Q_r' 为罐笼自重，不包括矿车重，N。

平衡锤单容器提升系统的动力方程式为：

$$F = Q + Q_r - Q_c - \Delta(H - 2x) + W + \sum Ma \qquad\qquad (9\text{-}63)$$

当平衡锤重量 Q_c 按式（9-61）计算，并考虑到 $W = (K-1)Q$ 时，则动力方程式变为：

$$F = (K - 0.5)Q - \Delta(H - 2x) + \sum Ma \qquad\qquad (9\text{-}64)$$

此时，提升系统的变位质量，对于单绳提升设备为：

$$\sum M = \frac{1}{g}(Q + Q_r + Q_c + 2pL_p + qL_q + 2G_{it} + G_{ij} + G_{ic} + G_{id}) \qquad (9\text{-}65)$$

9.4　提升电动机容量及提升设备电耗的计算

9.4.1　提升电动机容量的计算

提升电动机有交流和直流两类。目前，我国矿山广泛采用交流绕线式异步电动机作为提升电动机。其优点是投资小，设备简单，缺点是在加速阶段电能消耗较大，调速受一定限制。当电动机容量很大（超过 1000kW）时，不宜采用单电动机交流拖动，因为现有换向器的容量不够。如采用双电动机拖动，则可以使交流提升电动机的容量增大 1 倍。

当提升电动机容量超过上述范围时，应考虑采用直流电动机拖动。直流拖动有电动发电机组供电和可控硅供电两种类型。直流拖动的优点是调速性能好，电耗小，易于自动化。如采用电动机组供电，则设备费较高。由于硅整流器可以克服上述缺点并已得到推广使用，故给采用直流电动机拖动提供了有利条件。

在每一个提升循环中，提升电动机的负荷是不断变化的，在启动阶段达到最高值，而在减速阶段降到零或负值；同时电动机的转速也是变化的。在负荷和转速都是变化的条件下运转的电动机，其容量通常按电动机线圈的热条件来计算。

在 dt 时间内电动机线圈内产生的热量为：

$$dq' = KM_{d \cdot z}^2 dt$$

式中，$M_{d \cdot z}$ 为电动机轴上的变化力矩；K 为比例常数。

因此，在一次提升全时间 T 内电动机产生的热量为：

$$q' = \int_0^T KM_{\mathrm{d} \cdot z}^2 \mathrm{d}t = K\int_0^T M_{\mathrm{d} \cdot z}^2 \mathrm{d}t$$

若设想电动机以不变的最大角速度、某一个大小不变的力矩运转，电动机线圈内产生的热量与电动机以变力矩和变速度运转时产生的热量相等，则这个大小不变的力矩称为电动机的等值力矩 M_d。用等值力矩表示的一次提升全时间 T 内产生的热量，应等于用变化力矩表示的热量，即：

$$q' = KM_\mathrm{d}^2 T = K\int_0^T M_{\mathrm{d} \cdot z}^2 \mathrm{d}t$$

因此，根据发热条件计算的电动机等值力矩为：

$$M_\mathrm{d} = \sqrt{\dfrac{\int_0^T M_{\mathrm{d} \cdot z}^2 \mathrm{d}t}{T}} \qquad (9\text{-}66)$$

设减速器传动比为 i、效率为 η 时，则电动机轴上的旋转力矩 $M_{\mathrm{d} \cdot z}$ 与作用在卷筒周上的拖动力 F 在任何瞬间都成下述关系：

$$M_{\mathrm{d} \cdot z} = \dfrac{FR}{i\eta} \qquad (9\text{-}67)$$

将式（9-67）代入式（9-66），则：

$$M_\mathrm{d} = \dfrac{R}{i\eta}\sqrt{\dfrac{\int_0^T F^2 \mathrm{d}t}{T}} = \dfrac{F_\mathrm{d}R}{i\eta} \qquad (9\text{-}68)$$

式中，F_d 为提升电动机作用在卷筒圆周上的等值力。

$$F_\mathrm{d} = \sqrt{\dfrac{\int_0^T F^2 \mathrm{d}t}{T}} \qquad (9\text{-}69)$$

提升电动机的等值容量为：

$$N_\mathrm{d} = \dfrac{M_\mathrm{d}\omega_{\max}}{1000} \qquad (9\text{-}70)$$

式中，$\omega_{\max}$ 为电动机的最大旋转角速度。

电动机最大旋转角速度 $\omega_{\max}$ 与提升系统最大速度 $v_{\max}$ 的关系：

$$\omega_{\max} = \dfrac{v_{\max}}{R}i \qquad (9\text{-}71)$$

将式（9-68）、式（9-71）代入式（9-70）得：

$$N_\mathrm{d} = \dfrac{v_{\max}}{1000\eta}\sqrt{\dfrac{\int_0^T F^2 \mathrm{d}t}{T}} = \dfrac{F_d v_{\max}}{1000\eta} \qquad (9\text{-}72)$$

考虑到电动机在停歇时间和低速运转（加、减速及箕斗在卸载曲轨中运行阶段）时散热不良的影响，故应以等值时间 T_d 代替式（9-72）中的一次提升全时间

T，即：

$$N_d = \frac{v_{\max}}{1000\eta}\sqrt{\frac{\int_0^T F^2 \mathrm{d}t}{T_d}} = \frac{F_d v_{\max}}{1000\mu} \tag{9-73}$$

对于自然通风的电动机：

$$T_d = a(t_1 + t_3 + \cdots) + t_2 + \beta\theta \tag{9-74}$$

式中，a 为考虑电动机以低速运转时散热不良的系数，一般取 $\frac{1}{2}$；β 为考虑电动机在停歇时间内散热不良的系数，一般取 $\frac{1}{3}$。

对于具有单独通风装置的电动机：

$$T_d = T \tag{9-75}$$

卷筒圆周上拖动力 F 为时间 t 的直线函数（或者虽为曲线，但曲率甚小接近直线）时，积分为：

$$\int_0^T F^2 \mathrm{d}t = \frac{F_1'^2 + F_1'F_1'' + F_1''^2}{3}t_1 + \frac{F_2'^2 + F_2'F_2'' + F_2''^2}{3}t_2$$

$$+ \cdots + \frac{F_n'^2 + F_n'F_n'' + F_n''^2}{3}t_n \tag{9-76}$$

式中，n 为提升速度图的阶段数。

若某个提升阶段开始时的拖动力 F_i' 与终了时的拖动力 F_i'' 差值不大时（如在加、减速及低速爬行阶段），为了简化计算，则可取：

$$\frac{F_i'^2 + F_i'F_i'' + F_i''^2}{3} \approx \frac{F_i'^2 + F_i''^2}{2} \tag{9-77}$$

对于交流拖动，采用等加、减速度的罐笼提升设备，$\int_0^T F^2 \mathrm{d}t$ 项可用式（9-78）计算：

$$\int_0^T F^2 \mathrm{d}t = \frac{F_1'^2 + F_1''^2}{2}t_1 + \frac{F_2'^2 + F_2'F_2'' + F_2''^2}{3}t_2 + \frac{F_3'^2 + F_3''^2}{2}t_3 \tag{9-78}$$

对于交流拖动，采用等加减速度六阶段速度图的箕斗提升设备，$\int_0^T F^2 \mathrm{d}t$ 项可用式（9-79）计算：

$$\int_0^T F^2 \mathrm{d}t = \frac{F_0'^2 + F_0''^2}{2}t_0 + \frac{F_1'^2 + F_1''^2}{2}t_1 + \frac{F_2'^2 + F_2'F_2'' + F_2''^2}{3}t_2$$

$$+ \frac{F_3'^2 + F_3''^2}{2}t_3 + \frac{F_4'^2 + F_4''^2}{2}t_4 \tag{9-79}$$

由于在停车阶段 t_5 通常为机械制动，故不计入。

应用以上公式时，应注意减速阶段 t_3 的减速方式。如为自由滑行或机械制动时，因电动机已与电网断开，故其相应阶段不应计入积分式内。如为电动机方式减速时，则应计入。如为动力制动时，不论拖动力符号如何，在电动机线圈内均有电流流过并在其中产生热量，故全部以正直代入计算。当减速阶段的 F_3' 为正值而 F_3''

为负值时，则式（9-78）的第三项为 $\dfrac{F_3'^2}{2} \times \dfrac{F_3'}{F_3' + |F_3''|} t_3$ 代入。箕斗提升时亦按上述类似情况考虑。

有关资料介绍：罐笼提升在正常减速阶段的拖动力 $F_3 < 0$ 时，如 $|F_3| \leqslant 0.3Q$，以采用机械制动较为合理；如 $|F_3| \geqslant 0.35Q$，应考虑用动力制动；如 $|F_3| \geqslant 0.7Q$，必须采用动力制动。箕斗提升时亦按类似情况考虑。

求出电动机的等值容量后，应按以下三个条件检验预选的电动机容量。

（1）按电动机允许的发热条件　应满足：

$$N_e \geqslant N_d \tag{9-80}$$

式中，N_e 为预选电动机的拖动力，N。

（2）按正常运行的电动机过负荷能力　应满足：

$$\lambda' = \frac{F_{\max}}{F_e} \leqslant 0.75\lambda \tag{9-81}$$

式中，$F_{\max}$ 为力图中最大的拖动力，N；F_e 为预选电动机的额定拖动力，N；λ 为预选电动机样本书中给出的过负荷系数；0.75 为考虑电网电压下降和金属变阻器启动级数影响的系数。

预选电动机的额定拖动力为：

$$F_e = \frac{1000 N_e \eta}{v_{\max}} \tag{9-82}$$

（3）在特殊情况下的电动机过负荷能力　应满足：

$$\lambda_t = \frac{F_t}{F_e} \leqslant 0.9\lambda \tag{9-83}$$

式中，0.9 为系数，考虑电网电压降低时，为使电动机不致颠覆，采取最大力矩的允许值低于颠覆力矩的 10%；F_t 为作用在卷筒圆周上的特殊提升力，N。

在静力不平衡提升系统中，特殊提升力可能在下列情况发生。

① 当下面空罐笼停在承载装置上，而向上稍为抬起井口重罐笼时所产生的特殊力：

$$F_t = \mu(Q + Q_r - pH) \tag{9-84}$$

式中，μ 为阻力和动力的系数，$\mu = 1.05 \sim 1.1$。

② 当调节绳长或更换钢丝绳时，单独提升下面空容器所产生的特殊力：

$$F_t = \mu(Q_r + pH) \tag{9-85}$$

如果预选的电动机不能满足上述三个条件时，则应重选容量较大的电动机，查出其转子回转力矩，重复上述等效力的计算，直到完全满足为止。

9.4.2　提升设备电耗及效率的计算

在提升过程中卷筒轴上所需的功率按式（9-51）计算。考虑到减速器传动效率 η 以后，则电动机轴上的功率为：

$$N_{d \cdot z} = \frac{Fv}{1000\eta} \tag{9-86}$$

交流提升电动机自电网所消耗的功率 N_{ω} 决定于其轴上的力矩及转子最大旋转角速度的乘积，而与实际速度无关。考虑到电动机效率 η_{d}，则：

$$N_{\omega}=\frac{M_{\mathrm{d}\cdot z}\omega_{\max}}{1000\eta_{\mathrm{d}}} \tag{9-87}$$

将式（9-67）、式（9-71）代入式（9-87），则：

$$N_{\omega}=\frac{Fv_{\max}}{1000\eta\eta_{\mathrm{d}}} \tag{9-88}$$

一次提升循环中，交流提升设备自电网消耗的全部电能为：

$$W=\frac{1.02\int_{0}^{T_1}N_{\omega}\mathrm{d}t}{3600}=\frac{1.02v_{\max}\int_{0}^{T_1}F\mathrm{d}t}{1000\times3600\eta\eta_{\mathrm{d}}} \tag{9-89}$$

式中，1.02 为考虑提升机的附属设备（如油泵电动机等）耗电量的附加系数；η 为减速器效率；η_{d} 为电动机效率。

式（9-89）中的积分为：

$$\int_{0}^{T_1}F\mathrm{d}t=\frac{F_1'+F_1''}{2}t_1+\frac{F_2'+F_2''}{2}t_2+\cdots+\frac{F_n'+F_n''}{2}t_n \tag{9-90}$$

应用式（9-90）时，应注意减速阶段 t_3 的减速方式。罐笼提升时，若采用自由滑行或机械制动，t_3 阶段均不应计入；如 F_3' 为正，只 F_3'' 为负时，则该项以 $\dfrac{F_3'^{2}}{2(F_3'+|F_3''|)}t_3$ 代替；当采用动力制动时，则应计入向电动机定子输入直流电所消耗的电能，一般全部用正值代入计算。箕斗提升时，可按类似情况考虑。

一次提升循环中，将货载 Q（N）提高 H（m）的有益电耗为：

$$W_{\mathrm{y}}=\frac{QH}{1000\times3600} \tag{9-91}$$

提升设备效率：

$$\eta_{\mathrm{s}}=\frac{W_{\mathrm{y}}}{W} \tag{9-92}$$

每吨矿石的提升电耗为：

$$W_1=\frac{W}{Q} \tag{9-93}$$

9.5　提升设备选型计算实例

某铜矿主井设计采用单绳双箕斗（翻转式）进行提升工作。该矿年产量为 980×10^4 kN；矿石松散容重 19.6kN/m³；矿井深度 216m，装载高度 20m，在井口水平以上 20m 处卸载；年工作日 330d，每日三班，日工作 19.5h。试进行提升设备选型计算。

9.5.1　箕斗的选择

（1）小时提升量

$$A_S = \frac{CA_n}{t_r t_s} = \frac{1.15 \times 980 \times 10^4}{330 \times 19.5} = 1751.36(\text{kN/h})$$

（2）一次提升量

$$Q' = \frac{A_S}{3600}(K_1 \sqrt{H} + \mu + \theta) = \frac{1751.36}{3600}(3\sqrt{256} + 10 + 8) = 32.11(\text{kN})$$

式中，$H = h_z + H_j + h_x = 20 + 216 + 20 = 256$（m）。

（3）箕斗容积

$$V' = \frac{Q'}{r C_m} = \frac{32.11}{19.6 \times 0.9} = 1.82(\text{m}^3)$$

选择标准翻转式箕斗：$V = 2.1\text{m}^3$；最大载重 44100N；$Q_r = 23370\text{N}$；全高 $h_r = 4.9\text{m}$；斗箱尺寸：长×宽×高 = 1180mm × 1130mm × 1885mm；罐道间距 1260mm。

（4）箕斗有效载重

$$Q = V \gamma C_m = 2.1 \times 19.6 \times 1000 \times 0.9 = 37044(\text{N})$$

9.5.2　钢丝绳的选择

（1）钢绳每米质量

$$p' = \frac{Q + Q_r}{0.11 \dfrac{\sigma_b}{m} - H_0} = \frac{37044 + 23370}{0.11 \dfrac{177000}{6.5} - 269} = 22.16(\text{N/m})$$

式中，$H_0 = h_z + H_j + h_{ja} = 20 + 216 + 33 = 269$（m）。

选择 6×19 型标准钢绳：$d = 26\text{mm}$；$p = 24.402\text{N/m}$；$Q_d = 395000\text{N}$。

（2）验算安全系数

$$m' = \frac{Q_d}{Q + Q_r + p H_0} = \frac{395000}{37044 + 23370 + 25.41 \times 269} = 5.90 < 6.5$$

钢丝绳安全系数不合格。故重新选择 $d = 28\text{mm}$；$p = 28.322\text{N/m}$；$Q_d = 458000\text{N}$。

重新验算钢丝绳安全系数

$$m' = \frac{Q_d}{Q + Q_r + p H_0} = \frac{458000}{37044 + 23370 + 28.322 \times 269} = 6.7 > 6.5$$

钢丝绳安全系数合格。

9.5.3　提升机及天轮的选择

（1）卷筒直径
$D = 80d = 80 \times 28 = 2240\text{mm}$，选标准的 $D = 2.5\text{m}$
（2）每个卷筒宽度

$$B=\left(\frac{H+L_s}{\pi D}+3\right)(d+\varepsilon)=\left(\frac{256+20}{3.14\times2.5}+3\right)(28+3)=1222.4\ (\text{mm}),\ \text{选}B=$$

1.5m

根据计算后选择的 D、B 值选择 2JK-2.5/1.5 型标准提升机:

最大静张力 90000N;最大静拉力差 65000N;$D=2.5$m;$B=1.5$m;最大提升速度 $V_{max}=6.6$m/s,电动机转数 730r/min;提升机卷筒及减速器的变位质量 $G_{ij}+G_{ic}=133672$N。

(3) 检验最大静张力及最大静张力差

$$T_{jmax}=Q+Q_r+pH=37044+23370+28.322\times256=67664.4(\text{N})<90000\text{N}$$

$$\Delta T_j=Q+pH=37044+28.322\times256=44294.4(\text{N})<65000\text{N}$$

提升最大静张力及最大静张力差符合要求。

(4) 天轮直径

取 $D_t=D=2.5$m。

9.5.4 提升机与井筒相对位置[参考图 7-22 (b)]

(1) 井架高度

$$h_{ja}=h_x+h_r+h_{gj}+\frac{1}{4}D_t \qquad h_{ja}=20+4.9+6+\frac{1}{4}\times2.5=31.53\ (\text{m}),\ \text{取}\ 32\text{m}$$

(2) 卷筒中心到井筒提升中心线间的水平距离

$$b_{min}\geqslant0.6h_{ja}+3.5+D=0.6\times32+3.5+2.5=25.2(\text{m})$$

取 $b=30$m。

(3) 钢丝绳弦长

$$L=\sqrt{(h_{ja}-c)^2+\left(b-\frac{D_t}{2}\right)^2}=\sqrt{(32-1)^2+\left(30-\frac{2.5}{2}\right)^2}=42.3(\text{m})$$

(4) 钢丝绳偏角

$$\tan a_1=\frac{B-\frac{s-a}{2}-3(d+\varepsilon)}{L}=\frac{1.5-\frac{1.74-0.09}{2}-3(0.028+0.003)}{42.3}=0.01376$$

$$a_1=\tan^{-1}0.01376=0°47'<1°30'$$

$$\tan a_2=\frac{\frac{s-a}{2}-\left[B-\left(\frac{H+L_s}{\pi D}+3\right)(d+\varepsilon)\right]}{L}$$

$$=\frac{\frac{1.74-0.09}{2}-\left[1.5-\left(\frac{256+20}{3.14\times2.5}+3\right)(0.028+0.003)\right]}{42.3}=0.0120$$

$$a_2=\tan^{-1}0.0120=0°41'<1°30'$$

式中,$s=$罐道间距+2 倍罐高+罐梁厚$=1260+2\times120+240=1740$ (mm) $=$ 1.74m;a 为两卷筒间距,$a=90$mm。

钢丝绳偏角满足要求。

（5）钢丝绳仰角

$$\tan\varphi = \frac{h_{ja}-c}{b-\dfrac{D_t}{2}} = \frac{32-1}{30-\dfrac{2.5}{2}} = 1.0783$$

$$\varphi = \tan^{-1}1.0783 = 47°9'$$

钢丝绳仰角符合要求。

9.5.5　提升运动学

（1）确定最经济合理的提升速度

$$V' = 0.4\sqrt{H} = 0.4\sqrt{256} = 6.4(\mathrm{m/s})$$

取 $V_{max} = 6.6\mathrm{m/s}$，即所选提升机的最大速度。

（2）运动学计算　采用交流拖动的六阶段速度图。已知 $H=256\mathrm{m}$，$V_{max}=6.6\mathrm{m/s}$，$h_0=2.35\mathrm{m}$；取 $V_0=1.5\mathrm{m/s}$，$a_1=a_3=0.9\mathrm{m/s^2}$，$V_4=0.5\mathrm{m/s}$，$h_4=5\mathrm{m}$，$a_5=0.5\mathrm{m/s^2}$。

① 空箕斗在卸载曲轨内的加速运行时间 t_0 及加速度 a_0。

$$t_0 = \frac{2h_0}{V_0} = \frac{2\times2.35}{1.5} \approx 3.1\mathrm{s}; a_0 = \frac{V_0}{t_0} = \frac{1.5}{3.1} = 0.48(\mathrm{m/s^2})$$

② 箕斗在卸载曲轨外的加速运行时间 t_1 及高度 h_1。

$$t_1 = \frac{V_{max}-V_0}{a_1} = \frac{6.6-1.5}{0.9} = 5.7(\mathrm{s}); h_1 = \frac{(V_{max}+V_0)t_1}{2} = \frac{(6.6+1.5)\times5.7}{2} = 23(\mathrm{m})$$

③ 重箕斗在卸载曲轨内的减速运行时间 t_5 及高度 h_5。

$$t_5 = \frac{V_4}{a_5} = \frac{0.5}{0.5} = 1(\mathrm{s}); h_5 = \frac{V_4 t_5}{2} = \frac{0.5\times1}{2} = 0.25(\mathrm{m})$$

④ 重箕斗在卸载曲轨内等速运行（爬行）时间 t_4。

$$t_4 = \frac{h_4}{V_4} = \frac{5}{0.5} = 10\ (\mathrm{s})$$

⑤ 箕斗在卸载曲轨外减速运行时间 t_3 及高度 h_3。

$$t_3 = \frac{V_{max}-V_4}{a_3} = \frac{6.6-0.5}{0.9} = 6.8(\mathrm{s}); h_3 = \frac{V_{max}+V_4}{2}t_3 = \frac{6.6+0.5}{2}\times6.8 = 24.2(\mathrm{m})$$

⑥ 箕斗在卸载曲轨外等速运行高度 h_2 及时间 t_2。

$$h_2 = H-h_0-h_3-h_4-h_5 = 256-2.35-24.2-5-0.25 = 201.2(\mathrm{m})$$

$$t_2 = \frac{h_2}{V_{max}} = \frac{201.2}{6.6} = 30.5(\mathrm{s})$$

⑦ 一次提升运行时间 T_1 及一次提升全时间 T。

$$T_1 = t_0+t_1+t_2+t_3+t_4+t_5 = 3.1+5.7+30.5+6.8+10+1 = 57.1(\mathrm{s})$$

$$T = T_1+\theta = 57.1+8 = 65.1\ (\mathrm{s})$$

⑧ 小时提升次数。

$$n = \frac{3600}{T} = \frac{3600}{65.1} = 55.3(\text{次}), 取\ n=55(\text{次})$$

⑨ 年生产能力。

$$A'_n=\frac{t_r t_s n Q}{C}=\frac{330\times19.5\times55\times37044}{1.15}=11400693652(\text{kN})>980\times10^4(\text{kN})$$

提升设备能完成提升任务，且略有富裕。

9.5.6 提升动力学

因矿井深度不大，故采用不平衡提升系统。

(1) 提升电动机的近似功率

$$N=\frac{\Delta T_j V_{\max}}{1000\eta}\rho=\frac{44593.4\times6.6}{1000\times0.92}\times1.2\approx381(\text{kW})$$

初选 JR1510-10 型电动机：$N=400\text{kW}$；$V=6000\text{V}$；$n=585\text{r/min}$；$\lambda=2.2$；$GD^2=4200\text{N}\cdot\text{m}^2$。

(2) 提升系统的变位质量

$$\sum M=\frac{\sum G}{g}=\frac{333099.2}{9.8}=33989.7(\text{kg})$$

式中
$$\begin{aligned}\sum G&=Q+2Q_r+2pL_p+2G_{it}+G_{ij}+G_{ic}+G_{id}\\&=37044+46740+20322.5+11025+133672+84295.7\\&=333099.2(\text{N})\end{aligned}$$

$$\begin{aligned}2pL_p&=2p\left(H_0+\frac{\pi}{2}D_t+L+L_s+3\pi D\right)\\&=2\times28.322\left(269+\frac{3.14}{2}\times2.5+42.3+20+3\times3.14\times2.5\right)\\&=20322.5(\text{N})\end{aligned}$$

$$2G_{it}=2\times882\times D_t^2=2\times882\times2.5^2=11025(\text{N})$$

$$G_{ij}+G_{ic}=133672(\text{N})$$

$$G_{id}=\frac{(GD^2)_d}{D^2}i^2=\frac{4200\times11.2^2}{2.5^2}=84295.7(\text{N})$$

(3) 动力学计算（如图 9-13 所示）

① 在 t_0 阶段。

开始时：$x=0$；$a_0=0.48\text{m/s}^2$；$a_c=0.4$

$$\begin{aligned}F'_0&=KQ+a_c Q_r+p(H-2x)+\sum Ma_0\\&=1.15\times37044+0.4\times23370+28.322\times256+33989.7\times0.48\\&=75514(\text{N})\end{aligned}$$

终了时：$x=h_0$；$a_c=0$；$a_0=0.48\text{m/s}^2$

$$\begin{aligned}F''_0&=KQ+p(H-2h_0)+\sum Ma_0=1.15\times37044+28.322(256-2\times2.35)+\\&\quad 33989.7\times0.48=66033(\text{N})\end{aligned}$$

② 在 t_1 阶段。

开始时：$x=h_0$；$a=a_1$

$$F'_1=KQ+p(H-2h_0)+\sum Ma_1=1.15\times37044+$$

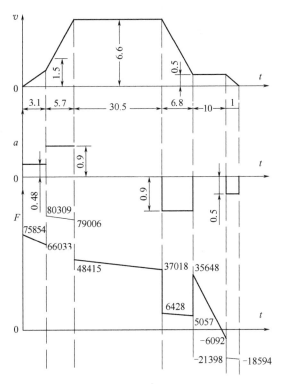

图 9-13　提升速度图和力图

$$28.322(256-2\times2.35)+33989.7\times0.9$$
$$=80309(N)$$

终了时：$x=h_0+h_1$；$a=a_1$

$$F_1''=KQ+p(H-2h_0-2h_1)+\sum Ma_1$$
$$=1.15\times37044+28.322(256-2\times2.35-2\times23)+33989.7\times0.9$$
$$=79006(N)$$

③ 在 t_2 阶段。

开始时：$x=h_0+h_1$；$a=0$

$$F_2'=KQ+p(H-2h_0-2h_1)=1.15\times37044+28.322(256-2\times2.35-2\times23)$$
$$=48415(N)$$

终了时：$x=h_0+h_1+h_2$；$a=0$

$$F_2''=KQ+p(H-2h_0-2h_1-2h_2)$$
$$=1.15\times37044+28.322(256-2\times2.35-2\times23-2\times201.2)$$
$$=37018(N)$$

④ 在 t_3 阶段。

开始时：$x=h_0+h_1+h_2$；$a=-a_3$

$$F_3'=KQ+p\ (H-2h_0-2h_1-2h_2)\ -\sum Ma_3$$

$$=1.15\times37044+28.322\ (256-2\times2.35-2\times23-2\times224.2)$$
$$-33989.7\times0.9=6428\ (\text{N})$$

终了时：$x=H-h_4-h_5$；$a=-a_3$

$$F''_3=KQ-p(H-2h_4-2h_5)-\sum Ma_3$$
$$=1.15\times37044-28.322(256-2\times5-2\times0.25)-33989.7\times0.9$$
$$=5057(\text{N})$$

⑤ 在 t_4 阶段。

开始时：$x=H-h_4-h_5$；$a=0$；$\beta'=0$

$$F'_4=KQ-p(H-2h_4-2h_5)=1.15\times37044-28.322(256-2\times5-2\times0.25)$$
$$=35648(\text{N})$$

终了时：$x=H-h_5$；$a=0$；$\beta'=\dfrac{h_0-h_5}{h_0}\beta$

$$F''_4=KQ-p(H-2h_5)-\frac{h_0-h_5}{h_0}(\beta Q+a_cQ_r)$$

$$=1.15\times37044-28.322(256-2\times0.25)-\frac{2.35-0.25}{2.35}(1\times37044+0.4\times$$

$$23370)=-6092(\text{N})$$

⑥ 在 t_5 阶段。

开始时：$a=-a_5$

$$F'_5=F''_4-(\sum M-\frac{\beta'Q}{g})a_5=-6092-(33989.7-\frac{2.35-0.25}{2.35\times9.8}\times1\times37044)\times0.5$$
$$=-21398(\text{N})$$

终了时：$x=H$；$a=-a_5$

$$F''_5=(K-\beta)Q-a_cQ_r-pH-(\sum M-\frac{\beta Q}{g})a_5$$

$$=(1.15-1)\times37044-0.4\times23370-28.322\times256-(33989.7-\frac{37044}{9.8})\times0.5$$

$$=-18594(\text{N})$$

9.5.7 提升电动机容量计算和校核

(1) 等值力

$$F_d=\sqrt{\frac{\int_0^T F^2\,\mathrm{d}t}{T_d}}=\sqrt{\frac{113405393044}{50}}=49384(\text{N})$$

式中，$T_d=a(t_0+t_1+t_3+t_4+t_5)+t_2+\beta\theta=\dfrac{1}{2}(3.1+5.7+6.8+10+1)+$

$$30.5+\frac{8}{3}=46.5(\text{s})$$

$$\int_0^T F^2\,\mathrm{d}t=\frac{F_0'^2+F_0''^2}{2}t_0+\frac{F_1'^2+F_1''^2}{2}t_1+\frac{F_2'^2+F_2'F_2''+F_2''^2}{3}t_2+\frac{F_3'^2+F_3''^2}{2}t_3+$$

$$\frac{F_4'^3}{2\,(F_4'+|F_4''|)}t_4=\frac{75514^2+66033^2}{2}\times3.1+\frac{80309^2+79006^2}{2}\times5.7+$$

$$\frac{48415^2+48415\times37018+37018^2}{3}\times30.5+\frac{6428^2+5057^2}{2}\times$$

$$6.8+\frac{35648^3}{2\,(35648+6092)}\times10$$

$$=118272024920$$

（2）等值功率及其校核

$$N_d=\frac{F_d V_{max}}{1000\eta}=\frac{49384\times6.6}{1000\times0.92}=354(\mathrm{kW})<400(\mathrm{kW})$$

$$\lambda'=\frac{F_{max}}{F_e}=\frac{80379}{55758}=1.44<0.75\lambda=0.75\times2.2=1.65$$

式中，预选电动机的额定拖动力 $F_e=\dfrac{1000N_e\eta}{v_{max}}=\dfrac{1000\times400\times0.92}{6.6}=55758$ （N）

由此可见，预选的提升电动机是满足要求的。

9.5.8 电能消耗及每千牛矿石电耗

（1）一次提升电耗

$$W=\frac{1.02v_{max}\int_0^T Fdt}{1000\times3600\eta_d}=\frac{1.02\times6.6\times2167574}{1000\times3600\times0.92\times0.91}=4.84(\mathrm{kW}\cdot\mathrm{h})$$

式中，$\int_0^T Fdt=\dfrac{F_0'+F_0''}{2}t_0+\dfrac{F_1'+F_1''}{2}t_1+\dfrac{F_2'+F_2''}{2}t_2+\dfrac{F_3'+F_3''}{2}t_3+$

$$\frac{F_4'^2}{2(F_4'+|F_4''|)}t_4$$

$$=\frac{75514+66033}{2}\times3.1+\frac{80309+79006}{2}\times5.7+\frac{48415+37018}{2}\times$$

$$30.5+\frac{6428+5057}{2}\times6.8+\frac{35648^2}{2(35648+6092)}\times10=2167574$$

（2）年电耗

$$W_n=\frac{W}{Q}A_n=\frac{4.84\times980\times10^4}{37.044}=1280423(\mathrm{kW}\cdot\mathrm{h})$$

（3）每千牛矿石电耗

$$W_1=\frac{W}{Q}=\frac{4.84}{37.044}=0.1307(\mathrm{kW}\cdot\mathrm{h/kN})$$

（4）有益电耗

$$W_y=\frac{QH}{1000\times3600}\frac{37.044\times256\times10^3}{1000\times3600}=2.63(\mathrm{kW}\cdot\mathrm{h/kN})$$

（5）提升设备效率

$$\eta_s=\frac{W_y}{W}=\frac{2.63}{4.84}=0.5434=54.34\%$$

附录

附录 1 冶金矿山竖井单绳罐笼系列型谱

罐笼类型	罐笼代号①	断面尺寸 /mm	适用矿车类型	最大载重 /t	自重② /t	钢丝绳终端质量/t	乘人数
1#单层	YJGS-1.3-1 YJGG-1.3-1	1300×980	YGC0.5(6)	1.2	1.15	2.35	6
2#单层	YJGS-1.8-1 YJGG-1.8-1	1800×1150	YGC0.5(6) YGC0.5(6) YFC0.5(6)	2.2	2	4.2	10
2#a单层	YJGS-1.8a-1 YJGG-1.8a-1	1800×1150	YGC0.7(6) YGC0.5(6) YFC0.5(6)	1.7	1.5	3.2	10
3#单层	YJGS-2.2-1 YGG-2.2-1	2200×1350	YGC1.2(6/7) YCC1.2(6) YFC0.7(6/7) YFC0.5(6)	4.2	3.8	8	15
3#a单层	YJGS-2.2a-1 YJGG-2.2a-1	2200×1350	YGC1.2(6/7) YCC1.2(6) YFC0.7(6/7) YFC0.5(6)	3.3	3	6.3	15
4#单层	YJGS-3.3-1 YJGG-3.3-1	3300×1450		6.7	6	12.7	25
4#a单层	YJGS-3.3a-1 YJGG-3.3a-1	3300×1450	YCC2(6/7) YGC2(6/7) YFC0.5×2(6)	4.8	4.3	9.1	25
5#单层	YJGG-4-1	4000×1450	YFC0.7×2(6)	5	4.5	9.5	30
2#双层	YJGS-1.8-2 YJGG-1.8-2	1800×1150	YGC0.7×2(6) YFC0.5×2(6) YGC0.5×2(6)	4.4	4	8.4	20
2#a双层	YJGS-1.8a-2 YJGG-1.8a-2	1800×1150	YGC0.7×2(6) YFC0.5×2(6) YGC×2(6)	3.4	3.1	6.5	20
3#a双层	YJGS-2.2a-2 YJGG-2.2a-2	2200×1350	YGC1.2×2(6/7) YCC1.2×2(6/7) YFC0.5×2(6) YFC0.7×2(6/7)	6.6	6	12.6	30
4#a双层	YJGS-3.3a-2 YJGG-3.3a-2	3300×1450	YCC2(6/7) YGC2(6/7) YFC0.5×4(6/7)	5.4	4.9	10.3	50
6#双层	YJGG-4-2	4000×1800	YFC0.7×2(6/7)	5	5	10	76

① 代号说明（以 YJGS-1.3-1 为例）：Y—冶金工业部；J—单绳；(M—多绳)；G—罐笼；S—钢丝绳罐道；(G—刚性罐道)；1.3—罐笼长度；1—单层罐笼（2-双层罐笼）。

② 罐笼自重为初步估计。

附录 2　冶金矿山竖井多绳罐笼系列型谱

罐笼类型	代号	断面尺寸/(mm×mm)	适用矿车类型	载重/kN	自重/kN	钢绳终端荷重/kN	乘人数	主绳 直径/mm	主绳 根数	尾绳 直径/mm	尾绳 根数	平衡锤规格 断面尺寸/mm	平衡锤规格 质量/kN
1# 单层罐笼	YMGS-1.3-1 YMGG-1.3-1	1300×980		11.76	11.27	33.81~58.5	6	15.5	4	22	2	1000×300	13.72
2# 单层罐笼	YMGS-1.8-1 YMGG-1.8-1	1800×1150	YGC 0.5 (6) YGC 0.7 (6) YFC 0.5 (6)	21.56	23.52	55.86~80.36	10	15.5	4	22	2	1000×300	36.26
3# 单层罐笼	YMGS-2.2-1 YMGG-2.2-1	2200×1350	YGC 1.2 (6,7) YGC 1.2 (6) YFC 0.7 (6,7) YFC 0.5 (6) YCC 2 (6,7)	41.16	45.08	107.8~161.7	15	21	4	33.5	2	1200×400	71.54
4# 单层罐笼	YMGS-3.3-1 YMGG-3.3-1	3300×1450	YGC 2 (6,7) YFC 0.5×2 (6)	65.66	72.52	162.68~246.96	25	23~25.5	4	37~40.5	2	1500×500	109.76
5# 单层罐笼	YMGS-4(1)-1 YMGG-4(1)-1	4000×1450	YFC 0.7×2 (6,7)	98	102.9	233.24~372.4	30	25.5~30	4~6	40~46.5	2~3	1700×600	129.36
6# 单层罐笼	YMGS-4(2)-1 YMGG-4(2)-1	4000×1800	YFC 0.7×2 (6,7)	98	1.7.8	238.41~357.7	38	25.5~30	4~6	40~46.5	2~3	1700×600	134.26
3# 单层罐笼	YMGS-2.2-2 YMGG-2.2-2	2200×1350	YCC 1.2×2 (6,7) YGC 1.2×2 (6,7) YFC 0.7×2 (6)	82.32	87.22	182.28~262.64	30	23~25.5	4	37~40.5	2	1200×400	128.38
4# 单层罐笼	YMGS-3.3-2 YMGG-3.3-2	3300×1450	YGC 2×2 (6,7) YGC 2×2 (6,7) YFC 0.5×4 (6)	131.32	137.2	280.28~355.74	50	25.5~33	4~6	40.5~46.5	2~3	1500×500	202.86
5# 单层罐笼	YMGS-4(1)-2 YMGG-4(1)-2	4000×1450	YFC 0.7×4 (6) YGC 1.2×4 (6,7) YCC 1.2×4 (6)	156.8	170.52	362.6~515.48	60	25.5~35	4~6	43.5~50	2~3	1700×600	251.86
6# 单层罐笼 (上层不进车)	YMGS-4(2)-2 YMGG-4(2)-2	4000×1450	YFC 0.7×2 (6,7)	98	127.4	260.68~336.14	76	25.5~30	4~6	40.5~46.5	2~3	1700×600	179.34

附录 3　金属矿用单绳箕斗规格表

斗箱几何容积 /m³	最大载重量 /kN	斗箱外形尺寸			箕斗全高 /mm	自重 /kN	卸载方式	卸载时箕斗框架距矿仓顶的高度 /mm	罐道规格					钢丝绳直径 /mm
		长 /mm	宽 /mm	高					木罐道或钢轨罐道		钢丝绳罐道			
									罐道尺寸	间距 /mm	绳径 /mm	绳数	钢丝绳间距 /mm	
1.5	31.36	1070	950	1795	4600	18.00	翻转		木 150×120	1060				Φ28
1.5	31.36	1230	1070	3285	4600	19.99	翻转		38kg/m 钢轨	1060				Φ25
1.7	31.36	1062	996	2485	4750	18.62	翻转		木 150×120	1120				Φ25
2.1	44.10	1180	1130	1885	4900	23.37	翻转	3000	木 150×120	1260				Φ34
2.1	44.10	1440	1176	3415	4900	29.14	翻转		木 150×120	1250				Φ31~34
3.1	58.80	1530	1310	3900	5100	34.10	翻转		38kg/m 钢轨	1400				Φ34
4	83.30	1460	1336	2428	6000	49.47	翻转		38kg/m 钢轨	1500				Φ43.5
4	83.30	1526	1420	2428	6000	49.00	翻转		木 150×120	1490				Φ43.5
5	117.60	1530	1402	3035	7920	62.68	翻转		钢罐道 75×135 钢 190	1540	Φ40.5	4	860×1620	Φ43.5

附录 4　金属矿用多绳箕斗规格表

卸载方式	斗箱几何容积 /m³	最大载重量 /kN	斗箱外形尺寸			箕斗全高 /mm	自重 /kN	刚性罐头道		钢丝绳罐道			主绳规格			尾绳规格		
			长 /mm	宽 /mm	高			罐道尺寸	间距 /mm	绳径 /mm	根数	间距 /mm	直径 /mm	根数	间距 /mm	尺寸 /mm	根数	间距 /mm
翻转式	2.1	41.16	1180	1136	1885	11755	83.62	木 150×120	1260	Φ31	4	900×1330	Φ21	4	200	31×2		420
底卸式	2.6	49.00	1450	1300	5496	10190	67.62	木 160×140	1078	Φ36.5	4	1100×1194	Φ22.5	4	340	94×15		420
底卸式	4	78.40	1786	1628	6345	7895	80.48	木 180×160	1618	Φ33.5	4	970×1686	Φ23	4	300	94×15		420
底卸式	5.6(有效)	78.40	1723	1146	5380	11000~11440	89.18			Φ40.5	4	920×1360	Φ21~25.5	4	200	Φ35~39	2	600
底卸式	7.2	102.90	1746	1146	7230	12710	122.50	38kg/m 钢轨	1350	Φ48	4	920×1360	Φ20~22	6	180	Φ31	3	300
底卸式	9	156.80	2000	1820	6200	13090	155.82			Φ45	4	1060×1900	Φ32.5	4	300	154×25		550
底卸式	9	156.80	1620	1740	6400	13365~13765	140.14	木 220×200	1865	Φ35.5	4	850×2200	Φ28	6	250	154×25	2	600
底卸式	10.3(有效)	176.40	1900	1320	8470	18630	167.19			Φ42.5	4	1040×1540	Φ28	6	250	160×27	2	480
底卸式	14.2	215.60	2570	2150	9822	13032	216.58			Φ43.5	4	1150×2390	Φ37.5	4	300	170×28	2	810
底卸式	15	254.80	1620	1740	9000	13525	186.20			Φ45	4	850×2200	Φ26~32	6	275	Φ56	3	400

附录5　钢丝绳6×19类力学性能

钢丝绳结构 6X19S+FC 6X19S+IWR 6X19W+FC 6X19W+IWR

钢丝绳公称直径	允许偏差 /%	钢丝绳参考质量 /(kg/100m)			钢丝绳公称抗拉强度/MPa									
					1570		1670		1770		1870		1960	
					钢丝绳最小破断拉力/kN									
D/mm		天然纤维芯	合成纤维芯	钢芯	纤维芯	钢芯	纤维芯	钢芯	纤维芯	钢芯	纤维芯	钢芯	纤维芯	钢芯
12		53.1	51.8	58.4	74.6	80.5	79.4	85.6	84.1	90.7	88.9	95.9	93.1	100
13		62.3	60.8	68.5	87.6	94.5	93.1	100	98.7	106	104	113	109	118
14		72.2	70.5	79.5	102	110	108	117	114	124	121	130	127	137
16		94.4	92.1	104	133	143	141	152	150	161	158	170	166	179
18		119	117	131	168	181	179	193	189	204	200	216	210	226
20		147	144	162	207	224	220	238	234	252	247	266	259	279
22		178	174	196	251	271	267	288	283	304	299	322	313	338
24	+5	212	207	234	298	322	317	342	336	363	355	383	373	402
26	0	249	243	274	350	378	373	402	395	426	417	450	437	472
28		289	282	318	406	438	432	466	458	494	484	522	507	547
30		332	324	365	466	503	496	535	526	567	555	599	582	628
32		377	369	415	531	572	564	609	598	645	632	682	662	715
34		426	416	469	599	646	637	687	675	728	713	770	748	807
36		478	466	525	671	724	714	770	757	817	800	863	838	904
38		532	520	585	748	807	796	858	843	910	891	961	934	1010
40		590	576	649	829	894	882	951	935	1010	987	1070	1030	1120

注：更多其他钢丝绳力学性能见 GB 8918—2006。

附录6　其他用途密封钢丝绳结构及破断力

钢丝绳 直径/mm	参考质量 /(kg/100m)	钢丝实测破断拉力总和/kN　≥				
		钢丝绳拉伸强度/MPa				
		1180	1270	1370	1470	1570
16	141	202	217	234	251	268
18	178	255	274	296	318	339
20	220	315	339	366	392	419
22	266	381	410	443	475	507
24	316	454	488	526	564	603
26	371	532	573	618	663	708
28	430	617	664	717	769	821
30	494	709	763	823	883	944
32	562	806	867	936	1004	1072
34	634	910	979	1056	1133	1210
36	712	1020	1099	1185	1272	1358

注：更多其他用途密封钢丝绳结构及破断力见 TB/T 5295—2006。

附录7　单筒缠绕式矿井提升机基本参数（按 GB/T 20961—2007）

序号	型号	卷筒			钢丝绳最大静张力	钢丝绳最大直径	最大提升高度或斜长			最大提升速度	优先选用减速器速比	电动机转速（不大于）
		个数	直径	宽度			一层缠绕	二层缠绕	三层缠绕			
			m		kN	mm	m					
1	JK-2×1.5			1.50			295	586	914		20.0	
											31.5	
			2.0		60	25				5.2		1000
2	JK-2×1.8			1.80			366	730	1132		20.0	
											31.5	
3	JK-2.5×2			2.00			403	802	1245		20.0	
											31.5	
			2.5		90	31				4.9		
4	JK-2.5×2.3			2.30			473	944	1460		20.0	
											31.5	
5	JK-3×2.2			2.20			447	887	1378		20.0	
		1									31.5	
			3.0		130	37				5.9		750
6	JK-3×2.5			2.50			518	1030	1595		20.0	
											31.5	
7	JK-3.5×2.5			2.50			513	1017	—		20.0	
											31.5	
			3.5		170	43				6.9		
8	JK-3.5×2.8			2.80			584	1161	—		20.0	
											31.5	
9	JK-4×2.7		4.0	2.70	245	48	568	1124	—	6.3	20.0	
											31.5	
												600
10	JK-4.5×3		4.5	3.00	280	56	610	1207	—	7.0	20.0	
											31.5	

注：1. 最大提升高度或斜长是按照钢丝绳最大直径计算的参考值。

　　2. 最大提升速度是按一层缠绕计算时的提升速度。

附录 8　双筒缠绕式矿井提升机基本参数（按 GB/T 20961—2007）

序号	型号	卷筒 个数	卷筒 直径 m	卷筒 宽度 m	两卷筒中心距 m	钢丝绳最大静张力 kN	最大静张力差 kN	钢丝绳最大直径 mm	最大提升高度或斜长 一层缠绕 m	最大提升高度或斜长 二层缠绕 m	最大提升高度或斜长 三层缠绕 m	最大提升速度 m/s	优先选用减速器速比	电动机转速（不大于）r/min
1	2JK-2×1	2	2.0	1.00	1090	60	40	25	177	346	550	7.0	11.2 / 20.0	750
2	2JK-2×1.25	2	2.0	1.25	1340	60	40	25	236	467	733	7.0	31.5 / 20.0	750
3	2JK-2.5×1.2	2	2.5	1.20	1290	90	55	31	215	422	670	8.8	11.2 / 20.0	750
4	2JK-2.5×1.5	2	2.5	1.50	1590	90	55	31	286	564	885	8.8	31.5 / 20.0	750
5	2JK-3×1.5	2	3.0	1.50	1590	130	80	37	282	553	873	10.5	11.2 / 20.0	750
6	2JK-3×1.8	2	3.0	1.80	1890	130	80	37	353	697	1090	10.5	31.5 / 20.0	750
7	2JK-3.5×1.7	2	3.5	1.70	1790	170	115	43	324	635	—	12.6	11.2 / 20.0	750
8	2JK-3.5×2.1	2	3.5	2.10	2190	170	115	43	419	823	—	12.6	31.5 / 20.0	750
9	2JK-4×2.1	2	4.0	2.10	2190	245	165	50	423	831	—	11.2	11.2 / 20.0	600
10	2JK-5×2.3	2	5.0	2.30	2390	350	230	62	458	895	—	14.0	11.2 / 20.0	600
11	2JK-6×2.5	2	6.0	2.50	2590	500	320	75	472	920	—	14.0	11.2 / 20.0	500

注：1. 最大提升高度或斜长是按照钢丝绳最大直径计算的参考值。
2. 最大提升速度是按一层缠绕计算时的提升速度。

附录 9 JK 型单绳缠绕式提升机技术参数①

型号	最大载荷/kN 静张力	静张力差	卷筒 个数	直径/m	宽度/m	两卷筒中心距/m	容绳量/m 一层	二层	三层	钢丝绳 直径/mm	速度/(m/s)	电动机 最大功率计算值/kW	转速/(r/min)	电压/V	减速比	旋转部分总变位质量(除电动机和天轮)/kg	外形尺寸 长×宽×高/m	主机总重/kg
2JK-3/11.2	135	90	2	3	1.5	1.59	290	650	1000	36	9.96 / 7.9	924 / 740	730 / 580	380	11.2			
2JK-3/20					1.8	1.89	362	770	1217		5.73 / 4.56	489 / 388	730 / 530	3000 / 6000	20	18600	12×9.5×3	55000
2JK-3/31.5											3.82 / 3.02	326 / 259	730 / 580	10000	31.5		13×9.5×3	55800
JK-2.5/20	83		1	2.5	2		448	948	1475	28	4.78 / 3.00	458 / 364	730 / 580	380 / 3000	20	12329	11.5×9.3×3	38200
JK-2.5/31.5					2.3		525	1100	1712		3.19 / 2.53	306 / 243	730 / 580	6000 / 10000	31.5	14025	11.8×9.3×3	39780
2JK-2.5/11.2	90	65	2	2.5	1.2	1.29	215	460	745	28	6.31 / 6.6 / 6.52	487 / 387 / 324	730 / 580 / 435	380	11.2	13640 / 16060		
2JK-2.5/20					1.5	1.59	270	630	1000		4.78 / 3.82	280 / 223	730 / 580	3000 / 6000	20	14527 / 17100	10×9.5×3	44490
2JK-2.5/31.5											3.4 / 2.55	187 / 148	730 / 580	10000	31.5	15623 / 18390	12×9.5×3	47800

续表

型号	最大载荷/kN 静张力	静张力差	卷筒 个数	卷筒 直径/m	卷筒 宽度/m	两卷筒中心距/m	容绳量/m 一层	二层	三层	钢丝绳 直径/mm	速度/(m/s)	电动机 最大功率计算值/kW	电动机 转速/(r/min)	电动机 电压/V	减速比	旋转部分总变位质量(除电动机和天轮)/kg	外形尺寸 长×宽×高/m	主机总重/kg
JK-2/20	62		1	2	1.5		305	650	1025	24	5.11 3.8	326 244	975 730	380 3000	20	7670	6.8×6.5×3	23100
JK-2/31.5	62		1	2	1.8		375	797	1246	24	3.4 2.55	218 163	975 730	6000 10000	30	8700	7.41×6.5×3	25100
2JK-2/11.2	62	40	2	2	1	1.09	182	406	652	24	6.65	283	730	380	11.2	7420 10910	10×9.5×3	30186
2JK-2/20	62	40	2	2	1.25	1.34	242	528	838	24	5.11 3.82	218 163	975 730	3000 6000	20	7890 12060	10.5×9.5×3	31450
2JK-2/31.5	62	40	2	2	1.5	1.59	299	654	1017	24	3.4 2.55	145 109	975 730	10000	31.5	8700 13950	11×9.5×3	33040
JKB-2.5/20	83		1	2.5	2		448	945	1475	28	4.78 3.80	458 364	730 580	380 660	20	13640	11.5×9.3×3	38200
JKB-2.5/31.5	83		1	2.5	2.3		525	1100	1712	28	3.19 2.53	306 243	730 580	380 660	31.5	16060	11.8×9.3×3	39780
JKB-2/20	62		1	2	1.5		305	650	1025	24	4.78 3.88	326 244	730 580	380 660	20	7670	7.15×6.5×3	23600
JKB-2/31.5X	62		1	2	1.8		375	797	1246	24	3.46 2.55	218 163	730 580	380 660	31.5	8077	7.41×6.5×3	25600

① 山西机器制造公司。

附录10 落地式多绳摩擦式提升机基本参数（按 GB/T 10599—2010）

序号	产品型号	摩擦轮直径/m	钢丝绳根数/根	摩擦系数	钢丝绳最大静张力差/kN	钢丝绳最大静张力/kN	钢丝绳最大直径/mm	钢丝绳间距/mm	最大提升速度/(m/s) 有减速器	最大提升速度/(m/s) 无减速器	天轮直径/m	钢丝绳仰角/(°)
1	JKMD-1.6×4	1.60			30	105	16		8.0	—	1.60	
2	JKMD-1.85×4	1.85			45	155	20	250			1.85	
3	JKMD-2×4	2.00			55	180	22		10.0		2.00	
4	JKMD-2.25×4	2.25			65	215	24				2.25	
5	JKMD-2.8×4	2.80			100	335	30				2.8	
6	JKMD-3×4	3.00	4	0.25	140	450	32	300	15.0		3.00	≥40 至 <90
7	JKMD-3.25×4	3.25			160	520	36				3.25	
8	JKMD-3.5×4	3.50			180	570	38			16.0	3.50	
9	JKMD-4×4	4.00			270	770	44				4.00	
10	JKMD-4.5×4	4.50			340	980	50			—	4.50	
11	JKMD-5×4	5.00			400	1250	54				5.00	
12	JKMD-5.5×4	5.50			450	1450	60				5.50	
13	JKMD-5.7×4	5.70			470	1550	62	350		—	5.75	
14	JKMD-6×4	6.00			500	1650	64				6.00	

注：1. 按使用要求，表中摩擦轮直径允许在±4%的范围内变动，相关参数与之相应。

2. 选用时，如系统防滑计算不能满足要求，应对整个系统进行调整，仍不能满足要求时，可提高一档选用。

3. 对于装机功率较大、单机传动实现困难的大型多绳摩擦式提升机，优先选用IV型双机拖动方式。

附录 11　井塔式多绳摩擦提升机基本参数（按 GB/T 10599—2010）

序号	产品型号	摩擦轮直径/m	钢丝绳根数/根	摩擦系数	钢丝绳最大静张力差/kN	钢丝绳最大静张力/kN		钢丝绳最大直径/mm		钢丝绳间距/mm	最大提升速度/(m/s)		导向轮直径/m
						有导向轮	无导向轮	有导向轮	无导向轮		有减速器	无减速器	
1	JKM-1.3×4	1.30	4	0.25	30	—	105	—	16	200	5.0	—	—
2	JKM-1.6×4	1.60	4	0.25	40	—	150	—	20	200	8.0	—	—
3	JKM-1.85×4	1.85	4	0.25	45/50	150	165	20	22	200	10.0	—	1.85
4	JKM-2×4	2.00	4	0.25	55	180	—	22	—	200	10.0	—	2.00
5	JKM-2.25×4	2.25	4	0.25	65	215	—	24	—	200	10.0	—	2.25
6	JKM-2.8×4	2.80	4	0.25	100	335	—	30	—	250	15.0	—	2.80
7	JKM-2.8×6	2.80	6	0.25	160	520	—	30	—	250	15.0	—	2.80
8	JKM-3×4	3.00	4	0.25	140	450	—	32	—	250	15.0	—	3.00
9	JKM-3×6	3.00	6	0.25	220	670	—	32	—	250	15.0	—	3.00
10	JKM-3.25×4	3.25	4	0.25	160	520	—	36	—	300	15.0	—	3.25
11	JKM-3.5×4	3.50	4	0.25	180	570	—	38	—	300	16.0	—	3.50
12	JKM-3.5×6	3.50	6	0.25	270	860	—	38	—	300	16.0	—	3.50
13	JKM-4×4	4.00	4	0.25	270	770	—	44	—	300	16.0	—	4.00
14	JKM-4×6	4.00	6	0.25	340	1200	—	44	—	300	16.0	—	4.00
15	JKM-4.5×4	4.5	4	0.25	340	980	—	50	—	300	16.0	—	4.50
16	JKM-4.5×6	4.5	6	0.25	440	1450	—	50	—	300	16.0	—	4.50
17	JKM-5×4	5.00	4	0.25	400	1250	—	54	—	300	16.0	—	5.00
18	JKM-5×6	5.00	6	0.25	500	1650	—	54	—	300	16.0	—	5.00
19	JKM-5.5×4	5.50	4	0.25	500	1500	—	60	—	350	16.0	—	5.50
20	JKM-5.5×6	5.50	6	0.25	600	2000	—	60	—	350	16.0	—	5.50

注：1. 钢丝绳最大静张力差一栏中，分子表示有导向轮，分母表示无导向轮。

2. 按使用要求，表中摩擦轮直径允许在±4%的范围内变动，相关参数与之相应。

3. 选用时，如系统防滑计算不能满足要求，应对整个提升系统进行调整，仍不能满足要求时，可提高一档选用。

4. 对于装机功率较大、单机传动实现困难的大型多绳摩擦式提升机，优先选用Ⅳ型双机拖动方式。

参考文献

[1] 《采矿手册》编辑委员会. 采矿手册（第5卷）. 北京：冶金工业出版社，2005.

[2] 黎佩琨. 矿山运输及提升. 北京：冶金工业出版社，1984.

[3] 洪晓华. 矿山运输提升. 徐州：中国矿业大学出版社，2005.

[4] 谢锡纯，李晓豁. 矿山机械与设备. 徐州：中国矿业大学出版社，2005.

[5] 程广振，贾玉景. 液压推车机及其电控系统设计. 煤矿机械，2005（5）.

[6] 李仪钰. 矿山提升运输机. 北京：冶金工业出版社，1980.

[7] 张晞，任中华，鲁平. 关于单绳罐笼防坠器性能的讨论. 煤炭工程，2007（4）.

[8] JB/T 6992—93. 中华人民共和国机械行业标准——窄轨矿车通用技术条件.

[9] GB 16423—2006. 中华人民共和国国家标准——金属非金属矿山安全规程.

[10] 李树森. 矿井轨道运输. 北京：煤炭工业出版社，1986.

[11] 《采矿设计手册》编写委员会. 采矿设计手册4（矿山机械卷）. 北京：中国建筑工业出版社，1988.

[12] 中南矿冶学院. 矿山机械（提升运输机械部分）. 北京：冶金工业出版社，1980.

[13] GB 8918—2006. 中华人民共和国国家标准——重要用途钢丝绳.

[14] GB/T 5295—2006. 中华人民共和国黑色冶金行业标准——密封钢丝绳.

[15] 王运敏. 中国采矿手册（中）. 北京：科学出版社，2007.

[16] 王运敏. 现代采矿设备手册. 北京：冶金工业出版社，2012.

[17] GB/T 20961—2007. 中华人民共和国国家标准——单绳缠绕式矿井提升机.

[18] GB/T 10599—2010. 中华人民共和国国家标准——多绳摩擦式提升机.

化学工业出版社矿业图书推荐

书号	书 名	定价/元
16554	新编采矿实用技术丛书——矿山地压测试技术	58
16309	新编采矿实用技术丛书——井巷工程	49
16570	新编采矿实用技术丛书——矿山工程爆破	48
16577	新编采矿实用技术丛书——矿井运输与提升	49
16240	新编采矿实用技术丛书——矿井通风与防尘	48
16538	新编采矿实用技术丛书——计算机在矿业工程中的应用	48
16257	新编采矿实用技术丛书——矿山安全生产法规读本	39.8
15743	实用选矿技术疑难问题解答——贵金属选矿及冶炼技术问答	39
15026	实用选矿技术疑难问题解答——磁电选矿技术问答	38
14741	实用选矿技术疑难问题解答——铁矿选矿技术问答	39
14517	实用选矿技术疑难问题解答——浮游选矿技术问答	39
15003	铅锌矿选矿技术	48
11711	铁矿石选矿与实践	46
13102	磷化工固体废弃物安全环保堆存技术	68
12211	尾矿库建设与安全管理技术	58
12652	矿山电气安全	48
11713	矿山电气设备使用与维护	49
11079	常见矿石分析手册	168
10313	金银选矿与提取技术	38
09944	选矿概论	32
10095	废钢铁回收与利用	58
07802	安全生产事故预防控制与案例评析	28
07838	矿物材料现代测试技术	32
04572	采矿技术入门	28
04094	矿山爆破与安全知识问答	18
07775	长石矿物及其应用	58
04296	矿长和管理人员安全生产必读	28
04092	矿山工人安全生产必读	20
07538	矿物材料现代测试技术	32
04210	煤矿电工安全培训读本	22
04760	煤矿电工必读	28
05006	煤矿电工技术培训教程	33
04474	煤矿机电设备使用与维修	36
06039	选矿技术入门	28
04730	矿山机电设备使用与维修	36
04855	矿山安全	25

化学工业出版社　网上书店　www.cip.com.cn

购书咨询：010-64518888　地址：北京市东城区青年湖南街 13 号（100011）

如要出版新著，请与编辑联系。

编辑电话：010-64519283

投稿邮箱：editor2044@sina.com